普通高等教育规划教材

材料力学

马志敏 黄忠文 主编

化学工业出版社

·北京·

内容简介

本书根据 2019 年教育部高等学校力学基础课教学指导委员会制定的"材料力学课程教学基本要求"编写。主要包括杆件的内力分析与内力图、轴向荷载作用下杆件的材料力学问题、截面图形的几何性质、扭转切应力分析、弯曲应力分析、应力状态分析、强度设计准则及其应用、变形分析与刚度设计、压杆稳定、能量法、动载荷与疲劳强度概述等内容。对于部分较难或选讲的内容，统一加 * 表示。为拓宽学生材料力学学习的视野，在部分章节后开设了"工程与力学"专栏，介绍材料力学在工程中的应用情况。每章节后都附有大量的思考题和习题，便于教师和学生在教学过程中选用。最后还附有习题参考答案和工程常用型钢表。

本书有配套的电子教案，可登录化学工业出版社教学资源网免费下载。

本书可作为高等教育工程类专业的教材，也可供大专院校、成人高校及工程技术人员参考。

图书在版编目（CIP）数据

材料力学/马志敏，黄忠文主编. —北京：化学工业出版社，2021.1（2023.2重印）

普通高等教育规划教材

ISBN 978-7-122-37987-0

Ⅰ.①材… Ⅱ.①马… ②黄… Ⅲ.①材料力学-高等学校-教材 Ⅳ.①TB301

中国版本图书馆 CIP 数据核字（2020）第 227476 号

责任编辑：高 钰 文字编辑：林 丹 陈立璞
责任校对：张雨彤 装帧设计：刘丽华

出版发行：化学工业出版社（北京市东城区青年湖南街 13 号 邮政编码 100011）
印   装：北京建宏印刷有限公司
787mm×1092mm 1/16 印张 18¼ 字数 421 千字 2023 年 2 月北京第 1 版第 2 次印刷

购书咨询：010-64518888 售后服务：010-64518899
网   址：http://www.cip.com.cn
凡购买本书，如有缺损质量问题，本社销售中心负责调换。

定 价：68.00 元

前言

本书是工程教育认证背景下，为更好地适应地方高校和独立学院的教学需求而编写的。本书涵盖了各专业工程教育认证材料力学大纲要求的全部内容，在理论阐述上，力求表达严谨、文字精炼；在选材与论述上，突出基本理论在工程中的应用，重视学生力学建模能力培养，并考虑学生后续专业需要，对相关知识点进行了适当的拓展，为学生的学习和思考留有一定的发展空间。

全书共分 12 章。第 1 章为绪论，介绍了材料力学的基本任务、研究对象和在生产生活中的应用情况；第 2~8 章主要围绕强度问题展开论述，依次介绍了四种内力图的绘制、四种内力引起的应力计算、应力状态分析和强度设计准则及应用；第 9 章主要介绍刚度设计；第 10 章主要介绍稳定性设计；第 11 章介绍分析位移的能量法；第 12 章主要介绍动载荷和疲劳。对于部分较难或选讲的内容，统一加 * 表示。在部分章节后开设了"工程与力学"专栏，以开阔学生材料力学学习的视野。同时每章节后还附有大量的思考题和习题，便于教师和学生在教学过程中选用。

本书配有二维码，读者通过手机扫描二维码可以观看与材料力学理论密切相关的实验设备的介绍和典型杆件变形的视频，加深对理论知识的理解。

本书的内容已制作成用于多媒体教学的 PPT 课件，并将免费提供给采用本书作为教材的院校使用。如有需要，请发电子邮件至 cipedu@163.com 获取，或登录 www.cipedu.com.cn 免费下载。

参加本书编写与讨论的有马志敏、黄忠文、刘迎、黄昆涛、张刚、马季红、罗燕、颜昌亚与石大立。其中马志敏、黄忠文任主编，马志敏负责全书的统稿定稿工作。

本书承黄志强副教授、郑贤中副教授和夏新念副教授悉心审阅，提出了许多精辟和中肯的意见。魏化中教授、杨侠教授和吴艳阳副教授对教材的编写范围、编写思想和编写提纲，提出了宝贵的指导性意见。另外，武汉工程大学相关教学管理部门给予了大力支持，机电工程学院的研究生们在编写过程中付出了辛勤的劳动，在此一并表示衷心的感谢。

因编者水平有限，书中难免存在一些不足之处，敬请读者批评指正。

编　者

2020 年 9 月

主要符号表

符号	意义	常用单位	符号	意义	常用单位
F_P, F	集中载荷	N,kN	ρ	曲率半径	m,mm
F_R	合力,反力	N,kN	R, r	半径	m,mm
F_N	轴力	N,kN	φ	相对扭转角	rad
F_Q	剪力	N,kN	φ'	单位长度相对扭转角	rad/m
M_x	扭矩	N·m,kN·m	$[\varphi']$	许用单位长度相对扭转角	rad/m
M_y, M_z	弯矩	N·m,kN·m	B, b	宽度	m,mm
M_c, M	力偶,转矩	N·m,kN·m	H, h	高度	m,mm
σ	正应力	MPa	θ	转角	rad
τ	剪应力,切应力	MPa	w	挠度	m,mm
ε	正应变	无量纲	D, d	直径	m,mm
γ	剪应变,切应变	无量纲	I_y, I_z	惯性矩	mm^4, m^4
E	弹性模量	GPa	I_p	极惯性矩	mm^4, m^4
G	切变模量	GPa	i	惯性半径	m,mm
l, a	长度	m,mm	W_y, W_z, W	抗弯截面系数	mm^3, m^3
q	分布荷载集度	N/m,kN/m	W_p	抗扭截面系数	mm^3, m^3
Δl	轴向伸长	m,mm	σ_{ri}, S_i	计算应力,相当应力	MPa
ν	泊松比	无量纲	$[\sigma]$	许用应力	MPa
δ	伸长率	无量纲	$\sigma_1, \sigma_2, \sigma_3$	主应力	MPa
ψ	断面收缩率	无量纲	$\sigma_x, \sigma_y, \tau_{xy}$	平面应力状态下的应力分量	MPa
A	面积	m^2	τ_{max}	最大切应力	MPa
σ_p	比例极限	MPa	$[\tau]$	许用切应力	MPa
σ_c	弹性极限	MPa	μ	长度系数	无量纲
σ_s	屈服极限	MPa	λ	柔度,长细比	无量纲
σ_b	强度极限	MPa	σ_{cr}	临界应力	MPa
$\sigma_{0.2}$	条件屈服应力	MPa	F_{Pcr}	临界载荷	N,kN
ε_c	弹性应变	无量纲	v_ε	总应变能密度	J/m^3
ε_p	塑性应变	无量纲	v_V	体积改变能密度	J/m^3
P	功率	kW	v_d	畸变能密度	J/m^3
n	转速	r/min	W	力的功	J
n	安全因数	无量纲	V	体积	m^3

目录

第 **1** 章

绪论

📖 **学习导语**

　　材料力学是一门理工科专业学生最早接触到的与工程实际紧密结合的变形固体力学入门的技术基础课。材料力学的研究对象是什么？主要任务是什么？在工程实际中有何重要性？本章将一一回答这些问题，并介绍材料力学中的一些基本概念。

■ 1.1　材料力学的任务和重要性

　　材料力学是研究工程构件和机械元件承受荷载能力的基础性学科，其概念和相关知识广泛用于实际工程的分析和设计中。它以一维构件作为基本研究对象，定量地研究构件内部在各类变形形式下的力学规律，以便于选择适当的材料，确定恰当的形状尺寸，在保证能够承受预定载荷的前提下设计出安全而经济的构件。

　　工程结构或机械的各组成部分，如建筑物的梁和柱、机床的轴等，统称为构件。当工程结构或机械工作时，构件将受到载荷的作用。例如，车床主轴受齿轮啮合力和切削力的作用，建筑物的梁受自身重力和其他物体重力的作用。这些构件一般由固体材料制成。在外力作用下，固体材料具有抵抗破坏的能力，但这种能力是有限度的。承受外力过程中固体材料的尺寸和形状所发生的变化，称为变形。

　　为保证工程结构或机械的正常工作，构件应有足够的能力负担起应当承受的载荷。因此，它应当满足以下要求：

　　① 强度要求　在规定载荷作用下的构件不应发生破坏。例如，冲床曲轴不可折断，储气罐不应爆破。强度要求就是指构件应具有足够抵抗破坏的能力。

　　② 刚度要求　在载荷作用下，即使构件具有足够的强度保证其不被破坏，但若变形过大，仍不能正常工作。例如，若齿轮轴变形过大，将造成齿轮和轴承的不均匀磨损，引起噪声；机床主轴变形过大，将影响加工精度。刚度要求就是指构件应具有足够抵抗变形的能力。

　　③ 稳定性要求　有些受轴向压力作用的细长杆，如千斤顶的螺杆、内燃机的挺杆等，应始终维持原有的类直线平衡形态，保证其不会产生过大的弯曲变形而导致平衡破坏。稳定性要求就是指构件应具有足够保持原有平衡形态的能力。

为保证机械或建筑物安全地工作，需要其组成的各构件具有足够承受载荷的能力（简称为承载能力）。一方面，如果构件设计薄弱，或选用的材料不恰当，不能安全工作，将会影响到整体的安全工作，甚至造成严重事故。另一方面，如果构件设计得过于强大，或选用的材料过好，虽然构件、整体都能安全工作，但构件的承载能力不能充分发挥，既浪费材料又增加重量和成本，也是不可取的。

显然，构件的设计是否合理有着相互矛盾的两个方面，即安全性和经济性。设计时，既要使构件具有足够的承载能力，又要经济、适用。解决这对矛盾正是材料力学的任务所在，它为解决上述矛盾提供了理论依据和计算方法。此外，材料力学还在基本概念、基本理论和基本方法等方面，为机械零件、结构力学等后继课程提供了基础。

1.2 材料力学的研究对象和基本假设

与理论力学中刚体的概念相对应，材料力学中的研究对象是变形体。所谓变形体，是指所有可以变形的物体。工程中常见的变形固体根据其几何形状，又可分为杆件、板、壳和块体四种。如图 1-1（a）、（b）所示为杆件，特征是其轴线方向的尺寸远大于其他两个方向的尺寸。对于板和壳，其特征是某一个方向的尺寸远小于其他两个方向的尺寸，如其曲率为无穷大，则为板，如图 1-1（c）所示；如其曲率为有限值，则为壳，如图 1-1（d）所示。对于块体，其特征是三个方向尺寸相当，如图 1-1（e）所示。材料力学主要是研究杆件在载荷作用下的变形效应，板、壳和块体等变形固体变形效应的研究是板壳力学、弹性力学等力学课程的任务，本书中不展开讨论。

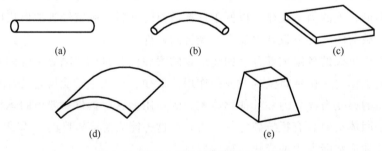

(a) (b) (c)

(d) (e)

图 1-1 工程中常见的变形固体形状

实际工程问题往往是复杂的，在分析结构或机械的强度、刚度和稳定性时，常需将研究的物体形状、材料以及作用在物体上的载荷等，根据所研究问题的性质，忽略一些次要因素，做出某些合理假设得出理想化的数学模型，这一过程称为"力学建模"。通过力学建模，找到研究问题的主要矛盾，化繁为简，突出力学特点，便于利用现代数学获得满足工程精度的解。材料力学的基本假设分为两类，一类是关于物质结构和材料性质的，另一类是关于变形特征的，下面分别予以叙述。

1.2.1 关于材料性质的假定

(1) 连续性假设

即假定物体在其整个体积内毫无空隙地充满了材料。实际上从微观结构看，材料的粒子之间是有空隙的，但这些空隙的大小和构件的尺寸相比极其微小，故可以认为物体内部是密实无空隙的。根据这一假设，物体内的一些物理量（例如应力、变形和位移等）就可用位置坐标的连续函数表示了。

(2) 均匀性假设

即假定物体在其整个体积内的结构和性质处处相同，与位置无关。对于实际材料，材料基本组成部分（如材料分子）的力学性能往往存在不同程度的差异。但是由于构件或从构件中取出的任意微小部分的尺寸都远大于其基本组成部分，因此，从统计学角度，仍可将材料看成是均匀的。根据这一假设，从构件中取出任一部分来研究材料的性质，其结果可用于整个构件。

(3) 各向同性假设

即认为物体在各个方向具有相同的性质。就常用金属的单一晶粒来说，在不同的方向有不同的性质。但构件中包含有无数颗晶粒，且晶粒在构件内杂乱无章地排列着，最后，在各个方向上的力学性能就基本相同了。在宏观上可以认为晶体结构的材料是各向同性的，这样就可以用某个方向的力学参数代表各个方向所表现的力学性能。一般的金属材料都是各向同性材料，如钢、铝等。沿各个方向力学性能不同的材料，称为各向异性材料，如木材、纤维增强复合材料和某些人工合成材料等。

综上所述，在材料力学中，将材料看作连续、均匀且各向同性的变形固体。

1.2.2　关于构件小变形的假定

材料力学假定，所研究的构件在外载荷作用下发生的变形相对其自身尺寸，都是微小的。例如结构工程中的梁，它在载荷作用下整个跨度上所产生的最大位移，比梁横截面的尺寸小很多。

有了小变形假定，变形固体的受力分析和计算便可以在未变形的形态（原形状和尺寸）上进行，这样在材料力学的大多数分析情况下可以直接使用刚体静力学的知识，并且在分析的过程中一些参量（如变形等）可以忽略其高阶小量，直接线性化，便于求解。

1.3　内力和应力的概念

1.3.1　内力

由物理知识可知，物体各质点之间存在着相互作用的内力。材料力学中的内力与上述内力有所不同。弹性体在外力作用下，会引起各质点之间相对位置的改变。由于这种位置改变而产生的质点间相互作用力的改变量，称为附加相互作用力，简称"附加内力"。这种附加内力，就是材料力学中所指的弹性体的内力。

根据连续性假定，弹性体内各部分的内力必然是连续分布的。由静力学的知识可知，为显示两物体之间的相互作用力，必须将这两物体分开。同样，为显示弹性体的内力，也必须假想地用一截面将物体切开［图1-2（a）］，则在切开的截面处［图1-2（b）］，存在着连续分布的内力系。

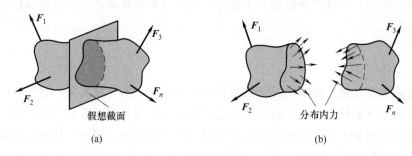

图 1-2　弹性体受力变形引起的连续分布内力

1.3.2　应力

强度的破坏往往始于构件中的某一点，因此研究内力在各点的强弱程度即内力集度是至关重要的。内力在一点的集度称为应力。

如图 1-3（a）所示，若在截面上任一点 M 周围取一微小面积 ΔA，设作用在该截面上的内力为 ΔF，则 ΔF 与 ΔA 的比值

$$P_{\mathrm{m}} = \frac{\Delta F}{\Delta A} \tag{1-1}$$

称为微面积 ΔA 上的平均应力。

若 ΔA 趋近于零，则平均应力趋近于一个极限值，称为点 M 的应力或总应力，即

$$P = \lim_{\Delta A \to 0} \frac{\Delta F}{\Delta A} = \frac{\mathrm{d}F}{\mathrm{d}A} \tag{1-2}$$

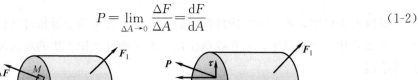

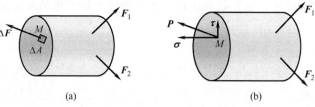

图 1-3　截面上的正应力与切应力

应力的国际单位是 Pa（帕），$1\mathrm{Pa} = 1\mathrm{N/m}^2$。由于这个单位太小，使用不便，工程上常用的单位还有 MPa（兆帕），$1\mathrm{MPa} = 10^6\mathrm{Pa}$；GPa（吉帕），$1\mathrm{GPa} = 10^9\mathrm{Pa}$。

从应力的定义式可知，应力是个矢量，其方向与 ΔF 的极限方向一致。一般情况下，总应力 P 既不与截面垂直，也不与截面平行。工程上，将总应力 P 在截面垂直方向上的应力分量称为正应力，记为 σ；而与截面平行方向的应力分量称为切应力，记为 τ，如图 1-3（b）所示。

1.4　正应变与切应变的概念

1.4.1　正应变和切应变

为了研究构件内各点处的变形，可取一微六面体进行分析。当微六面体三个方向尺寸

趋于无穷小时，则该六面体就趋于所分析的点。下面讨论正应力与切应力单独作用时微元体的变形情况 [图 1-4 (a)、(b)]。

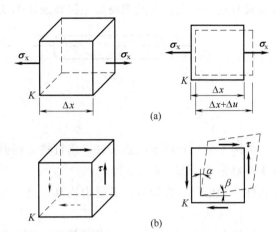

对于图 1-4 (a) 所示的微元体，在图示正应力作用下，将产生 x 方向的伸长；设六面体沿 x 轴方向的原长为 Δx，变形后的长度为 $\Delta x + \Delta u$。x 方向的伸长量 Δu 与 x 方向原长 Δx 的比值，称为 x 边的平均正应变，记为 ε_m，即有

$$\varepsilon_m = \frac{\Delta u}{\Delta x} \tag{1-3}$$

当微元尺寸趋近于无穷小，Δx 趋近于零时，平均正应变的值趋于一个极限

图 1-4　正应变与切应变

值，称为微元体所在点 K 的正应变（又称为线应变），记为 ε_x：

$$\varepsilon_x = \lim_{\Delta x \to 0} \frac{\Delta u}{\Delta x} = \frac{\mathrm{d}u}{\mathrm{d}x} \tag{1-4}$$

对于图 1-4 (b) 所示的微元体，在切应力作用下，将产生剪切变形，此时微元体相邻棱边所夹直角的改变量，称为切应变（又称为剪应变），记为 γ：

$$\gamma = \alpha + \beta \tag{1-5}$$

切应变的单位是 rad（弧度）。

显然，正应变与切应变均为量纲为一的量。

通过实验，可以发现，弹性范围内加载时（应力小于某一极限值），应力与应变之间存在一定的线性关系，这些关系将在 3.2 节和 5.1 节中详细介绍。

1.4.2　变形和位移

杆件在外力作用下其形状或尺寸所发生的变化，称为变形。由于变形引起杆件各点、各线和各面空间位置的改变，称为位移。变形与位移有联系，但也有区别。变形是杆件受力后的整体行为，与杆件的受力和刚度有关；位移是杆件受力后的局部行为，不仅与受力和刚度有关，而且与约束条件密切相关。此外，研究位移必须要有参考系，如相对于某个固定截面等。杆件在不同受力情况下的变形和位移计算将在第 3 章和第 9 章具体讨论。

1.5　杆件变形的基本形式

杆件受力的情况不同，则杆件的变形形式就不同。工程上杆件变形的基本形式主要有以下四种：

（1）轴向拉伸或压缩

杆件受力如图 1-5 所示，此时杆件将发生轴向拉伸或压缩变形。其受力特点是杆件上作用的外力沿杆件轴线方向。起吊重物的钢索、桁架中的杆件、液压油缸的活塞杆，其受力都具有这一特点，因此都将发生拉伸或压缩变形。

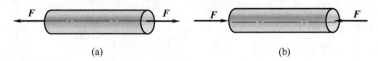

图 1-5　拉伸与压缩

（2）剪切

如图 1-6（a）所示的连接件，铆钉将受到剪切，表现形式为受剪杆件沿外力作用方向发生相对错动［图 1-6（b）］。其受力特点是外力方向与杆件横截面平行。工程中常用的连接件，如销钉、螺栓等，其受力均具有这一特点，都将产生剪切变形。

（3）扭转

轴受力如图 1-7 所示，此时杆件将发生扭转变形。其受力特点是作用力偶的矢量方向沿杆件轴线方向。汽车传动轴、电机和水轮机主轴的受力都具有这一特点，是典型的受扭杆件。

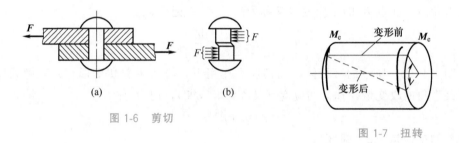

图 1-6　剪切

图 1-7　扭转

（4）弯曲

如图 1-8 所示的杆件，在一对力偶作用下将发生弯曲变形。其受力特点是作用力偶的矢量方向与杆件横截面平行。桥式起重机的大梁、高架桥桥面等的变形，都属于弯曲变形。

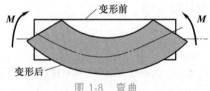

图 1-8　弯曲

上述四种变形中，剪切变形通常与弯曲变形同时发生，相应的这类杆件称为梁；对于单独受拉的杆件，称为拉杆，单独受压的杆件，称为压杆或柱；单独受扭或以受扭为主的杆件称为轴。工程中，除梁外，很多杆件也会同时发生多种基本变形，例如车床主轴工作时发生弯曲、扭转和压缩三种基本变形；偏心受压柱同时发生压缩和弯曲两种变形，这种情况称为组合变形。但不管变形情况如何复杂，都可以简化为上述四种基本变形的组合。材料力学的学习从四种基本变形的内力和应力分析开始，逐步展开工程中强度、刚度、稳定性和疲劳等问题的学习。

力学与工程 ◀◀◀

力学在推动人类社会发展中的作用

科学的产生和发展是由生产决定的，反过来，科学的发展又推动和促进生产的发展。在人类光辉灿烂的发展过程中，力学在其中起着举足轻重的作用。

图 1-9 是为满足当时人们生产和生活需要而修建的赵州桥，距今已有 1400 多年的历史了，是世界上现存年代久远、跨度最大、保存最完整的单孔坦弧敞肩石拱桥。其建造工艺独特，在世界桥梁史上首创了"敞肩拱"结构形式。据《世界桥梁》考证，赵州桥敞肩拱结构，欧洲到19 世纪中期才出现，比中国晚了 1200 多年。赵州桥的设计施工即使从现代人的眼光来看，也是非常符合力学原理的，其结构合理、选址科学，体现了中国古代科学技术上的巨大成就。赵州桥在中国造桥史上占有重要的历史地位，对全世界后代桥梁建筑有着深远的影响。

图 1-9 赵州桥

16、17 世纪，一系列重大的科学发现构成了近代自然科学革命，牛顿力学体系的建立为近代科学奠定了基础。20 世纪以前，在力学知识积累、应用和完善的基础上，逐渐形成和发展起来的蒸汽机、铁路（图 1-10）、桥梁、舰船（图 1-11）、兵器等大型工业推动了近代科学技术和社会的进步。

图 1-10 蒸汽机与铁路

图 1-11 舰船

进入 20 世纪，尤其是近 50 年来，科学技术有了突飞猛进的发展。诸多高新技术，如高层建筑（图 1-12）、海洋平台（图 1-13）、大跨度桥梁（图 1-14）、大型水利工程（图 1-15）、运载火箭（图 1-16）、高速列车（图 1-17）以及智能机器人等许多重要工程更是在力学指导下得以实现，并不断发展完善。

图 1-12　上海环球金融中心与金茂大厦

图 1-13　海洋石油钻井平台

图 1-14　青岛胶州湾大桥

图 1-15　大型水利工程

图 1-16　长征七号运载火箭及其发射装置

图 1-17　高铁及火车站站台

在这些举世瞩目的工程背后，大量中、外力学专家为力学的发展作出了突出的贡献，这里简单介绍部分力学专家。

① 达·芬奇　达·芬奇参与了早期的材料力学研究工作，他不仅是一位艺术家，而且是一位伟大的科学家和工程师。他没有科学著作，但后人在他的笔记本里发现了他在许多科学领域都有一些伟大发明。达·芬奇对力学特别有兴趣，他在笔记中写道："力学是数学的乐园，因为我们在这里获得了数学的果实"。

② 伽利略　伽利略是意大利天文学家、物理学家和工程师，被称为"现代物理学之父""科学方法之父""现代科学之父"。伽利略是第一个把实验引进力学的科学家，他利用实验和数学相结合的方法确定了一些重要的力学定律。当时，为了解决建造船只和水闸所需要梁的尺寸，他还进行了一系列关于杆件拉伸强度的试验，并将研究成果列入《关于两种新科学的对话与数学证明》一书中，这是世界上第一次提出关于强度计算概念的著作。通常认为，伽利略《关于两种新科学的对话与数学证明》一书的发表（1638 年），是材料力学形成一门科学的标志。

③ 欧拉　欧拉是18 世纪数学界最杰出的人物之一，是数学史上最多产的数学家，平均每年写出八百多页的论文，还写了大量关于力学、分析学、几何学、变分法等的课本。晚年双目失明的他，依然还在进行科学研究。在失明后的 17 年间，还口述著了几本书和400 篇左右的论文。他将数学分析方法用于力学，在力学各个领域中都有突出贡献，是刚体力学和流体力学的奠基者。材料力学里细长压杆的临界载荷计算公式，就是他在丹尼尔·伯努利的帮助下得出的。欧拉的一生，是为科学发展而奋斗的一生，他杰出的智慧、顽强的毅力、孜孜不倦的奋斗精神和高尚的科学道德，永远值得我们尊重和学习。

④ 钱伟长　世界著名科学家、教育家，杰出的社会活动家。钱伟长长期从事力学研究，在板壳问题、广义变分原理、环壳解析解和汉字宏观字形编码等方面做出了突出的贡献。他参与创建北京大学力学系——开创了中国大学里第一个力学专业；出版中国第一本《弹性力学》专著；开设了中国第一个力学研究班和力学师资培养班，创建上海市应用数学与力学研究所；与此同时开创了全国现代数学与力学系列学术会议，以及理论力学的研究方向和非线性力学的学术方向，为中国的机械工业、土木建筑、航空航天和军工事业建立了不朽的功勋，被人们称为中国近代"力学之父""应用数学之父"。

钱伟长有句名言可作为对年轻人的劝勉："我没有专业，祖国的需要就是我的专业。"

⑤ 沈志云　中国工程院院士，西南交通大学教授、博士生导师，中国著名的机车车辆专家，在机车车辆动力学尤其是轮轨动力学和随机响应等研究方面成绩卓著。沈志云创建的轮轨非线性蠕滑力模型，在国际上通称"沈氏理论"，被广泛引用；2006—2011 年担任铁道部高速列车技术引进消化吸收再创新专家工作组组长，为我国新一代高速列车的研究开发做出了重要贡献。如今中国高铁已经成为了我国最响亮的名片，走向世界，改变着人们的生活方式。

作为一名教育工作者，他认为青年人要关心经济形势，了解现场急需，以便及时抓住机遇，把知识和技术用在"科教兴国"的关键处，在刀刃上起作用；创新思维、超前意识和专业技能是高素质技术人才的必要条件。

⑥ 钱学森　世界著名科学家，空气动力学家，中国载人航天奠基人，中国科学院及中国工程院院士，中国两弹一星功勋奖章获得者，被誉为"中国航天之父""中国导弹之

父""中国自动化控制之父"和"火箭之王"。由于钱学森回国效力，我国导弹、原子弹的发射向前推进了至少 20 年。他一生心系国家，严谨治学，淡泊名利，在中国的国家史、华人的民族史和人类的世界史上，同时留下了耀眼的光芒。

正是他们这些先行人，披荆斩棘，用智慧为后来者锻造阶梯，才促进了人类社会的进步和发展，留下人类光辉灿烂的文明之光。

 **复习思考题**

1-1 何谓构件的强度、刚度和稳定性？就日常生活和工程实际各举一、两个实例。

1-2 材料力学的任务是什么？它能解决工程上哪些方面的问题？

1-3 材料力学对变形固体作了哪些基本假设？假设的根据是什么？理论力学中的绝对刚体假设在材料力学中还能不能使用？

1-4 什么是小变形假设？小变形假设有何意义？

1-5 在对构件进行变形计算时，力的可传性原理是否仍可以运用？

1-6 杆件有哪几个几何要素？杆件的轴线与横截面之间有何关系？

1-7 杆件有哪几种基本变形？

1-8 何谓线应变？它有何意义？它的量纲是什么？如何确定它的正负？

1-9 试指出下列各量的区别和联系：

a. 内力与应力；

b. 变形、位移与应变；

c. 正应力、剪应力与全应力。

 习 题

1-1 在关于内力与应力的关系中，说法_____是正确的。

A. 内力是应力的矢量和

B. 内力是应力的代数和

C. 应力是内力的平均值

D. 应力是内力的分布集度

1-2 图 1-18 所示的梁，若力偶 M_e 在梁上移动，则梁的_____。

A. 支反力变化，B 端位移不变

B. 支反力不变，B 端位移变化

C. 支反力和 B 端位移都不变

D. 支反力和 B 端位移都变化

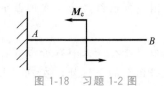

图 1-18 习题 1-2 图

1-3 在下列四种工程材料中，_____不适用各向同性假设。

A. 铸铁   B. 松木   C. 玻璃   D. 铸铜

1-4 图 1-19 所示的等截面直杆在两端作用有力偶，力偶矩数值为 M，力偶作用面与杆的对称面一致。关于杆中点处截面 $A—A$ 在杆变形后的位置（对于左端，由 $A→A'$；对于右端，由 $A→A''$），有四种答案，试判断哪一种答案是正确的。

图 1-19 习题 1-4 图

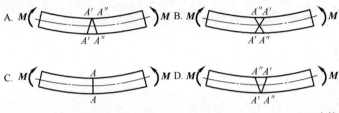

正确答案是_____。

1-5 等截面直杆，其支承和受力如图 1-20 所示。关于其轴线在变形后的位置（图中虚线所示），有四种答案，根据弹性体的特点，试分析哪一种是合理的。

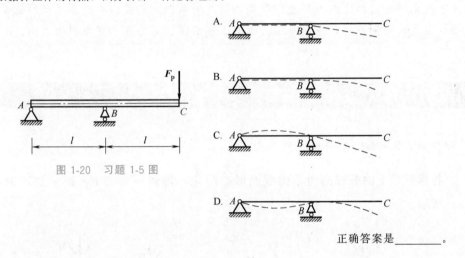

图 1-20 习题 1-5 图

正确答案是_____。

第 **2** 章

杆件的内力分析与内力图

📖 **学习导语**

　　杆件的内力是指在荷载（包括热载荷）作用下发生变形，其上各点发生相对运动，从而产生相互作用的附加内力。工程上，有意义的是分析横截面上的内力以及横截面上内力随杆件轴线方向上的变化规律，以便于确定杆件危险位置。本章将根据平衡原理和力系简化方法，确定内力分量与荷载之间的关系以及相关内力分量之间的关系；并借助函数图像的绘制思想，分别介绍轴力图、扭矩图、剪力图和弯矩图的画法。

2.1　内力分量与内力正负号的规定

2.1.1　内力分量

将横截面上的分布内力系向截面形心简化，得到一主矢 F_R 和一主矩 M，如图 2-1（a）所示。

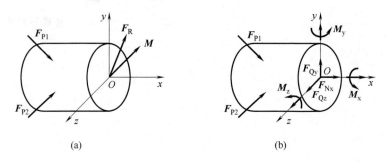

(a)　　　　　　　　　　　　　　　　(b)

图 2-1　内力与内力分量

将内力主矢 F_R 向 3 个坐标轴投影得到 3 个内力分量——F_{Nx}、F_{Qy} 和 F_{Qz}，将内力主矩 M 向 3 个坐标轴投影得到 3 个力矩分量——M_x、M_y 和 M_z，如图 2-1（b）所示。

F_{Nx} 或 F_N 称为轴力，它将使杆件产生轴向变形（伸长或缩短）。

M_x 称为扭矩，它将使杆件产生绕杆轴线转动的扭转变形。

M_y、M_z 称为弯矩，二者均使杆件产生弯曲变形。

2.1.2　内力分量的正负号规定

承受外力的弹性杆件，从任意截面截开后，如图 2-2 所示，其两侧截面上都存在内力；二者互为作用力和反作用力，大小相等、方向相反。

材料力学中为保证杆件同一处左、右两侧截面上的内力具有相同的正负号，对内力的正负号规定如下：

轴力 $\boldsymbol{F}_N$——无论作用在哪一侧截面上，使杆件受拉者为正，受压者为负。

剪力 $\boldsymbol{F}_Q$——使杆件截开部分产生顺时针转动的为正，逆时针方向转动的为负。

扭矩 $\boldsymbol{M}_x$——扭矩矢量方向与截面外法线方向一致者为正，反之为负。

弯矩 $\boldsymbol{M}$——使梁的下面受拉、上面受压的弯矩为正；使梁的下面受压、上面受拉的弯矩为负。

这样，无论留下哪一侧，内力的正负号都相同。因此，材料力学中左右两侧内力可用相同的力学符号表示，如图 2-2 所示。图中 $\boldsymbol{F}_N$、$\boldsymbol{F}_Q$、$\boldsymbol{M}_x$、$\boldsymbol{M}$ 均为正方向。

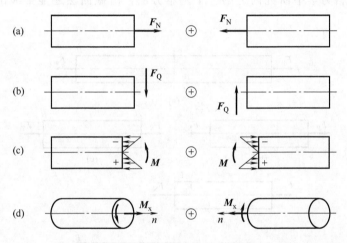

图 2-2　内力分量的正负号规则

2.2　弹性体平衡原理及内力的求解

2.2.1　弹性体的平衡原理

弹性体在外力作用下若保持平衡，则从其上截取的任意部分也必保持平衡，此即弹性体的平衡原理。这里"截取的任意部分"，根据分析问题的需要，可以是下列情形：

① 用一截面将杆件截成的两部分中的任一部分；

② 两相距无穷小截面所截出的一微段；

③ 围绕某一点截取的某种微元或微元的局部。

……

弹性体平衡原理是材料力学中很多问题，如内力、应力分析的基础。

2.2.2 内力的求解方法（一）——截面法

为显示和计算构件的内力，假想地用截面把构件切开，分成两部分，由弹性体平衡原理易知，杆件任意部分均处于平衡状态。取其中一部分为研究对象，进行受力分析，由平衡方程，即可得该截面上的内力。这一方法称为截面法。

例如，图 2-3（a）所示的直杆受沿杆件轴线的一对力 F_P 作用时，为求 C 截面上的内力，可在此处假想地将杆切成两部分，并以左段为研究对象，如图 2-3（b）所示，作用于左段上的力，除外力 F_P 外，在 C 截面上还有右段对它作用的内力，根据左段杆件的平衡条件，可得

$$\sum F = 0, \quad F_N = F_P$$

如果再次运用截面法求 C 截面的内力，但留下右段部分，如图 2-3（c）所示，这时 F_N 代表左段部分对右段部分的作用力，同样可得

$$\sum F = 0, \quad F_N = F_P$$

截面法是材料力学中研究内力的一个基本方法，由截面法还能推演出求内力的其他方法。

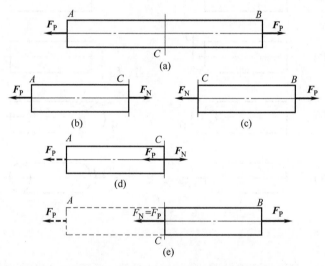

图 2-3　力系简化法确定拉杆的轴力

2.2.3 内力的求解方法（二）——力系简化法

力系简化法是在截面法的基础上演化而来的确定杆件横截面上内力分量的方法。

依然以图 2-3（a）所示的拉杆为例，由左段力系平衡条件易知，图 2-3（d）中左段 A 处的力向 C 截面形心简化后的力 F_P 与左段 C 截面上的内力 F_N 必定大小相等、方向相反，但此简化结果恰好与右段 C 截面上的内力 F_N 大小相等、方向相同 [图 2-3（e）]。由此，不难得出，将横截面一侧的力向另一侧部分截面形心处简化，所得到的简化结果就是另一侧部分横截面上的内力分量。

再以图 2-4 所示的悬臂梁为例，为求 B 处横截面上的内力，将作用在 A 点的力向 B 截面简化，其结果如图 2-4（b）所示；由截面法可求出 AB 段 B 截面上的内力，如图 2-4

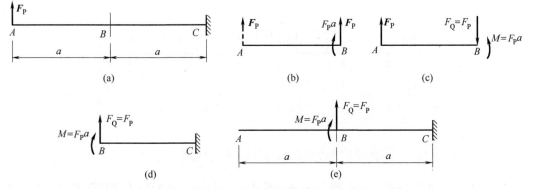

图 2-4　力系简化法确定悬臂梁横截面上的剪力和弯矩

(c) 所示；根据作用力与反作用力的性质，画出 BC 段 B 截面上的内力，如图 2-4（d）所示。比较图 2-4（b）和（d），不难发现，力 $\textbf{\textit{F}}_P$ 向 B 截面的简化结果与 BC 段上 B 截面的内力相同。

实际操作时，完全可以省去图 2-4（b）～（d）的步骤，直接将外力向与外力不在的另一部分（BC 段）的 B 截面形心简化，得到的结果就是另一部分（BC 段）B 横截面上的内力分量，如图 2-4（e）所示。

由此可见，力系简化法在确定横截面上的内力时，省去了将横截面截开、画受力图的麻烦，熟练掌握后，能快速求横截面上的内力分量。在本书后面的章节中，求内力以这种方法为主。

2.3　杆件内力变化的一般规律

2.3.1　杆件内力变化

当杆件受力较多时，如图 2-5 所示，显然杆件不同位置处的内力将不同。因此，杆件的内力是关于杆件横截面位置 x 的函数。应用力系简化法，不难证明，当杆件上的外力（包括已知载荷和约束反力）沿杆的轴线发生突变时，内力函数也将发生变化。所以，准确来说，杆件内力是关于杆件横截面位置 x 的分段函数；集中力、集中力偶作用点以及分布荷载的起点和终点，是分段函数的分段点。

2.3.2　控制面

根据以上分析，在一段杆上，内力按一种函数规律变化，这一段杆的两个端截面称为控制面。据此，下列截面均可为控制面：

集中力作用点两侧截面，如图 2-5 中的 A、B、C、H 截面。

集中力偶作用点两侧截面，如图 2-5 中的 F、G 截面。

分布载荷起点和终点处的截面，如图 2-5 中的 D、E 截面。

在 AB、CD、DE、EF、GH 等各段，内力分别按不同的函数规律变化。控制面上的内力，对应着每一段函数起点和终点处的内力值。

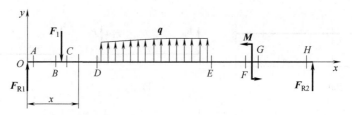

图 2-5　杆件上的控制面

2.3.3　荷载集度与内力之间的微分关系

工程上有意义的是确定杆件哪一截面上的内力有极值，绘制内力函数图像是确定杆件内力极值最直观有效的方法。分析荷载集度和内力之间的关系，有助于内力函数图像的绘制。

（1）荷载集度与剪力、弯矩之间的关系

考察图 2-6 所示的水平直梁，以轴线为 x 轴，y 轴向上为正。梁上分布载荷的集度 $q(x)$ 是 x 的连续函数，且规定 $q(x)$ 向上为正。

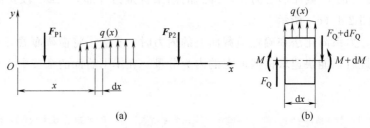

图 2-6　弯矩、剪力与荷载集度之间的关系

在坐标 x 处取长为 $\mathrm{d}x$ 的微段，并放大为图 2-6（b）。微段左截面上的剪力和弯矩分别为 F_Q 和 M，则右截面上的剪力和弯矩相应地增加一增量，分别为 $F_Q + \mathrm{d}F_Q$，$M + \mathrm{d}M$。由于 $\mathrm{d}x$ 为无穷小距离，因此作用在微段上的分布荷载可视为均匀分布，且该微段内无集中力和集中力偶。由微段的平衡条件可知

$$\sum F_y = 0,\ F_Q + q(x)\mathrm{d}x - (F_Q + \mathrm{d}F_Q) = 0$$

$$\sum M_C = 0,\ -M - F_Q \mathrm{d}x - q(x)\mathrm{d}x\,\frac{\mathrm{d}x}{2} + (M + \mathrm{d}M) = 0$$

略去二阶微量 $q(x)\mathrm{d}x\,\dfrac{\mathrm{d}x}{2}$，解得

$$\frac{\mathrm{d}F_Q}{\mathrm{d}x} = q(x) \tag{2-1}$$

$$\frac{\mathrm{d}M}{\mathrm{d}x} = F_Q \tag{2-2}$$

将式（2-2）代入式（2-1）得

$$\frac{\mathrm{d}^2 M}{\mathrm{d}x^2} = q(x) \tag{2-3}$$

（2）[*] 荷载集度与轴力之间的关系

考察图 2-7（a）所示受分布荷载作用的拉压杆，杆上分布载荷的集度 $q(x)$ 是 x 的

连续函数，且规定 $q(x)$ 向左（与 x 轴方向相反）为正。在坐标 x 处取长为 $\mathrm{d}x$ 的微段，受力如图 2-7（b）所示。由微段的平衡条件有

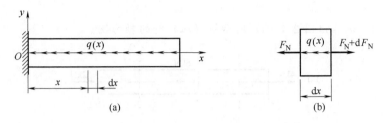

图 2-7　轴力与轴向分布荷载集度之间的关系

$$F_\mathrm{N}+\mathrm{d}F_\mathrm{N}-q(x)\mathrm{d}x-F_\mathrm{N}=0$$

整理可得

$$\frac{\mathrm{d}F_\mathrm{N}}{\mathrm{d}x}=q(x) \tag{2-4}$$

(3) * **荷载集度与扭矩之间的关系**

考察图 2-8（a）所示受分布荷载作用的扭转轴，圆轴的分布力偶集度 $m(x)$（即单位长度上的扭矩）是 x 的连续函数，且规定分布力偶矩的矢量方向与 x 轴正向相反为正。在坐标 x 处取长为 $\mathrm{d}x$ 的微段，受力如图 2-8（b）所示。由微段的平衡条件有

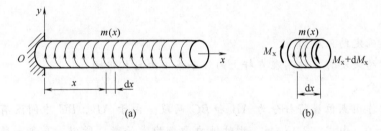

图 2-8　扭矩与轴向分布扭转力偶集度之间的关系

$$M_\mathrm{x}+\mathrm{d}M_\mathrm{x}-m(x)\mathrm{d}x-M_\mathrm{x}=0$$

整理可得

$$\frac{\mathrm{d}M_\mathrm{x}}{\mathrm{d}x}=m(x) \tag{2-5}$$

式（2-1）～式（2-5）统称为荷载集度与内力间的微分关系。这些微分关系的建立，有助于内力函数图像的绘制。

2.4　拉压杆件的轴力图

当所有外力均沿杆的轴线方向作用时，杆的横截面上只有轴力 $\boldsymbol{F}_\mathrm{N}$ 一种内力分量。轴力沿杆轴线方向变化的表达式和图形，分别称为轴力方程（或轴力函数）和轴力图。

绘制轴力图的方法和步骤如下：

① 确定作用在杆件上的荷载与约束力；

② 确定轴力图的分段点（集中力作用处或分布载荷的起点和终点处）；

③ 利用力系简化法，获得每一段的轴力函数，初步确定轴力图形状；

④ 建立 F_N-x 坐标系，画出轴力函数的图像（轴力图）。

【例题 2-1】 试作出图 2-9（a）所示拉（压）杆的轴力图。

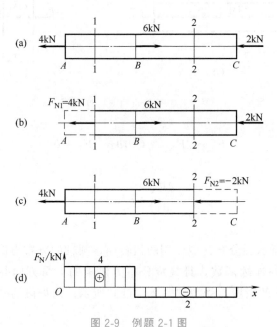

图 2-9 例题 2-1 图

解：（1）确定约束反力

本例没有约束反力，作用在直杆上的 3 个集中力自相平衡。

（2）确定分段

根据外力作用点位置将杆分为 AB 和 BC 两段。由于 AB、BC 中间没有分布载荷作用，即 $q(x)=0$，由式（2-4）知，此时轴力函数为常函数。所以，在每一段中，只要任意取一截面，这一截面上的轴力就是这一段中所有截面上的轴力。

（3）应用力系简化法确定各段截面上的轴力

在 AB 段任取截面 1—1，如图 2-9（b）所示，将作用在这一截面左边的外力向右边的截面形心简化，得到 AB 段的轴力为

$$F_{N1}=4kN$$

其方向自截面向外，为拉力，故为正。

当然，也可将 1—1 截面右边的外力向左边的截面形心简化，可以获得完全相同的结果，请读者自己分析。

对于 BC 段，在其上任取截面 2—2，如图 2-9（c）所示，将作用在这一截面右边的力向左边的截面形心简化，得到 BC 段的轴力为

$$F_{N2}=-2kN$$

其方向自截面向里，为压力，故为负。

同样，也可将 2—2 截面左边的外力向右边的截面形心简化，可以获得完全相同的结果，请读者自己分析。

（4）绘制轴力图

建立 F_N-x 坐标系，其中，x 轴平行于杆的轴线，以表示横截面的位置；F_N 轴垂直于杆的轴线，以表示轴力的大小和正负，并规定正的轴力（拉力）绘制在 F_N 轴正向，负的轴力（压力）绘制在 F_N 轴负向。根据上述计算结果，即可作出该直杆的轴力图，如图 2-9（d）所示。

【例题 2-2】 图 2-10（a）所示连杆的右端部，由螺纹杆 AB 与套管 CD 组成，二者间的连接长度为 a。连杆承受轴向载荷 F 作用，试画出螺纹杆的轴力图。

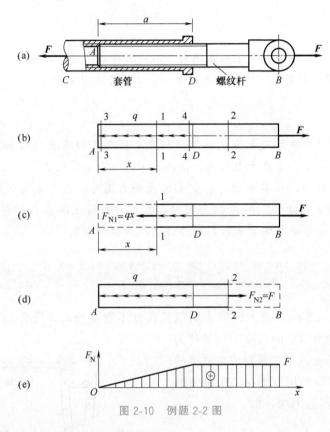

图 2-10　例题 2-2 图

解：（1）确定螺纹杆的约束反力

螺纹杆的 B 端承受载荷 F 作用，AD 段则承受套管的约束反力，螺纹杆的计算简图如图 2-10（b）所示。设套管约束反力沿杆轴均匀分布，则单位长度上的外力（载荷集度）：

$$q = \frac{F}{a}$$

（2）确定分段

根据螺纹杆的受力情况，将杆件分为 AD 与 DB 两段。

（3）利用力系简化法获得每一段的轴力函数

对于 AD 段，以截面 A 的形心为原点，沿杆轴建立坐标轴 x，如图 2-10（b）所示。设坐标为 x 的横截面轴力为 F_{N1}，则由图 2-10（c）可知

$$F_{N1} = qx = \frac{F}{a}x$$

由图 2-10（d）可知，杆段 DB 各横截面的轴力均为

$$F_{N2}=F$$

（4）绘制轴力图

AD 段轴力函数为 x 的一次函数，其图像为斜直线，令 $x=0$，则可求得斜直线起点处的内力值 $F_{N1}=0$；令 $x=a$，则可求得斜直线终点处的内力值 $F_{N1}=F$，起点和终点内力值确定后即可绘出此斜直线。DB 段轴力函数为常函数，其图像为水平直线。根据以上分析，建立 F_N-x 坐标系，画螺纹杆的轴力图 [图 2-10（e）]，最大轴力为

$$F_{N,max}=F$$

（5）本例小结

在绘制轴力图过程中，也可不列出轴力方程的具体表达式，而由载荷集度与轴力之间的关系式（2-4）直接判断每一段轴力图的形状，工程中常见的情形为：

$q(x)=0$，轴力函数为常函数，轴力图为平行于 x 轴的直线，如本例中的 DB 段；

$q(x)=$常数，轴力函数为关于 x 的一次函数，轴力图为斜直线，如本例中的 AD 段。

根据两点确定一条直线，由力系简化法确定直线起点和终点处的轴力即可绘制轴力图。对于常函数，由于各个截面上的内力值均相等，用力系简化法求出任意截面上的轴力即可绘制轴力图。例如，在本例中，绘制 DB 段轴力图时，用力系简化法求出任意截面 2—2 上的轴力即可；而绘制 AD 段轴力图时，需用力系简化法求出控制面 3—3 和 4—4 截面上的轴力。这一方法熟练掌握后，能更快捷地画出轴力图。

2.5 受扭圆轴的扭矩图

在工程实际中，作用于轴上的外力偶矩往往并不直接给出，通常是已知轴的转速 n（单位为 r/min）和所传递的功率 P（单位为 kW）。如图 2-11 所示，根据每秒内电动机输入到轴 AB 上的功等于其作用在 AB 轴上的力偶 M_e 在每秒内所做的功，即

$$P \times 1000 \times 1s = 2\pi \times \frac{n}{60} \times M_e \times 1s$$

可求出外力偶矩 M_e 为

$$\{M_e\}_{N \cdot m} = 9549 \frac{\{P\}_{kW}}{\{n\}_{r/min}} \quad (2-6)$$

式（2-6）是采用国家标准 GB 3101—93 中规定的数值方程式的表示方法。

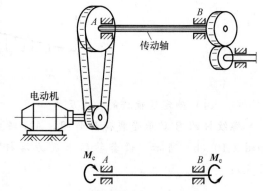

图 2-11 传动轴及其受力简图

外加力偶的力偶矩 M_e 确定后，应用力系简化法可以确定扭矩沿轴线方向变化的表达式和图形，分别称为扭矩方程（或扭矩函数）和扭矩图。绘制扭矩图的方法和过程与轴力图类似。

【例题 2-3】 传动轴如图 2-12 所示，主动轮 A 输入功率 $P_A=18kW$，从动轮 B、C、D 输入功率分别为 $P_B=P_C=5.5kW$，$P_D=7kW$，轴的转速为 $n=150r/min$。试画出轴的扭矩图。

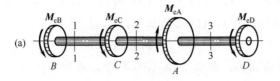

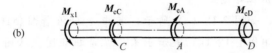

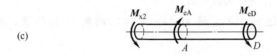

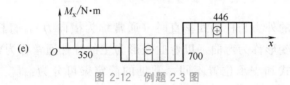

图 2-12　例题 2-3 图

解：（1）按公式（2-6）算出作用于各轮上的外力偶矩

$$M_{\text{eA}}=\left(9549\times\frac{18}{150}\right)\text{N}\cdot\text{m}=1146\text{N}\cdot\text{m}$$

$$M_{\text{eB}}=M_{\text{eC}}=\left(9549\times\frac{5.5}{150}\right)\text{N}\cdot\text{m}=350\text{N}\cdot\text{m}$$

$$M_{\text{eD}}=\left(9549\times\frac{7}{150}\right)\text{N}\cdot\text{m}=446\text{N}\cdot\text{m}$$

（2）确定分段

从受力情况看，可将轴分为 BC、CA、AD 三段。由于每一段都没有分布力偶作用，即 $m(x)=0$，由式（2-5）知其扭矩函数为常数，扭矩图为平行于 x 轴的直线。因此，在每一段中只要任选一截面，这一截面上的扭矩就是这一段中所有截面上的扭矩。

（3）利用力系简化法确定各段横截面上的扭矩

在 BC 段任取截面 1—1，如图 2-12（b）所示，将作用在这一截面左侧的外加力偶 350N·m 向右侧截面简化，得到 BC 段的扭矩：

$$M_{\text{x1}}=-350\text{N}\cdot\text{m}$$

根据扭矩的正负号规定，其矢量与截面外法线方向相反，如图 2-12（b）所示，故为负。

在 CA 段内任取截面 2—2，同理可得

$$M_{\text{x2}}=-700\text{N}\cdot\text{m}$$

其矢量与截面外法线方向相反，如图 2-12（c）所示，故为负。

在 AD 段内任取截面 3—3，如图 2-12（d）所示，将作用在这一截面右侧的外加力偶 446N·m 向左侧截面简化，得到 AD 段的扭矩：

$$M_{x3}=446\text{N·m}$$

其矢量与截面外法线方向相同，如图 2-12（d）所示，故为正。

（4）建立坐标系画出扭矩图

建立 M_x-x 坐标系，如图 2-12（e）所示，其中 x 轴沿着圆轴线方向，M_x 垂直于 x 轴。将各截面上的扭矩用图 2-12（e）表示出来，就是扭矩图。从图中可看出，最大扭矩发生在 CA 段内，且 $M_{\max}=700\text{N·m}$。

请读者思考：对上述轴，若交换主动轮 A 与从动轮 D 的位置，布局是否合理？并说明理由。

2.6 梁的剪力图和弯矩图

2.6.1 工程中的弯曲构件及其力学模型

当作用在直杆上的外力与杆轴线垂直时（通常称为横向力），直杆的轴线将由原来的直线弯成曲线，这种变形称为弯曲。以弯曲变形为主的杆件通常称为梁。

根据梁的支承形式和支承位置不同，常见的静定梁可分为：简支梁［图 2-13（a）］、外伸梁［图 2-13（b）］和悬臂梁［图 2-13（c）］。工程上产生弯曲变形的杆件是很多的，如图 2-14 所示的工厂车间内的行车、图 2-15 所示的外伸阳台以及图 2-16 所示的火车车轴，根据其受力变形特点都可以简化为梁进行力学分析。

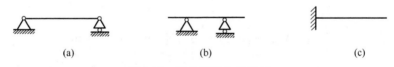

| (a) | (b) | (c) |

图 2-13　三种常见的静定梁

图 2-14　工厂车间内的行车可以简化为简支梁

图 2-15　外伸的阳台可以简化为悬臂梁

2.6.2 剪力图和弯矩图

对于受横向力的梁，从前面的分析中可以看到，为保持梁局部的平衡，其横截面上将同时产生剪力和弯矩两种内力。表示剪力和弯矩沿梁轴线方向变化的表达式，分别称为剪力方程（剪力函数）和弯矩方程（弯矩函数）；相应的表示剪力和弯矩沿梁轴线方向变化的图形，分别称为剪力图和弯矩图。绘制剪力图的方法与前面的轴力图和扭矩图类似，只是弯矩方程往往复杂些，弯矩图的绘制过程要烦琐一些。绘图时仍以平行于梁轴的横坐标 x 表示横截面的位置，以纵坐标表示相应截面上的剪力和弯矩。在本书中，表示弯矩值的纵坐标以向下为正，这样使弯矩图总是画在杆件的受拉侧。下面用例题来说明。

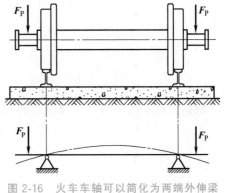

图 2-16　火车车轴可以简化为两端外伸梁

【例题 2-4】　如图 2-17（a）所示的悬臂梁在自由端受集中荷载 F 作用，试作此梁的剪力图和弯矩图。

解：（1）确定约束反力

梁在固定端 B 处有约束力作用，但是，如果从梁的自由端开始，采用力系简化法，可不求约束反力。

（2）确定分段

根据受力情况，整个梁段上只有一个剪力方程和一个弯矩方程，无需再分段。

（3）利用力系简化法获得剪力方程和弯矩方程，初步确定内力图形状

以 A、B 之间坐标为 x 的任意截面为假想截面，如图 2-17（a）所示，将这一截面左侧的力 F 向右侧截面简化，所得到的剪力 $F_Q(x)=-F$ 使右侧部分产生逆时针转动趋势，为负值；所得到的弯矩 $M(x)=-Fx$，使右侧截面上面受拉，下面受压，也是负值。故整个梁端上的剪力方程和弯矩方程为

$$F_Q(x)=-F \qquad (a)$$

$$M(x)=-Fx \qquad (b)$$

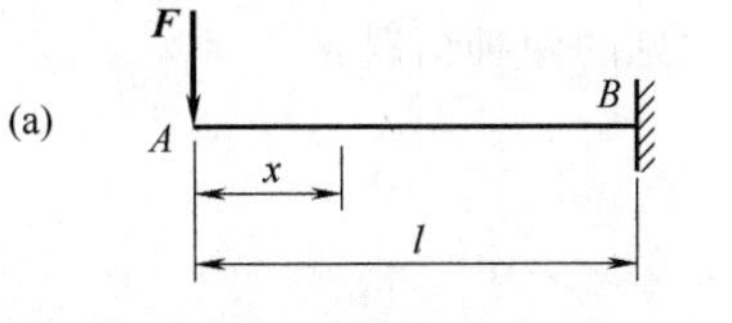

（4）内力图的绘制

式（a）表明，剪力图是常函数，剪力图为平行于 x 轴的直线，根据式（a）即可作剪力图［图 2-17（c）］。式（b）表明，弯矩图是一斜直线，只要确定两点就可定出这一斜直线。一般用弯矩方程确定起点和终点对应的弯矩值，例如：

$$x=0, M(0)=0; \quad x=l, M(l)=-Fl$$

最后绘出弯矩图如图 2-17（d）所示。

（5）讨论

请读者思考下列问题：

在本例中，整个梁段上，只有一个剪力方程和弯矩方程。若整个梁段中间再加一个集

图 2-17　例题 2-4 图

中力偶，如图 2-17 (e) 所示，则有几个剪力方程和弯矩方程？剪力图和弯矩图又该如何绘制？

2.6.3　剪力、弯矩与载荷集度间的微分关系在绘制剪力图、弯矩图中的应用

根据荷载集度与剪力、弯矩之间的关系表达式（2-1）～式（2-3），有

$$\frac{\mathrm{d}F_{\mathrm{Q}}}{\mathrm{d}x} = q(x)$$

$$\frac{\mathrm{d}M}{\mathrm{d}x} = F_{\mathrm{Q}}$$

$$\frac{\mathrm{d}^2 M}{\mathrm{d}x^2} = q(x)$$

根据上述各关系式及其几何意义，可得出画剪力、弯矩图的一些规律。下面列举工程上常见的两种情况：

（1）无分布载荷作用的梁段

对于无分布载荷作用的梁段，由于 $q=0$，因此 $\frac{\mathrm{d}F_{\mathrm{Q}}}{\mathrm{d}x}=0$，即剪力为关于 x 的常函数，故剪力图为一水平直线。此时，$\frac{\mathrm{d}M}{\mathrm{d}x}=F_{\mathrm{Q}}=$ 常数，故弯矩为关于 x 的一次函数，弯矩图为一斜直线。

（2）均布载荷作用的梁段

对于均布载荷作用的梁段，由于 $q=$ 常数，因此 $\frac{\mathrm{d}F_{\mathrm{Q}}}{\mathrm{d}x}=q(x)=$ 常数，剪力为关于 x 的一次函数，剪力图为一斜直线；弯矩为关于 x 的二次函数，弯矩图为抛物线。当 $q<0$ 时（即分布载荷向下时），弯矩图有极大值，弯矩图应为正向凸的曲线 ［图 2-19 (d)、图 2-20 (c) 和图 2-21 (c)］；当 $q>0$ 时（即分布载荷向上时），弯矩图有极小值，弯矩图应为负向凸的曲线。此外，由于 $\frac{\mathrm{d}M}{\mathrm{d}x}=F_{\mathrm{Q}}$，因此当剪力 $F_{\mathrm{Q}}=0$ 时，弯矩取得极值。

利用上述结论，在绘制剪力图和弯矩图时，可省去求剪力方程和弯矩方程的过程，直接判定剪力、弯矩图的形状。此时，每一段内力方程起点、终点和极值点处的内力值，由于没内力方程可用，需用力系简化法等方法分析得出。

【例题 2-5】　简支梁受力如图 2-18 (a) 所示。试画出其剪力图和弯矩图，并确定二者绝对值的最大值 $|F_{\mathrm{Q}}|_{\max}$ 和 $|M|_{\max}$。

解：（1）确定梁的约束反力

梁的受力如图 2-18 (a) 所示，由平衡条件有

$$\sum M_{\mathrm{A}}=0, \ F_{\mathrm{Fy}}\times 4.5+1.5-2\times 3=0$$

$$\sum M_{\mathrm{F}}=0, \ F_{\mathrm{Ay}}\times 4.5-1.5-2\times 1.5=0$$

解得　　　　　　　　　　$F_{\mathrm{Fy}}=1\mathrm{kN}(\downarrow), \quad F_{\mathrm{Ay}}=1\mathrm{kN}(\downarrow)$

（2）建立坐标系，确定分段

建立如图 2-18 (b) 和 (c) 所示的 F_{Q}-x 和 M-x 坐标系。根据梁上受力情况，将梁

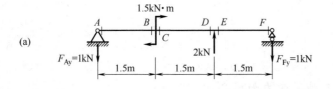

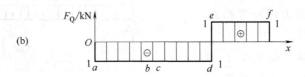

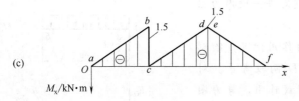

图 2-18 例题 2-5 图

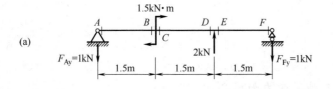

分成 AB、CD、EF 三段绘制剪力图和弯矩图。

（3）判定每一段内剪力图和弯矩图的大致形状

由于 AB、CD、EF 均没有分布载荷，因此剪力图均为平行于 x 轴的直线，弯矩图均为斜直线。只需确定各段两端点控制面上的剪力和弯矩值，便可绘制内力图。

（4）利用力系简化法求各段两端点控制面上的剪力和弯矩

如图 2-18（a）所示，分段点集中力和集中力偶两侧截面 $A \sim F$ 均为控制面。这六个控制面上的内力，分别对应三段内力图起点和终点处的内力值。各控制面上内力计算结果如下：

A 截面：$F_{QA} = -1\text{kN}$，$M_A = 0$

B 截面：$F_{QB} = -1\text{kN}$，$M_B = -1.5\text{kN} \cdot \text{m}$

C 截面：$F_{QC} = -1\text{kN}$，$M_C = 0\text{kN} \cdot \text{m}$

D 截面：$F_{QD} = -1\text{kN}$，$M_D = -1.5\text{kN} \cdot \text{m}$

E 截面：$F_{QE} = 1\text{kN}$，$M_E = -1.5\text{kN} \cdot \text{m}$

F 截面：$F_{QE} = 1\text{kN}$，$M_F = 0$

（5）剪力图和弯矩图的绘制与极值的确定

根据上面计算的各控制面上的内力值，依次在 F_Q-x 和 M-x 坐标系下得到其所对应的点 $a \sim f$；然后用直线按顺序连接各点，便得到剪力图和弯矩图，如图 2-18（b）和（c）所示。从图中可得

$$|F_Q|_{\max} = 1\text{kN}, \quad |M|_{\max} = 1.5\text{kN} \cdot \text{m}$$

（6）本例小结

从所绘制的剪力图和弯矩图中可以看到：

① 简支梁两端，如果没有外加力偶作用，用力系简化法易证，弯矩都等于零。

② 在集中力作用处，弯矩值无改变，但弯矩图在此处不光顺，有折；剪力图有突变，突变的数值就等于集中力（包括已知载荷与约束反力）的大小 [图 2-18（b）]。

③ 在集中力偶作用处，剪力图无变化；弯矩图有突变，突变的数值等于集中力偶 [图 2-18（c）]。

④ 控制面上的内力值对应某段内力图的起点或终点纵坐标，是正确绘制内力图的关键值，需在内力图中标出全部控制面上的内力值，不可遗漏。

【例题 2-6】 外伸梁受力如图 2-19（a）所示。试画出其剪力图与弯矩图，并确定 $|F_Q|_{\max}$ 和 $|M|_{\max}$ 值。

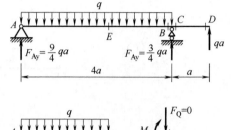

解：① 由梁的整体平衡可求 A、B 处的约束反力，如图 2-19（a）所示。

② 确定分段，并判定每一段内力图的形状。

根据梁上已知力的作用情况，绘制内力图时分为 AB、CD 两段考虑。对 AB 段，其上受均布荷载作用，剪力图为斜直线，弯矩图为抛物线，且由于 $q<0$，弯矩有极大值，弯矩图正向凸；对 CD 段，剪力图为水平直线，弯矩图为斜直线。

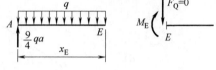

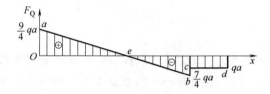

③ 计算各段两端点控制面上的内力值和极值点处的弯矩值。

各截面处内力值的计算方法，除用力系简化法外，在有集中力或集中力偶处，还可尝试上例中介绍的突变规律。

对 A、B 控制面上的内力，可将外力系从左向右简化。

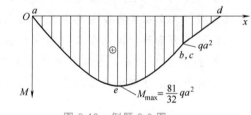

图 2-19 例题 2-6 图

A：$F_{QA}=F_{Ay}=\dfrac{9qa}{4}$，$M_A=F_{Ay}\times 0=0$

B：$F_{QB}=F_{Ay}-4qa=-\dfrac{7qa}{4}$，$M_B=\dfrac{9}{4}qa\times 4a-4qa\times 2a=qa^2$

A 处弯矩计算结果为零，再次验证了简支端若无外力偶作用，弯矩为零。

对控制面 C 上的内力，可用突变规律。由于 BC 微段中间作用有向上的集中力，因此剪力值有突变。此时 C 截面上的剪力相对 B 截面上的剪力将增大 F_{By}，而弯矩值保持不变。故

C：$F_{QC}=F_{QB}+\dfrac{3qa}{4}=-\dfrac{7qa}{4}+\dfrac{3qa}{4}=-qa$，$M_C=M_B=qa^2$

对于 D 截面，将外力从右向左简化。

D：$F_{QD}=-qa$，$M_D=qa\times 0=0$

上述计算分析结果表明，在外伸梁的自由端，若无外力偶作用，弯矩为零。

④ 剪力图和弯矩图绘制。

对于剪力图，用直线顺序连接各控制面上剪力对应的 $a \sim d$ 点即可得到，如图 2-19 (c) 所示。从剪力图上可看出，B、C 截面上内力有突变，突变值为 F_{By}。

对于弯矩图，从剪力图上可看出，E 截面上对应的剪力为零，此处弯矩有最大值；在绘制 AC 段抛物线时，给出该处弯矩值具有重要的工程意义。假定 AE 截面间的距离为 x_E，由图 2-19 (c) 可知

$$x_E : (4a - x_E) = \frac{9qa}{4} : \frac{7qa}{4}$$

解得

$$x_E = \frac{9a}{4}$$

然后，将 AE 段左边的外力向右侧截面简化，如图 2-19 (b) 所示，得到 E 处的弯矩值

$$M_E = \frac{9qa}{4} x_E - \frac{1}{2} q x_E^2 = \frac{9qa}{4} \times \frac{9a}{4} - \frac{1}{2} q \left(\frac{9a}{4} \right)^2 = \frac{81qa^2}{32}$$

根据以上分析，在 x-M 平面内确定极值点 e，过 a、e、b 绘制抛物线，用直线连接 c、d，即得梁的弯矩图。

观察所绘制的剪力图和弯矩图［图 2-19 (c) 和 (d)］，可知

$$|F_Q|_{max} = \frac{9qa}{4}, \quad |M|_{max} = \frac{81qa^2}{32}$$

2.6.4　剪力、弯矩与载荷集度间的积分关系

将式 (2-1) 的两边同时乘以 dx，并沿梁轴任意横截面 A 与 B 间进行积分，得

$$F_{QB} - F_{QA} = \int_{x_A}^{x_B} q(x) dx = S_{A\text{-}B}(q) \quad (x_B > x_A)$$

即横截面 B 与 A 的剪力差，等于两横截面 A、B 间载荷集度图的面积。且当 $q > 0$ 时，$S_{A\text{-}B}(q) > 0$；反之，$q < 0$ 时，$S_{A\text{-}B}(q) < 0$。

同理，利用式 (2-2)，可得

$$M_B - M_A = \int_{x_A}^{x_B} F_Q(x) dx = S_{A\text{-}B}(F_Q) \quad (x_B > x_A)$$

即横截面 B 与 A 的弯矩差，等于两横截面 A、B 间剪力图的面积。且当 $F_Q > 0$ 时，$S_{A\text{-}B}(F_Q) > 0$；反之，$F_Q < 0$ 时，$S_{A\text{-}B}(F_Q) < 0$。

当某一截面的剪力或弯矩已知时，利用上述积分关系式，可计算另一截面的剪力或弯矩。这种通过计算面积确定内力分量的方法，称为面积法。需要特别指出的是，上述积分中，任意横截面 A 与 B 须在同一段内力函数范围内。

【例题 2-7】 图 2-20 所示的悬臂梁，已知均布载荷集度为 q，集中力偶矩 $M_e = qa^2$。试绘制梁的剪力图和弯矩图。

解：(1) 求约束反力
因梁为悬臂梁，且固定端约束在 D 端，故可不求支座反力。

(2) 分段，初步判断内力图形状
根据载荷情况，内力图分为 AB、CD 两段。对 AB 段，由于有向下的均布载荷，因此剪力图为斜直线，弯矩图为正向凸的抛物线。对 CD 段，无分布载荷，故剪力图为水平直线，弯矩图为斜直线。

（3）控制面剪力和弯矩计算及剪力图、弯矩图的绘制

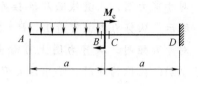

各控制面的剪力和弯矩，均可由力系简化法得出。本例主要介绍由面积法求各控制面上内力的情况。

对于剪力：

A 截面：由于 A 为自由端，且无集中力作用，因此 $F_{QA}=0$

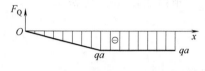

B 截面：由面积法可得 $F_{QB}=F_{QA}+S_{A\text{-}B}$ $(q)=0-qa=-qa$

C 截面：由于集中力偶作用处剪力值无影响，因此 $F_{QC}=F_{QB}$

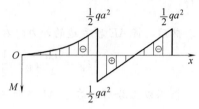

D 截面：由面积法可得 $F_{QD}=F_{QC}+S_{C\text{-}D}$ $(q)=F_{QC}+0=-qa$

图 2-20　例题 2-7 图

由于用面积法确定控制面弯矩时，需用到剪力图，因此先根据上述分析，绘制剪力图 [图 2-20（b）]。

对于弯矩：

A 截面：由于 A 为自由端，且无集中力偶作用，因此 $M_A=0$

B 截面：$M_B=M_A+S_{A\text{-}B}$ $(F_Q)=0-\dfrac{1}{2}qa^2=-\dfrac{1}{2}qa^2$

C 截面：由于 B、C 截面间有顺时针作用的集中力偶，因此弯矩值有突变；且将使 C 截面上弯矩增大 M_e，即有　　$M_C=M_B+M_e=-\dfrac{1}{2}qa^2+qa^2=\dfrac{1}{2}qa^2$

D 截面：　$M_D=M_C+S_{C\text{-}D}$ $(F_Q)=\dfrac{1}{2}qa^2-qa^2=-\dfrac{1}{2}qa^2$

根据上述分析，作弯矩图如图 2-20（c）所示。

（4）本例小结

计算各控制面上内力的常用方法有：力系简化法、突变规律、面积法以及截面法。截面法是求内力的基本方法，其他几种，都由截面法演化而来。在具体确定控制面上的内力时，究竟采用哪一种方法计算内力更方便快捷，需根据载荷情况和题目要求解的问题而定。读者需多加练习，熟练掌握这几种方法，才能又快又正确地绘制内力图。

【例题 2-8】　静定组合梁如图 2-21 所示，试绘制该静定组合梁的剪力图和弯矩图。

解：（1）计算支座反力

先研究 AC 梁，由于 C 处为铰链，则 C 处弯矩为零：

$$\sum M_C=0,\ F_A\times 2-40\times 1=0$$

解得　$F_A=20\text{kN}$（↑）

再对整体研究：

$$\sum F_y=0,\ F_A-40-30+F_B=0$$

解得　$F_B=50\text{kN}$（↑）

对 CB 梁研究：

$\sum M_C = 0$, $M_B - F_B \times 5 + 10 \times 3 \times 3.5 + 20 = 0$

解得 $M_B = 125\text{kN} \cdot \text{m}$（顺时针）

（2）分段并判断各段剪力图和弯矩图的形状

根据荷载情况，将梁划分为 AD、EF、GH 和 HB 四段，如图 2-21（a）所示。AD、EF、GH 段梁上无分布载荷作用，故剪力图为水平直线，弯矩图为斜直线。HB 段有向下的均布载荷，故剪力图为斜直线，弯矩图为正向凸的抛物线。

（3）利用合适方法求各梁段控制面上的剪力和弯矩

A 截面：$F_{QA} = 20\text{kN}$，$M_A = 0$

D 截面：$F_{QD} = 20\text{kN}$，$M_D = 20\text{kN} \cdot \text{m}$

E 截面：$F_{QE} = -20\text{kN}$，$M_E = 20\text{kN} \cdot \text{m}$

F 截面：$F_{QF} = -20\text{kN}$，$M_F = -20\text{kN} \cdot \text{m}$

G 截面：$F_{QG} = -20\text{kN}$，$M_G = 0$

H 截面：$F_{QH} = -20\text{kN}$，$M_H = -20\text{kN} \cdot \text{m}$

B 截面：$F_{QH} = -50\text{kN}$，$M_H = -125\text{kN} \cdot \text{m}$

（4）画剪力图和弯矩图

根据上述结论，分段作出剪力图和弯矩图，如图 2-21（b）、（c）所示。

（5）小结

C 处为铰链，弯矩为零，此结论有助于约束反力的求解。尽管铰链将杆件分成 AC 和 CB 两部分，但在绘制内力图时，并没有在此分段。可见，铰链 C 的存在，不影响剪力图和弯矩图的绘制。

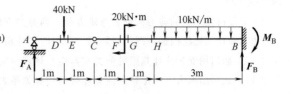
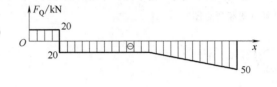
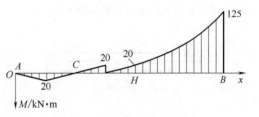

图 2-21　例题 2-8 图

 复习思考题

2-1　什么是内力？计算内力的方法有哪些？

2-2　什么是轴力？如何确定轴力的正负？

2-3　什么是轴力图？如何绘制轴力图？

2-4　轴的转速、传递的功率与外力偶矩之间有何关系？在该关系式中，各个量的单位分别是什么？

2-5　何谓扭矩？如何计算扭矩？扭矩的正负号如何确定？

2-6　何谓扭矩图？如何绘制扭矩图？

2-7　什么是剪力？什么是弯矩？剪力和弯矩的正负号如何确定？与理论力学中力和力偶的正负号规

则有何不同?

2-8 如何建立梁的剪力方程和弯矩方程?列剪力方程与弯矩方程时的分段原则是什么?

2-9 为什么要绘制轴力图、扭矩图、剪力图与弯矩图?

2-10 如何用面积法计算梁的剪力和弯矩?计算时应注意什么问题?

2-11 试写出剪力、弯矩和载荷集度间的微分关系表达式,并说明各式的力学意义和数学意义。

2-12 在集中载荷与集中力偶作用的截面处,剪力值和弯矩值各有何变化?如何利用这些特点来绘制剪力图和弯矩图?

 习 题

2-1 试绘制图 2-22 所示各杆的轴力图。

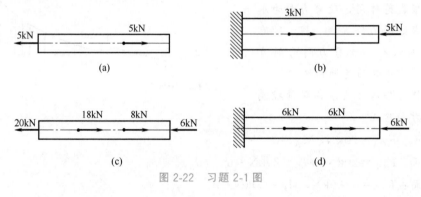

图 2-22 习题 2-1 图

2-2 两根直径不同的实心截面杆,在 B 处焊接在一起,受力和尺寸等如图 2-23 所示。试画出其轴力图。

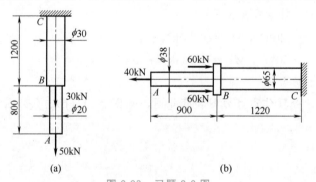

图 2-23 习题 2-2 图

2-3 试计算图 2-24 所示结构 BC 杆的轴力。

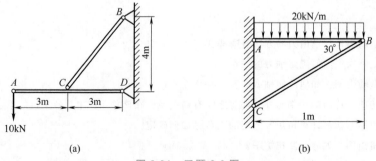

图 2-24 习题 2-3 图

2-4　试作图 2-25 所示各轴的扭矩图，并确定最大扭矩。

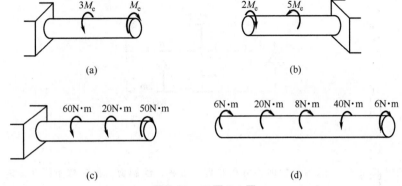

图 2-25　习题 2-4 图

2-5　如图 2-26 所示，已知某传动轴的额定转速 $n=100\text{r/min}$，主动轮 B 的输入功率为 30kW，从动轮 A、C、D、E 的输出功率依次为 9kW、6kW、11kW、4kW。试作出该传动轴的扭矩图，并确定最大扭矩。

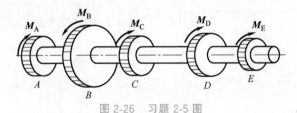

图 2-26　习题 2-5 图

2-6　试求图 2-27 所示各梁指定截面（标有短线处）的剪力和弯矩。

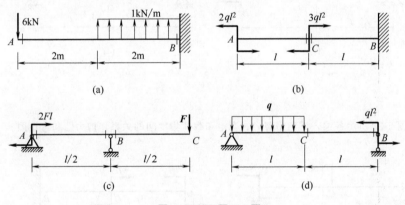

图 2-27　习题 2-6 图

2-7　画出图 2-28 所示梁的剪力、弯矩图（支反力已知）。

2-8　画出图 2-29 所示梁的剪力、弯矩图（支反力已知）。

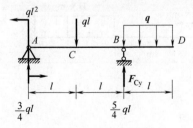

图 2-28　习题 2-7 图

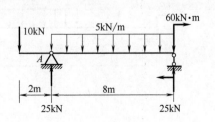

图 2-29　习题 2-8 图

2-9　画出图 2-30 所示梁的剪力、弯矩图（支反力已知）。

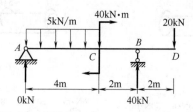

图 2-30　习题 2-9 图

2-10　试建立图 2-31 所示各梁的剪力方程和弯矩方程，绘制剪力图和弯矩图并确定 $\left|F_Q\right|_{\max}$ 和 $\left|M\right|_{\max}$。

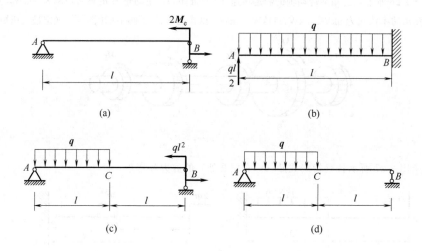

图 2-31　习题 2-10 图

2-11　如图 2-32 所示各梁，试利用剪力、弯矩和载荷集度间的关系作剪力图和弯矩图。

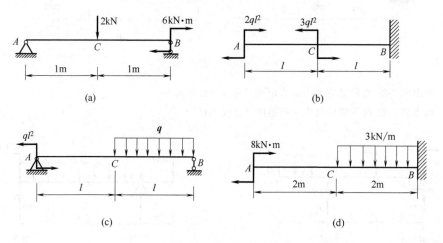

图 2-32　习题 2-11 图

2-12 试选择合适的方法作出简支梁在图 2-33 所示四种载荷作用下的剪力图和弯矩图，并比较其最大弯矩。试问由此可以引出哪些结论？

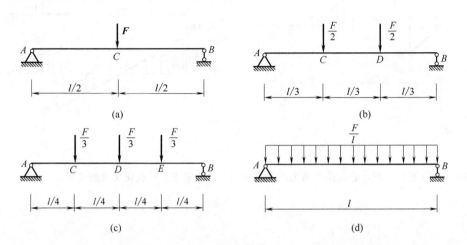

图 2-33 习题 2-12 图

2-13 试画出图 2-34 所示各梁的剪力图和弯矩图，并确定 $|F_Q|_{max}$、$|M|_{max}$。

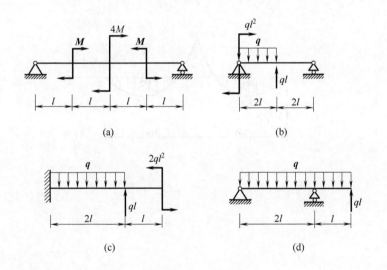

图 2-34 习题 2-13 图

2-14 已知图 2-35 所示梁的剪力图及 a、e 两截面上的弯矩 M_a 和 M_e。现有下列四种答案，试分析哪一种是正确的。

① $M_b = M_a + A_{a\text{-}b}(F_Q)$, $M_d = M_e + A_{e\text{-}d}(F_Q)$;

② $M_b = M_a - A_{a\text{-}b}(F_Q)$, $M_d = M_e - A_{e\text{-}d}(F_Q)$;

③ $M_b = M_a + A_{a\text{-}b}(F_Q)$, $M_d = M_e - A_{e\text{-}d}(F_Q)$;

④ $M_b = M_a - A_{a\text{-}b}(F_Q)$, $M_d = M_e + A_{e\text{-}d}(F_Q)$。

2-15 静定梁承受平面载荷但无集中力作用，其剪力图如图 2-36 所示。若已知 A 端弯矩 $M(A)=0$，试确定梁上的载荷及梁的弯矩图，并指出梁在何处有约束，且为何种约束。

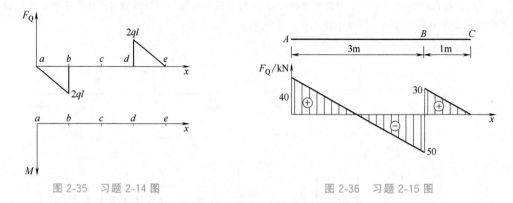

图 2-35 习题 2-14 图   图 2-36 习题 2-15 图

2-16 已知图 2-37 所示静定梁的剪力图和弯矩图，试确定梁上的载荷及梁的支承。

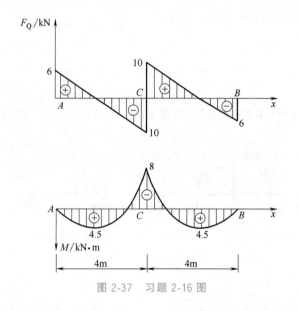

图 2-37 习题 2-16 图

第**3**章

轴向载荷作用下杆件的材料力学问题

📖 学习导语

　　工程中最简单而且最常见的情况便是承受轴向载荷作用的杆件，例如内燃机的连杆在燃气爆发过程中承受轴向压力［图 3-1（a）］、起吊装置中的吊杆 AB 承受轴向拉力［图 3-1（b）］。其他受到轴向载荷作用的杆件还有千斤顶中的顶杆，悬索桥、斜拉桥中的缆索和桥梁结构桁架中的杆件等，在进行受力分析时，都可简化成受拉或受压杆。

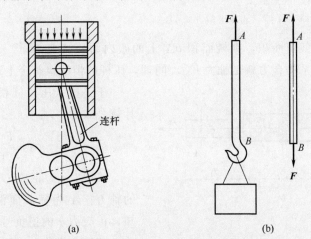

(a)　　　　　　　　　　　　　(b)

图 3-1　工程中常见的轴心受力构件

　　不难发现，虽然这些受拉（压）杆件的工作目的不同，加载方式和外观也不尽相同，但它们都存在一个共同点——作用于杆件上合力的作用线与杆件轴向重合，杆件在轴向方向上产生了拉伸或压缩变形。

　　本章主要介绍轴向载荷作用下杆件横截面上应力分布与变形的计算、杆件的强度分析和设计、材料在轴向载荷作用下的力学性能表现以及应力集中等相关概念。虽然这些问题比较简单，但其中引出的基本概念与分析方法，会始终贯穿在材料力学学习中。掌握好这些基本概念和分析方法，对于后续章节的学习有着较大的帮助和启发作用。

3.1　拉（压）杆横截面上的正应力

　　在第 2 章，我们给出了横截面上分布内力的合力——轴力的计算方法，并绘制了杆件的轴力图，了解了轴力沿杆件长度方向的分布情况，初步判定了杆件可能的危险截面。为进一步确定杆件强度破坏的位置，需要弄清横截面上内力的分布情况，即确定横截面上各点处的应力。应力虽然看不见摸不着，但应力和应变有关，而应变与变形有关，因此考察拉压杆的变形特点，就能了解正应力分布情况。

为方便观察杆件在轴向力作用下的变形情况，在杆件上画垂直于轴线的横向线 ab 和 cd，如图 3-2 所示。在拉力 F 作用下，杆件到达图 3-2 中虚线所示的位置。试验结果表明，横向线 ab 和 cd 分别平行移至 $a'b'$ 和 $c'd'$，且横向线 $a'b'$ 和 $c'd'$ 仍为直线，仍然垂直于轴线。根据杆件表面的现象，推测杆件内部的变形情况，假设变形前原为平面的横截面，变形后仍保持为平面，且仍垂直于轴线。这就是平面假定。基于这一假定，若将杆件视为由无数条平行于轴线的纵向纤维组成，显然各纵向纤维的伸长量应相同。注意到材料力学中假设材料都是均匀且各向同性的，因此各纵向纤维所受的力也相同，故轴向载荷杆件横截面上的正应力是均匀分布的，如图 3-3 所示。

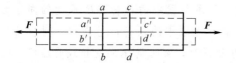

图 3-2 杆件在轴向力作用下的变形特征

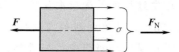

图 3-3 拉杆横截面上的正应力分布

若以 A 表示横截面面积，则微面积 $\mathrm{d}A$ 上的微内力 $\sigma\mathrm{d}A$ 组成了一个空间平行力系，整个面积 A 上内力系的合力就是轴力 F_{N}。同理，压杆的情况也符合上述结果。

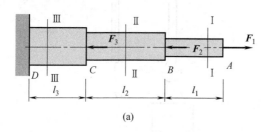

(a)

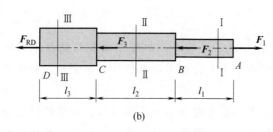

(b)

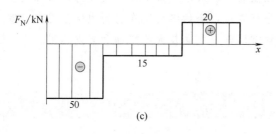

(c)

图 3-4 例题 3-1 图

于是拉（压）杆横截面上正应力的计算公式为

$$\sigma = \frac{F_{\mathrm{N}}}{A} \tag{3-1}$$

式中，σ 为正应力；F_{N} 为横截面上的轴力；A 为横截面面积。根据公式可知，正应力 σ 的正负号与轴力 F_{N} 保持一致，即拉应力为正，压应力为负。

需要指出的是，细长杆受压时容易压弯，属于稳定性问题，将在第 10 章中讨论。本章所指的压杆，均指未压弯的杆件。

【例题 3-1】 变截面圆杆 ABCD 受到轴向载荷，如图 3-4（a）所示。已知 $F_1 = 20\mathrm{kN}$，$F_2 = 35\mathrm{kN}$，$F_3 = 35\mathrm{kN}$；$l_1 = l_3 = 300\mathrm{mm}$，$l_2 = 400\mathrm{mm}$，$d_1 = 12\mathrm{mm}$，$d_2 = 16\mathrm{mm}$，$d_3 = 24\mathrm{mm}$；$E = 210\mathrm{GPa}$。试求：

① 约束反力；

② Ⅰ—Ⅰ、Ⅱ—Ⅱ、Ⅲ—Ⅲ 截面的

轴力并作轴力图；

③ 杆的最大正应力 $\sigma_{\max}$。

解：（1）求约束反力

取整体为研究，受力如图 3-4（b）所示。由轴线方向力的平衡条件，可得支座反力 $F_{RD} = -50\text{kN}$。

（2）求 Ⅰ—Ⅰ、Ⅱ—Ⅱ、Ⅲ—Ⅲ 截面的轴力并画轴力图

由截面法或力系简化法，求得各截面上的轴力

$$F_{N1} = 20\text{kN}(+)$$
$$F_{N2} = -15\text{kN}(-)$$
$$F_{N3} = -50\text{kN}(-)$$

画轴力图如图 3-4（c）所示，DC 段上轴力最大。

（3）计算杆的最大正应力 $\sigma_{\max}$

$$AB\ 段：\sigma_C^{AB} = \frac{F_{N1}}{A_1} = \frac{20 \times 10^3\text{N}}{\frac{\pi}{4} \times 12^2 \times 10^{-6}\text{m}^2} = 176.8 \times 10^6\text{Pa} = 176.8\text{MPa}(+)$$

$$BC\ 段：\sigma_C^{BC} = \frac{F_{N2}}{A_2} = \frac{15 \times 10^3\text{N}}{\frac{\pi}{4} \times 16^2 \times 10^{-6}\text{m}^2} = 74.6 \times 10^6\text{Pa} = 74.6\text{MPa}(-)$$

$$DC\ 段：\sigma_C^{DC} = \frac{F_{N3}}{A_3} = \frac{50 \times 10^3\text{N}}{\frac{\pi}{4} \times 24^2 \times 10^{-6}\text{m}^2} = 110.5 \times 10^6\text{Pa} = 110.5\text{MPa}(-)$$

故 $\sigma_{\max} = 176.8\text{MPa}$，发生在 AB 段。

3.2　轴向载荷作用下的变形分析与计算

实验表明，等截面直杆在轴向拉力的作用下，将引起轴向尺寸的伸长和横向尺寸的缩短；在轴向压力的作用下，将引起轴向尺寸的缩短和横向尺寸的伸长。本节将研究杆件受到的载荷大小与变形量之间的关系。

3.2.1　轴向变形

假设直杆的初始长度为 l，横截面面积为 A。如图 3-5 所示，在轴向载荷 **F** 的作用下，长度由 l 变为 l_1，有

$$\Delta l = l_1 - l \tag{3-2}$$

式中，Δl 为杆件长度的伸长量。将 Δl 除以 l 得到杆件轴线方向的变形率，称为杆件的轴向应变或正应变：

$$\varepsilon_x = \frac{\Delta l}{l} \tag{3-3}$$

工程上规定，当杆件伸长时，正应变 ε_x 为正；当杆件缩短时，正应变 ε_x 为负。

实验发现，在弹性变形范围内，当杆内应力不大于材料的比例极限 σ_p（参见下节）

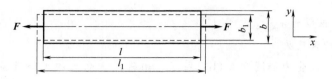

图 3-5　轴向变形与横向变形

时，应力与应变成正比，即

$$\varepsilon_x = \frac{\sigma}{E} \tag{3-4}$$

上式称为胡克定律。其中比例系数 E 为材料的弹性模量，是与材料相关的常数，见表 3-1。

将式（3-1）、式（3-3）代入式（3-4），整理可得

$$\Delta l = \frac{F_N l}{EA} \tag{3-5}$$

上式表明，杆件的伸长量 Δl 与所承受的轴力 F_N、杆件的原长度 l 成正比，与横截面面积 A 和弹性模量 E 的乘积成反比。EA 反映了杆件抵抗拉（压）变形的能力，称为杆件的抗拉（压）刚度。轴向变形 Δl 与轴力 F_N 具有相同的正负号，即伸长为正，缩短为负。

由式（3-5）的推导过程可知，使用式（3-5）需满足一定条件，即在杆件长度 l 范围内，轴力、弹性模量、面积为一定值。

若拉（压）杆的轴力、弹性模量或截面面积为沿轴线 x 的分段常数，可分段利用式（3-5）计算出各段的变形，然后将各段的变形代数相加即得杆的总伸长量（或缩短量）：

$$\Delta l = \Delta l_i = \sum_{i=1} \frac{F_{Ni} l_i}{E_i A_i} \tag{3-6}$$

在一般情况下，若轴力、弹性模量或截面面积为沿轴线 x 的连续函数，可在微段 $\mathrm{d}x$ 上利用式（3-5），然后积分，得杆件总的轴向变形：

$$\Delta l = \int_l \mathrm{d}\Delta l = \int_l \frac{F_N(x)}{E(x)A(x)} \mathrm{d}x \tag{3-7}$$

3.2.2　横向变形

杆件受到轴向载荷时，不仅会发生沿轴向的变形，在垂直于杆件轴线方向也会产生变形，称为横向变形。如图 3-5 所示，直杆初始横向尺寸为 b，受拉变形后横向长度变为 b_1，变形量

$$\Delta b = b_1 - b \tag{3-8}$$

称为杆件的膨胀量，数值为正则表示膨胀，为负则表示收缩。Δb 与 b 的比值称为横向变形率，又称横向应变，即

$$\varepsilon_y = \frac{\Delta b}{b} \tag{3-9}$$

实验结果表明，当变形处于弹性范围内时，轴向应变 ε_x 与横向应变 ε_y 存在以下关系：

$$\varepsilon_y = -\nu \varepsilon_x \tag{3-10}$$

式中，ν 是材料的另一个弹性常数，称为泊松比。它是一个无量纲量，没有单位。

需要指出的是，材料力学中假设材料是各向同性的，因此弹性模量、泊松比都是标量，在不同方向上都一样；对于各向异性材料，弹性模量和泊松比都是张量。对于大部分各向同性材料，泊松比恒为正。表 3-1 中给出了几种常用金属材料的弹性模量 E 和泊松比 ν 的值。

表 3-1　常用金属材料的 E、ν 的数值

材料	E/GPa	ν
低碳钢	196～216	0.25～0.33
铜及其合金	72.6～128	0.31～0.42
合金钢	186～216	0.24～0.33
灰铸铁	78.5～157	0.23～0.27
铝合金	70	0.33

如果泊松比为负，意味着什么？显然，相当于在弹性变形范围内，材料受拉时横向发生膨胀，或者受压时横向发生收缩。那么，世上存在泊松比为负的材料吗？科学家研究发现，许多特殊材料的泊松比可以小于零，大致可以分为：多孔状负泊松比材料（包括泡沫结构材料和蜂巢状结构材料）、负泊松比复合材料（某些各向异性的纤维填充复合材料）和分子负泊松比材料（一些具有特殊微观结构的聚合物和某些晶体材料等）等。Lakes 在 1987 年通过对普通泡沫进行热机械方法处理制备出来的负泊松比聚氨酯泡沫就属于一种多孔状负泊松比材料。不过负泊松比泡沫材料的缺陷在于材料强度和硬度太低，若通过增强的方法提高其强度和硬度，其负泊松比效应就会消失。

负泊松比材料具有不同于普通材料的独特性质，如在受外力时材料的横向膨胀可以抵消外力的作用，抗冲击载荷能力强，可广泛用在防弹背心、护膝中；一些负泊松比复合材料的特殊性能还能用于医学领域、隔音材料、电磁材料等方面。

【例题 3-2】　求例题 3-1 中 B 截面的位移及 AD 杆的变形。

解：由例题 3-1 可知，AD 杆的内力、截面面积为沿轴线的分段函数，利用式（3-5）分别计算 AB、BC、CD 段的变形量为

$$\Delta l_{AB} = \frac{F_{N1} l_1}{EA_1} = \frac{20 \times 10^3 \times 300 \times 10^{-3}}{210 \times 10^9 \times \frac{\pi}{4} \times 12^2 \times 10^{-6}} \text{m} = 2.53 \times 10^{-4} \text{m} = 0.253 \text{mm}$$

$$\Delta l_{BC} = \frac{F_{N2} l_2}{EA_2} = \frac{-15 \times 10^3 \times 400 \times 10^{-3}}{210 \times 10^9 \times \frac{\pi}{4} \times 16^2 \times 10^{-6}} \text{m} = -1.42 \times 10^{-4} \text{m} = -0.142 \text{mm}$$

$$\Delta l_{CD} = \frac{F_{N3} l_3}{EA_3} = \frac{-50 \times 10^3 \times 300 \times 10^{-3}}{210 \times 10^9 \times \frac{\pi}{4} \times 24^2 \times 10^{-6}} \text{m} = -1.58 \times 10^{-4} \text{m} = -0.158 \text{mm}$$

则 B 截面的位移为　　$\mu_B = \Delta l_{CD} + \Delta l_{BC} = -0.3$（mm）

AD 杆的总变形量为　　$\Delta l_{AD} = \Delta l_{AB} + \Delta l_{BC} + \Delta l_{CD} = -0.047$（mm）

3.3　轴向载荷作用下材料的力学性能

材料的力学性能是指，在外力作用下材料表现出的变形、破坏等方面的特性。通过材

料的拉伸与压缩破坏实验，可以获得材料从开始受力到最后破坏的全过程中应力与变形之间的关系曲线，称为应力-应变曲线，又称 σ-ε 曲线。在 σ-ε 曲线上，可以读出材料在不同变形阶段所对应的强度极限值，统称为强度指标，这些强度指标是强度设计的重要依据。此外，通过测量杆件变形前后的长度和截面尺寸，还可获得反映材料塑性变形能力的韧性指标。

因此，材料的拉伸和压缩虽然是简单的实验，但却是测量材料力学性能非常重要的实验。

3.3.1 拉伸试验与 σ-ε 曲线

材料的拉伸试验是在常温下进行的。试验时，先将试件安装在电子万能实验机的上下夹头内（图 3-6），并在标距端面 m 与 n 处安装测量轴向变形的仪器，然后以均匀缓慢平稳的方式进行加载，直到试样破坏。为保证实验结果的准确性和可比性，实验时采用国家标准统一规定的试件。

M3-1 微机控制
电子万能实验机

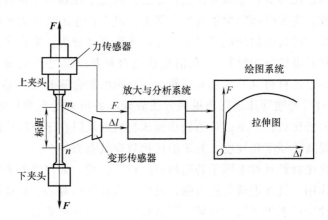

图 3-6 拉伸试验示意图

按照我国标准，标准试样件如图 3-7 所示。位置 m 与 n 之间标记的杆段为实验段，初始长度 l 称为标距。

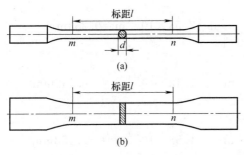

图 3-7 标准拉伸试件图

对于直径为 d、标距为 l 的圆截面试样，通常规定 $l=5d$ 或 $l=10d$。对于截面面积为 A 的矩形截面试样 ［图 3-7 （b）］，规定 $l=11.3\sqrt{A}$ 或 $l=5.65\sqrt{A}$。

实验过程中同时记录试样所受的载荷和相应的变形，直至试样被拉断，最后得到轴向载荷 F_P 与实验段轴向变形 Δl 之间的关系曲线，称为拉伸图或 F_P-Δl 曲线。为消除截面尺寸影响，将轴向载荷 F_P 和轴向变形 Δl 分别除以原始截面面积和实验段初始长度，即可获得全过程的 σ-ε 曲线。由 σ-ε 曲线的某些特征可得到材料的若干力学性能特征。

3.3.2 低碳钢的拉伸力学性能

低碳钢是工程上应用最为广泛的材料，其含碳量较低，一般在 0.3% 以下，表现出的力学性能非常具有代表性。

图 3-8 所示为 Q235 低碳钢材料拉伸实验时获得的 $\sigma\text{-}\varepsilon$ 曲线。下面根据此图，结合实验过程中所观察到的现象，介绍低碳钢拉伸时的力学性能。

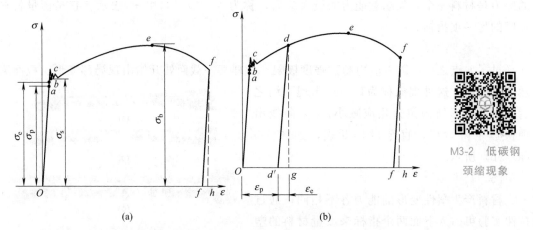

M3-2　低碳钢
颈缩现象

图 3-8　低碳钢拉伸实验时的 $\sigma\text{-}\varepsilon$ 曲线

(1) 弹性阶段

由图 3-8 (a) 可看出，曲线初始阶段的 Oa 段为直线，该段被称为线弹性区。在该区段内，应力 σ 与应变 ε 成正比关系：

$$\sigma = E\varepsilon$$

这正是轴向载荷作用下胡克定律的应力应变表述形式。其比例常数 E 就是 Oa 段直线的斜率，称为材料的弹性模量，也叫杨氏模量。不同的材料有不同的弹性模量，它是衡量材料抵抗弹性变形能力的一项指标。

线弹性区的最高应力值叫作比例极限，用 σ_p 表示。

线弹性阶段之后出现的一小段微弯的曲线 ab，应力与应变不再成比例；但这时载荷作用在试样上产生的变形，会随着载荷撤去而消失，试样将沿曲线返回原点，回到其初始状态，材料的这种特性叫作弹性。因此，Ob 段称为弹性阶段，最高应力值称为弹性极限，用 σ_e 表示。

能够随载荷的消除完全恢复至初始状态的变形称为弹性变形，如图 3-8 (b) 所示的 ε_e 部分。应力超过弹性极限后再卸载，只有一部分变形随之恢复，这部分变形称为弹性变形；但仍有一部分变形不能恢复，这部分变形称为永久变形或塑性变形，如图 3-8 (b) 所示的 ε_p 部分。

(2) 屈服阶段

超过 b 点之后，$\sigma\text{-}\varepsilon$ 曲线上出现一段接近于水平线的锯齿形线段，说明在该阶段应变有着明显的增大，而应力基本维持不变，这种现象称为屈服或流动。此时，材料失去抵抗继续变形的能力。这一阶段的应力称为屈服应力。屈服应力的最高值称为上屈服极限，最低值称为下屈服极限。

上屈服极限的值与试样形状、加载速度等因素相关，一般不稳定。下屈服极限的值较为稳定，能够反映材料的性能，因此通常称下屈服极限为屈服强度或下屈服点，用 σ_s 表示。

（3）强化阶段

过了屈服阶段后，曲线又会上升直至最高点 e。这表明材料又恢复了抵抗变形的能力，要使它继续变形，必须增加载荷——这种现象称为**强化**。强化阶段的最高点 e 所对应的应力是材料完全丧失承载能力的最大应力，称为**强度极限**，用 σ_b 表示。它是衡量材料强度的另一项指标。

（4）颈缩阶段

过了 e 点之后，随着应力超过强度极限，试样某一截面处开始出现局部变形、截面突然急剧缩小，这种现象称为**颈缩**。出现颈缩之后，试样变形所需拉力相应减小，$\sigma\text{-}\varepsilon$ 曲线出现快速下降阶段，直至试样断裂，如图 3-9（a）（b）所示。

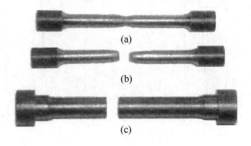

图 3-9　颈缩与断裂后的试样

（5）韧性指标

材料产生塑性变形的能力各不相同，通过拉伸实验可引入下面两个指标来度量材料的塑性性能。

① 伸长率　伸长率是度量材料韧性的重要指标，用 δ 表示。定义为

$$\delta = \frac{\Delta l}{l} = \frac{l_b - l}{l} \times 100\% \tag{3-11}$$

式中，l 为实验前试样上的标距；l_b 为试样断裂后的标距长度。

显然，材料的伸长率越大，所能产生的塑性变形量也越大。工程上一般认为 $\delta \geqslant 5\%$ 的材料为**韧性材料**，$\delta \leqslant 5\%$ 的材料为脆性材料。低碳钢的伸长率一般可达 $20\% \sim 30\%$，是典型的**塑性材料**。

② 截面收缩率　截面收缩率也是度量材料韧性的一种指标。试样拉断后，由于塑性变形，试样截面发生收缩，因此定义截面收缩率

$$\psi = \frac{A_b - A}{A} \times 100\% \tag{3-12}$$

式中，A 为实验前试样上的横截面面积；A_b 为试样断裂后断口处的横截面面积。

（6）卸载定律与应变硬化

如果把试样拉至超过弹性阶段后的某一点，例如图 3-8（b）中的 d 点，然后再逐渐卸载，则其应力-应变曲线将沿着直线段 dd' 回到 d'。直线段 dd' 近似地平行于初始加载段 Oa 直线段。这表明，卸载过程中的应力、应变呈线性关系，这称为**卸载定律**。载荷完全卸载后，试样中的弹性变形 $d'g$ 消失，剩下**塑性变形** Od'。

卸载后如果再重新加载，则应力与应变会沿着卸载时的直线段 dd' 变化，直到 d 点后，再沿着原 $\sigma\text{-}\varepsilon$ 曲线 def 变化。由此可见，再次加载时，d 点以前材料的变形都是弹性的，过 d 点后才开始出现塑性变形。比较图 3-8 中 $abcdef$ 与 $d'def$ 两条曲线，其比例极限或弹性极限提高了，但塑性变形和伸长率有所降低。这种现象称为**应变硬化**。工程上，常利用应变硬化来提高某些构件的弹性极限。

3.3.3 其他韧性材料拉伸时的力学性能

如图 3-10 所示，曲线 1、2、3 分别是锰钢、硬铝、退火球墨铸铁的应力-应变曲线，与之作比较，曲线 4 是前面介绍的低碳钢的应力-应变曲线。由图中可见，这四种材料的伸长率都较大，所以都是韧性材料；但除低碳钢外，其他 3 种材料在拉伸过程中都没有明显的屈服阶段。

没有明显屈服阶段的材料，通常规定以产生 0.2% 塑性应变对应的应力值作为屈服强度，称作条件屈服极限，也叫条件屈服应力，用 $\sigma_{0.2}$ 表示。确定 $\sigma_{0.2}$ 的方法是，在 ε 轴上取 0.2% 的点，对此点作平行于 σ-ε 曲线直线段的直线，斜率为 E，与 σ-ε 曲线相交点对应的应力即为 $\sigma_{0.2}$，如图 3-11 所示。

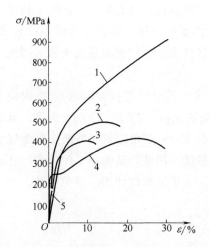

图 3-10 四种常见韧性材料的 σ-ε 曲线图

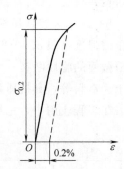

图 3-11 条件屈服应力

3.3.4 铸铁等脆性材料拉伸时的力学性能

对于铸铁等脆性材料，从开始加载至试样被拉断，试样的变形很小［图 3-9（c）］。而且大多数脆性材料的 σ-ε 曲线上都没有明显的线弹性阶段，几乎没有塑性变形，也没有屈服和颈缩现象，所以只有发生断裂时的应力值——强度极限 σ_b。图 3-12 为铸铁拉伸时的应力-应变曲线。

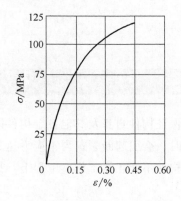

图 3-12 铸铁拉伸时的应力-应变曲线

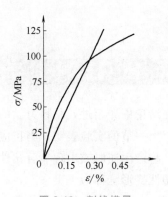

图 3-13 割线模量

对于铸铁等脆性材料，因为这类材料的 σ-ε 曲线上没有明显直线部分，工程上用自原点到曲线开始部分任一点直线的斜率（图 3-13）来代替弹性模量，用 E_s 表示，称为割线模量。这样，在初始阶段，可以认为其应力和应变近似满足胡克定理。

3.3.5　材料在压缩时的力学性能

为防止试件受压时发生弯曲破坏，金属材料的压缩试件一般制成很短的圆柱，圆柱高度为直径的 1.5～3.5 倍。混凝土、石料等则制成立方形的试块。

如图 3-14（a）所示为低碳钢压缩时的应力-应变曲线。实验结果表明，在弹性阶段和屈服阶段，材料的应力-应变曲线完全重合，说明材料在拉伸和压缩时具有相同的屈服应力。但是，进入屈服阶段后，其应力-应变曲线与拉伸时有很大差异。这是因为，压缩时试件横截面面积不断增加，试件横截面上的真实应力很难达到材料的强度极限，故不会发生颈缩和断裂。其他韧性材料压缩时应力-应变曲线的变化规律一般也与低碳钢材料相同，拉压时也都具有相同的屈服应力。韧性材料一般将材料发生屈服视为强度失效，因此，可以认为韧性材料是拉压性能相同的材料。

图 3-14（b）所示为铸铁压缩时的应力-应变曲线。其形状与拉伸时的应力-应变曲线相似，但其压缩强度极限 σ_{bc} 要明显高于拉伸强度极限 σ_{bt}，约为后者的 4～5 倍。其破坏截面也不是横截面的脆性断裂，而是沿着与轴线约成 $45°$～$55°$ 角的斜面剪断。其他脆性材料，如混凝土、石料等，其抗压强度也远高于抗拉强度。因此，认为脆性材料是拉压性能不等的材料。在工程应用中，也尽可能将脆性材料作为承压构件使用，避免受拉。

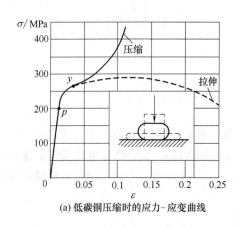

(a) 低碳钢压缩时的应力-应变曲线

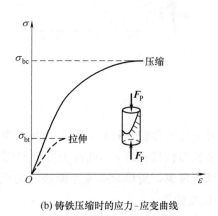

(b) 铸铁压缩时的应力-应变曲线

图 3-14　两种材料压缩时的应力-应变曲线

3.4　拉（压）杆的强度问题

前面绪论中介绍过，材料力学的主要任务之一是保证构件自身及其他各个构件能够正常工作。上一节的实验表明，当正应力达到强度极限时，会引起断裂；当正应力达到屈服应力时，将产生屈服或出现显著塑性变形，从而导致构件不能正常工作。工程上，把断裂和出现塑性变形统称为强度失效。

所谓强度设计指将杆件中的最大应力限制在允许的范围内，以保证杆件正常工作；不

仅不发生强度失效，而且还要有一定的安全裕度。于是拉（压）杆的强度条件为

$$\sigma_{\max} \leqslant [\sigma] \tag{3-13}$$

式中，$\sigma_{\max}$ 为根据计算所得构件的最大正应力，亦称为最大工作应力；$[\sigma]$ 为构件的许用应力。

对于韧性材料

$$[\sigma] = \frac{\sigma_s}{n_s} \tag{3-14a}$$

对于脆性材料

$$[\sigma] = \frac{\sigma_b}{n_b} \tag{3-14b}$$

式中，σ_s 和 σ_b 是材料强度失效时所对应的应力，统称为构件失效时的极限应力。大于 1 的因数 n_s 和 n_b 称为安全因数，在相应设计规范中可以查到。在一般的静强度设计中，考虑到实际材料组成成分、结构等方面可能与试样材料存在的差异，力学建模的不精确性，杆件可能发生的失效形式和工程对杆件安全裕度的要求等影响因素，对韧性材料，安全因数 n_s 通常取 1.4～2.2；对脆性材料，安全因数 n_b 通常取 2.5～5.0。脆性材料的安全因数比韧性材料的安全因数大，很重要的原因是脆性材料失效（断裂）前没有明显预兆，破坏具有突发性，故其安全因数需取大些；韧性材料失效时有明显变形，便于采取措施加以防范，故安全因数可取小些。

根据强度条件，可以解决以下 3 类问题：

(1) 强度校核

在已知杆件几何尺寸、受力大小以及许用应力的情况下，判定是否满足式（3-13）。若满足，则杆件的强度安全；否则是不安全的。

(2) 设计截面尺寸

已知拉（压）杆的受力大小与许用应力，根据式（3-13）可以反过来计算杆件的横截面面积，进而确定横截面尺寸。例如，对于等截面拉（压）杆，横截面面积需满足

$$\frac{F_N}{A} \leqslant [\sigma] \Rightarrow A \geqslant \frac{F_N}{[\sigma]}$$

(3) 确定许用载荷

已知拉（压）杆的横截面面积和许用应力，根据式（3-13）可确定杆件所能承受的最大轴力，进而确定杆件或构件所能承受的最大外加载荷。即有

$$\frac{F_N}{A} \leqslant [\sigma] \Rightarrow F_N \leqslant A[\sigma] = [F_P]$$

式中，$[F_P]$ 为许用载荷。

应当指出，强度校核时，考虑到工程实际中安全因数往往取得较为充裕，若工作应力超出许用应力，只要不超过许用应力的 5%，在工程计算中也是允许的。

【例题 3-3】 图 3-15（a）所示的简易起重设备中，AC 杆由两根 80mm×80mm×7mm 的等边角钢组成，AB 杆由两根 10 工字钢组成。材料均为 Q235 钢，许用应力 $[\sigma]=170\text{MPa}$。求允许的最大起吊载重 $F_{\max}$。

解：型钢截面面积可由型钢表查得：

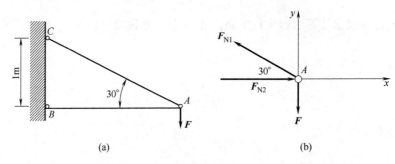

(a)　　　　　　　　　　　　(b)

图 3-15　例题 3-3 图

$$A_1 = 10.86\text{cm}^2 \times 2 = 2172 \times 10^{-6}\text{m}^2$$
$$A_2 = 14.30\text{cm}^2 \times 2 = 2860 \times 10^{-6}\text{m}^2$$

（1）受力分析

取节点 A 为研究对象，受力分析如图 3-15（b）所示。由节点 A 的平衡方程

$$\sum F_y = 0, \quad F_{N1}\sin30° - F = 0$$
$$\sum F_x = 0, \quad F_{N2} - F_{N1}\cos30° = 0$$

得

$$F_{N1} = 2F, \quad F_{N2} = 1.732F$$

（2）确定最大起吊载重

根据强度条件，确定 AB 杆的许用载荷

$$F_{N1} = 2F \leqslant [\sigma]A_1 = 170 \times 10^6 \times 2172 \times 10^{-6}\text{N} = 369.24 \times 10^3\text{N}$$

因此，为保证 AC 杆的强度安全，起吊载重 F 必须满足

$$F \leqslant \frac{[\sigma]A_1}{2} = \frac{369.24 \times 10^3\text{N}}{2} = 184.6\text{kN}$$

同理，AB 杆的许用载荷

$$F_{N2} = 1.732F \leqslant [\sigma]A_2 = 170 \times 10^6 \times 2860 \times 10^{-6}\text{N} = 486.20 \times 10^3\text{N}$$

从而为保证 AB 杆的强度安全，起吊载重 F 也要满足

$$F \leqslant \frac{[\sigma]A_2}{1.732} = \frac{486.2 \times 10^3\text{N}}{1.732} = 280.7\text{kN}$$

要使起吊设备正常工作，最大起吊载重应取上述结果中的较小者，即允许的最大起吊载重 $F_{\max} = 184.6\text{kN}$。

【例题 3-4】　如图 3-16（a）所示，刚性杆 ACB 由圆杆 CD 悬挂在 C 点，B 端作用一竖直向下的集中力，$F = 25\text{kN}$。已知 CD 杆直径 $d = 20\text{mm}$，许用应力 $[\sigma] = 160\text{MPa}$。试：

① 校核 CD 杆的强度；

② 求结构的许可载荷 $[F]$；

③ 若 $F = 50\text{kN}$，设计 CD 杆的直径。

解：（1）校核 CD 杆的强度

CD 杆为二力杆，故受到轴向载荷作用。轴力大小与 C 端对杆 AB 的力大小相同。研

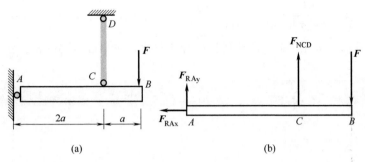

图 3-16　例题 3-4 图

究 AB 杆，对 A 点列力矩平衡方程有：

$$\sum M_A = 0, \quad F \times 3a - F_{NCD} \times 2a = 0$$

解得：

$$F_{NCD} = \frac{3}{2}F$$

因此，CD 横截面正应力

$$\sigma = \frac{F_{NCD}}{A} = \frac{\dfrac{3F}{2}}{\dfrac{\pi d^2}{4}} = \frac{6F}{\pi d^2} = \frac{6 \times 25 \times 10^3}{\pi (20 \times 10^{-3})^2} = 119 \times 10^6 (\text{Pa}) = 119\text{MPa} < [\sigma] = 160\text{MPa}$$

故满足强度条件，结构安全。

（2）求结构的许可载荷 $[F]$

由（1）中计算可知，杆件的工作应力还远小于许用应力，杆件还可以承受更大的外力。

由 $\sigma_{CD} = \dfrac{F_{NCD}}{A} \leqslant [\sigma]$，得

$$F_{NCD} = \frac{3F}{2} \leqslant [\sigma]A$$

$$F \leqslant \frac{2}{3}[\sigma]A = \frac{2}{3} \times 160 \times 10^6 \times \frac{\pi}{4} \times (20 \times 10^{-3})^2 = 33.5 \times 10^3 (\text{N}) = 33.5\text{kN}$$

因此，结构的许可载荷 $[F] = 33.5\text{kN}$。

（3）若 $F = 50\text{kN}$，设计 CD 杆的直径

由（2）中的计算可知，杆件在原始截面尺寸情况下，承受的最大外力 $[F] = 33.5\text{kN}$。当 $F = 50\text{kN}$ 时，若还维持上述尺寸，必然使结构破坏，因此需重新设计截面尺寸。

根据 $\sigma_{CD} = \dfrac{F_{NCD}}{A} \leqslant [\sigma]$，得

$$A \geqslant \frac{F_{NCD}}{[\sigma]} = \frac{\dfrac{3F}{2}}{[\sigma]} = \frac{3F}{2[\sigma]}$$

即

$$\frac{\pi d^2}{4} \geqslant \frac{3F}{2[\sigma]}$$

$$d \geqslant \sqrt{\frac{6F}{\pi[\sigma]}} = \sqrt{\frac{6 \times 50 \times 10^3}{\pi \times 160 \times 10^6}} = 24.4 \times 10^{-3} (\mathrm{m}) = 24.4\mathrm{mm}$$

求得 $d_{\min} = 24.4\mathrm{mm}$。根据材料规格的行业标准，可取 $d = 25\mathrm{mm}$。

3.5 应力集中与圣维南原理

3.5.1 应力集中

前文中在推导轴向载荷作用下的正应力公式时，使用了杆件沿轴线方向变形均匀的条件，从而得出横截面上正应力均匀分布的推论，因而可以使用 $\sigma_x = F_N/A$ 计算截面上的正应力。但在现实生活中，许多构件带有槽孔、键孔、轴肩，或者本身含有气孔、杂质，以及在焊接、冷加工过程中形成了焊缝、裂缝等，导致这些部位上截面形状、尺寸发生急剧变化，相应的应力分布也不再是均匀的，而会产生较高的局部应力。这种局部应力急剧增大的现象称为应力集中。产生应力集中的因素有两类：一类是几何形状和尺寸突变的因素，另一类则是载荷过于集中的因素。比如齿轮之间的接触，理论接触面积无限小，从而导致应力非常大。此外，零件在各种冷、热加工过程中会产生残余应力，这些残余应力留在缺陷处或与载荷相互作用，也会导致应力集中。

图 3-17（a）为开孔板条承受轴向载荷时，通过孔中心线界面上的应力分布；图 3-17（b）为轴向加载的变宽矩形截面板条，在宽度突变处截面上的应力分布。可见，在突变处的应力急剧增大，然后迅速衰减。至于这种突变处的应力分布规律如何求，这要用到弹性力学的理论求解，或使用光测弹性力学实验的方法来确定。

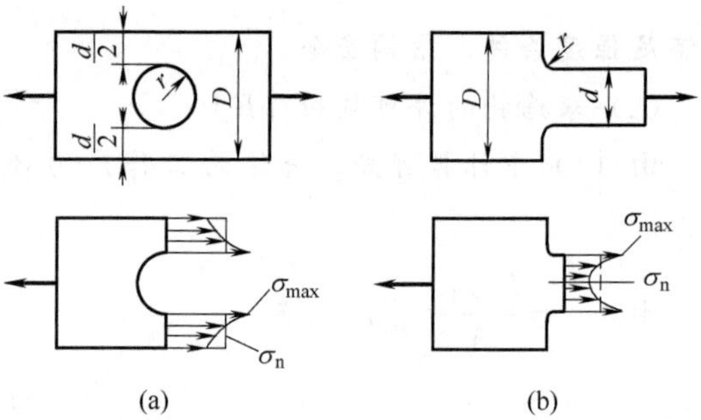

图 3-17 两种形状不连续处的应力集中现象

为了描述应力集中的程度，设产生应力集中截面上的峰值应力为 $\sigma_{\max}$，同一截面上的平均应力（名义应力）为 σ_n，则比值

$$K = \frac{\sigma_{\max}}{\sigma_n} \tag{3-15}$$

称为理论应力集中因数。其值大于1，反映了应力集中的程度。

应力集中程度，或者说应力集中处的峰值应力与材料的截面形状、加载方式有关。

例如图 3-17（a）所示的圆孔，其应力集中程度与比值 $2r/D$ 有关，其中 r 为圆孔半径，D 为板的宽度；图 3-17（b）所示的截面突变处，应力集中程度与比值 r/d 和 D/d 有关，其中 r 为大、小段交界处的过渡圆角半径，d 为小段的宽度，D 为大段的宽度。图 3-18 为两种情况下应力集中因数的曲线（这些曲线仅对线性应力-应变关系有效，因此在使用时峰值应力不能超过比例极限）。从图中可以看出，圆孔半径越小，应力集中因数越大［图 3-18（a）］；圆角半径越小，宽度尺寸改变越明显，应力集中因数越大［图 3-18（b）］。

静载下，因为塑性材料有屈服阶段，当峰值应力达到屈服极限时，便不会继续增大。此时如若继续增大外力，截面上尚未屈服的部分将会承担额外的应力，于是屈服区域逐渐扩大。所以塑性材料可以不考虑应力集中的影响。而脆性材料由于没有屈服阶段，应力集中处的峰值应力会持续增加，当达到强度极限后，就会产生裂纹，导致断裂。所以脆性材料需要考虑应力集中的影响。需要指出的是，正因为峰值应力超过屈服极限后会产生应力的重新分配，所以实际的峰值应力常常低于理论值。

动载下，应力集中对塑性构件的疲劳寿命影响很大，而脆性材料则直接导致疲劳断裂，因此都必须考虑集中应力对构件强度的影响。

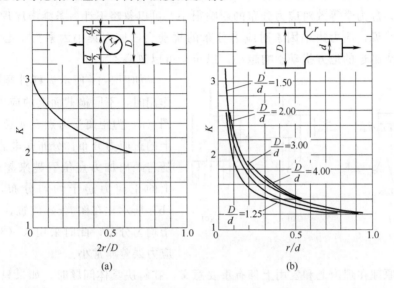

图 3-18　两种形状不连续对应力集中因数的影响

综上，为了避免材料或构件因应力集中而造成的破坏，工程上主要采取以下措施：

① 避免尖角：即把棱角改为过渡圆角，适当增大过渡圆弧的半径，效果会更好；

② 改善外形：曲率半径渐变的外形有利于降低应力集中因数，因此可采用流线型、椭圆型或双曲线型等；

③ 表面强化：对材料表面作喷丸、滚压、氮化等处理，可以提高材料表面的疲劳强度；

④ 局部加强：在孔边使用加强环或做局部加厚，可降低应力集中因数，下降程度与孔的形状和大小、加强环的形状和大小以及载荷形式有关；

⑤ 调整应力集中因素的位置和方向：例如开孔的位置应尽量避开高应力区，并注意避免孔间相互影响而造成应力集中因数的增高，对于椭圆孔，应使其长轴平行于外力的方向，可降低峰值应力；

⑥ 平衡应力集中：通过附加新的应力集中因素以缓和应力集中，如减小零件在低应力区的厚度，或在低应力区增开缺口/圆孔，使低应力区与高应力区的应力值过渡趋于平缓；

⑦ 利用残余应力：峰值应力超过屈服强度后卸载，会产生残余应力，合理地利用残余应力也可降低应力集中因数。

当然，应力集中也有其可以利用的一面。例如，包装袋封口处的锯齿状缺口、易拉罐拉环上的刻痕等，都是利用应力集中来方便人徒手打开包装的。

3.5.2 圣维南原理

截面形状尺寸的突变和载荷的非均匀性会导致应力集中。因此杆件承受非均匀分布载荷（包括集中载荷这种极端情形）时，杆件横截面也并非都能保持为平面。此时，拉（压）杆正应力公式自然就不再适用于所有的横截面了。然而，法国力学家圣维南总结出了一个规律，即所谓的圣维南原理：如果杆端处的两种外加力在静力学上等效，则距离施力点稍远处，静力学等效对应力分布的影响很小，可以忽略不计。圣维南原理用在应力集中问题上就是说，应力集中因素对应力分布的扰动会以应力集中因素为中心，向四周扩散，而且距离越远的地方扰动影响越小，以至于可以忽略不计。

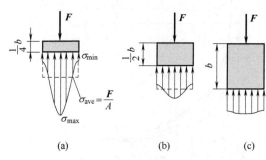

图 3-19　加力点附近局部变形的不均匀性

如图 3-19 所示为杆件端部受集中力作用时，不同横截面上的应力分布情况。图（a）为距离受力点 $b/4$ 位置处横截面上的正应力分布，分布是非常不均匀的；随着距离加力点位置越来越远，横截面上的正应力趋于均匀分布，如图 3-19（b）所示。在图（c）位置，正应力近似于均匀分布，此时采用式（3-1）计算正应力误差非常小。

圣维南原理在理论上和实用上都有重要意义。在解决具体问题时，如果只关心远离荷载处的应力，就可视计算或实验的方便，改变荷载的分布情况，只需保持改变前后两种情况下的力系等效即可。

力学与工程 ◀◀◀

斜拉桥与悬索桥

斜拉桥和悬索桥是常见的钢桥主要结构形式。

斜拉桥，是将主梁用许多斜拉索直接拉在桥塔上的一种桥梁，是由承压的桥塔、承拉的斜拉索和承弯的主梁（图 3-20）组合而成的一种建筑结构体系。斜拉桥可看作是拉索代替支墩的多跨弹性支承连续梁，可使主梁内弯矩减小，降低建筑高度，减轻结构重量，节省建筑材料。图 3-20 是九江新长江大桥，即九江长江二桥，为典型的斜拉桥。大桥全长 8462m，主跨跨径 818m，是福州至银川高速公路的重要组成部分。

悬索桥，又名吊桥（suspension bridge），指的是以承受拉力的缆索或链索作为主要承重构件的桥梁，由悬索、桥塔、吊杆、主梁等部分组成（图 3-21）。悬索桥的主要承重构件是悬索，它主要承受拉力，一般用抗拉强度高的钢材（钢丝、钢缆等）制作。由于悬索桥可以充分利用材料的强度，并具有用料省、自重轻的特点，因此悬索桥在各种体系桥梁中的跨越能力最大，跨径可以达到 1000m 以上。

实际设计中，采用斜拉桥还是悬索桥，与桥梁所在位置环境、通航要求等多种因素有关。图 3-21 是位于非洲东南部、印度洋畔的莫桑比克首都马普托的跨海大桥，是典型的

图 3-20　斜拉桥

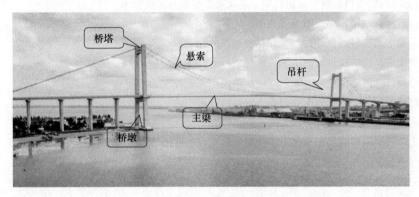

图 3-21　悬索桥

悬索桥。该桥是目前非洲跨径最大的桥梁，也是我国企业设计的最大跨国外桥梁，是非洲地标性建筑。

　　该大桥的原设计方案为主跨斜拉桥方案（须在深水区设置桥塔）。中国设计团队在考虑施工难易程度、通航适应性、结构防撞能力、航空限高、施工方案、远洋运输、钢结构制作、安装成本、后期养护、施工工期、工程造价等多方面因素后，将原设计方案调整为现在的一跨过海的悬索桥方案，避免了水中桥塔在 $4 \times 10^4 t$ 以上货轮撞击下损坏的风险，也为马普托湾航运发展预留了空间。这一中国方案的提出和建成，充分体现了中国企业的责任担当以及中国工程师的职业素养，为中国企业赢得了国际社会的广泛关注和普遍尊重。

复习思考题

3-1　在图 3-22 中，哪些杆件属于轴向拉伸（压缩）？

3-2　什么是弹性变形？什么是塑性变形？

3-3　弹性模量的意义是什么？量纲是什么？

3-4　什么是泊松比？如何计算拉（压）杆的横向变形？

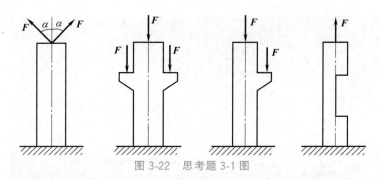

图 3-22　思考题 3-1 图

3-5　何谓材料的力学性质？为何要研究材料的力学性质？

3-6　绘出低碳钢试件拉伸时的 $\sigma\text{-}\varepsilon$ 图，在图上标出 σ_p、σ_s、σ_b 及 σ_e。

3-7　低碳钢的拉伸 $\sigma\text{-}\varepsilon$ 曲线可分为几个阶段？各个阶段有何主要特点？

3-8　通过低碳钢与铸铁的拉伸及压缩实验可以测定出哪些力学性质？

3-9　何谓材料的比例极限、屈服极限、名义屈服极限与强度极限？

3-10　何谓材料的伸长率与断面收缩率？

3-11　工程中是如何划分塑性材料和脆性材料的？

3-12　塑性材料与脆性材料的主要力学性能特点是什么？

3-13　何谓材料的极限应力？如何确定材料的极限应力？

3-14　何谓材料的许用应力？如何确定材料的许用应力？

3-15　说明采取安全系数的原因。

3-16　比较低碳钢与铸铁的主要力学性质（强度和塑性）。

3-17　何谓强度条件？利用强度条件可以解决哪几类强度问题？

3-18　何谓应力集中现象？应力集中对构件强度有何影响？

 习　题

3-1　低碳钢试件扭转破坏是_____。

A. 沿横截面拉断

B. 沿 45°螺旋面拉断

C. 沿横截面剪断

D. 沿 45°螺旋面剪断

3-2　Q235 材料应变硬化后卸载，然后再加载，直至发生破坏，发现材料的力学性能发生了变化。试判断以下四种结论中哪一种是正确的。

A. 屈服应力提高，弹性模量降低

B. 屈服应力提高，韧性降低

C. 屈服应力不变，弹性模量不变

D. 屈服应力不变，韧性不变

正确答案是_____。

3-3　关于材料的拉伸与压缩性能，有如下四种结论，请判断哪一种是正确的。

A. 脆性材料的抗拉能力低于其抗压能力

B. 脆性材料的抗拉能力高于其抗压能力

C. 韧性材料的抗拉能力高于其抗压能力

D. 脆性材料的抗拉能力等于其抗压能力

正确答案是_____。

3-4 低碳钢材料在拉伸实验过程中，不发生明显的塑性变形时，承受的最大应力应当小于的数值，有以下四种答案，请判断哪一种是正确的。

A. 比例极限

B. 屈服强度

C. 强度极限

D. 弹性极限

正确答案是_____。

3-5 关于低碳钢试样拉伸至屈服时，有以下四种结论，请判断哪一种是正确的。

A. 应力和塑性变形很快增加，因而认为材料失效

B. 应力和塑性变形虽然很快增加，但不意味着材料失效

C. 应力不增加，塑性变形很快增加，因而认为材料失效

D. 应力不增加，塑性变形很快增加，但不意味着材料失效

正确答案是_____。

3-6 关于条件屈服应力有如下四种论述，请判断哪一种是正确的。

A. 弹性应变为 0.2% 时的应力值

B. 总应变为 0.2% 时的应力值

C. 塑性应变为 0.2% 时的应力值

D. 塑性应变为 0.2 时的应力值

正确答案是_____。

3-7 根据图 3-23 所示三种材料拉伸时的应力-应变曲线，得出如下四种结论，请判断哪种是正确的。

A. 强度极限 $\sigma_{b1}=\sigma_{b2}>\sigma_{b3}$，弹性模量 $E_1>E_2>E_3$，伸长率 $\delta_1>\delta_2>\delta_3$

B. 强度极限 $\sigma_{b2}>\sigma_{b1}>\sigma_{b3}$，弹性模量 $E_2>E_1>E_3$，伸长率 $\delta_1>\delta_2>\delta_3$

C. 强度极限 $\sigma_{b3}<\sigma_{b1}<\sigma_{b2}$，弹性模量 $E_3>E_1>E_2$，伸长率 $\delta_3>\delta_2>\delta_1$

D. 强度极限 $\sigma_{b1}>\sigma_{b2}>\sigma_{b3}$，弹性模量 $E_2>E_1>E_3$，伸长率 $\delta_2>\delta_1>\delta_3$

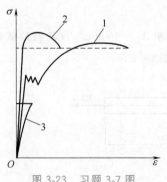

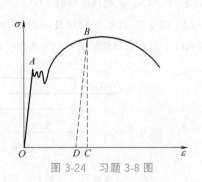

图 3-23 习题 3-7 图   图 3-24 习题 3-8 图

正确答案是_____。

3-8 如图 3-24 所示，低碳钢加载→卸载→再加载路径有以下四种，请判断哪一种是正确的。

A. $OAB{\rightarrow}BC{\rightarrow}COAB$

B. $OAB{\rightarrow}BD{\rightarrow}DOAB$

C. $OAB{\rightarrow}BAO{\rightarrow}ODB$

D. $OAB \rightarrow BD \rightarrow DB$

正确答案是_____。

3-9 图 3-25 所示的硬铝试件，$h=2\text{mm}$，$b=20\text{mm}$，实验段长 $L_0=70\text{mm}$，在轴向拉力 $F=6\text{kN}$ 作用下，测得实验段伸长 $\Delta L_0=0.15\text{mm}$，板宽缩短 $\Delta b=0.014\text{mm}$，试计算硬铝的弹性模量 E 和泊松比 ν。

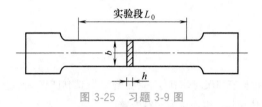

图 3-25 习题 3-9 图

3-10 某结构如图 3-26 所示。F 力施加在刚性平板上，钢管和铝杆的横截面面积相等，$A_{钢}=A_{铝}=20\times10^2\text{mm}^2$。欲使钢管与铝杆中产生的应力相等，载荷 F 应等于多少？已知两种材料的弹性模量分别为 $E_{钢}=210\text{GPa}$，$E_{铝}=66\text{GPa}$。

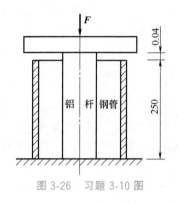

图 3-26 习题 3-10 图

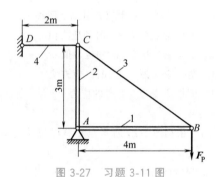

图 3-27 习题 3-11 图

3-11 图 3-27 所示的杆件结构中 1、2 杆为木制，3、4 杆为钢制。已知 1、2 杆的横截面面积 $A_1=A_2=4000\text{mm}^2$，3、4 杆的横截面面积 $A_3=A_4=800\text{mm}^2$；1、2 杆的许用应力 $[\sigma_w]=20\text{MPa}$，3、4 杆的许用应力 $[\sigma_s]=120\text{MPa}$。

若 $F_P=50\text{kN}$，试校核结构的强度。

3-12 图 3-28 所示的阶梯杆，已知 AC 段的横截面面积 $A_1=100\text{mm}^2$，CB 段的横截面面积 $A_2=50\text{mm}^2$，材料的弹性模量 $E=200\text{GPa}$。试计算该阶梯杆的轴向变形。

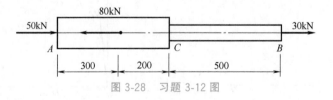

图 3-28 习题 3-12 图

3-13 一圆截面拉伸试样，已知其实验段的原始直径 $d=10\text{mm}$，标距 $l=50\text{mm}$；拉断后实验段的长度变为 $l_1=63.2\text{mm}$，断口处的最小直径 $d_1=5.9\text{mm}$。试确定材料的伸长率和断面收缩率，并判断其属于塑性材料还是是脆性材料。

3-14 用 Q235 钢制作一圆截面杆，已知该杆承受 $F=100\text{kN}$ 的轴向拉力，材料的比例极限 $\sigma_p=200\text{MPa}$，屈服极限 $\sigma_s=235\text{MPa}$，强度极限 $\sigma_b=400\text{MPa}$，并取安全因数 $n=2$。①欲拉断圆杆，则其直径 d 最大可达多少？②欲使该杆能够安全工作，则其直径 d 最小应取多少？③欲使胡克定律适用，

则其直径 d 最小应取多少?

3-15　一钢制阶梯圆截面杆受到图 3-29 所示的轴向载荷作用。材料的许用应力 $[\sigma]=180\mathrm{MPa}$，试设计该阶梯杆的直径。

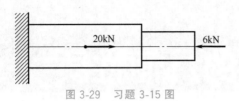

图 3-29　习题 3-15 图

3-16　图 3-30 所示为一液压装置的油缸。已知油缸内径 $D=560\mathrm{mm}$；油压力 2.5MPa；活塞杆由合金钢制作，许用应力 $[\sigma]=300\mathrm{MPa}$。若活塞杆的直径 $d=60\mathrm{mm}$，试校核活塞杆的强度。

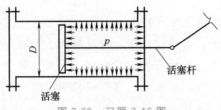

图 3-30　习题 3-16 图

3-17　汽车离合器踏板如图 3-31 所示，已知 $F_1=400\mathrm{N}$，$L=330\mathrm{mm}$，$l=56\mathrm{mm}$，拉杆 AB 的直径 $d=10\mathrm{mm}$，许用应力 $[\sigma]=50\mathrm{MPa}$。试校核拉杆 AB 的强度。

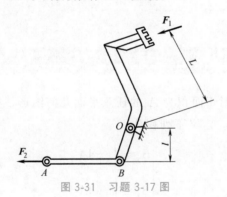

图 3-31　习题 3-17 图

第 4 章

截面图形的几何性质

📖 **学习导语**

　　在上一章"拉（压）杆的强度问题"一节中，通过分析变形得到了拉（压）杆横截面上正应力均匀分布的结论，因此拉（压）杆横截面上正应力的大小及拉（压）杆的强度与杆件的横截面面积有关。在后面的章节中将会发现，杆件承受弯曲和扭转时，横截面上的应力多是非均匀分布的，由剪力、弯矩或扭矩引起的应力计算公式中，将会出现一些与截面形状和截面尺寸有关的新的几何量，如 S_z^*、I_z、I_p 等。这些几何量，包括前面提及的截面面积，统属于截面图形的几何性质。为了便于后面扭转应力和弯曲应力等章节内容的学习，本章先来介绍截面几何性质的基本概念和计算方法。

4.1 静矩、形心及其相互关系

　　如图 4-1（a）所示，对于面积为 A 的任意平面几何图形，在图示坐标系下，从坐标 (y, z) 处取面积微元 dA，定义下列积分：

$$\begin{cases} S_y = \displaystyle\int_A z\,dA \\[2mm] S_z = \displaystyle\int_A y\,dA \end{cases} \tag{4-1}$$

　　式中，S_y、S_z 分别称为图形对 y 轴和 z 轴的面积一次矩，又称静矩，常用单位为 m^3 或 mm^3。这个积分式在后面章节的应力推导过程中经常会出现。

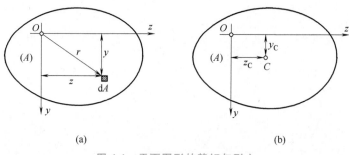

(a)   (b)

图 4-1　平面图形的静矩与形心

形心是图形的几何中心，如图 4-1（b）所示的 C 点。对于具有对称性的图形（如矩形、圆、正三角形等），形心很容易由对称性分析来确定。但对于一个任意平面图形，其形心该如何去求呢？由形心的定义可知，若图形是均质的，其形心与质心重合。因此，如果将平面图形视为等厚度均质板，其形心就是质心。于是形心的求解问题转化为质心的求解问题。

在图 4-1（a）中，如果将 $\mathrm{d}A$ 视为垂直于平面图形的质量力微元，则 $z\mathrm{d}A$ 和 $y\mathrm{d}A$ 分别为该坐标位置处的质量力微元对于 y 轴和 z 轴的矩；S_y、S_z 则为整个图形上各质量力微元对 y 轴和 z 轴的矩的代数和。

与此同时，在图 4-1（b）中，若将整个图形的面积 A 视为图 4-1（a）中各质量力微元所组成力系的合力，则形心即为合力的作用点。设形心坐标为 y_C 和 z_C，则 Az_C 和 Ay_C 分别为合力对 y 轴和 z 轴的矩，由理论力学中的合力矩定理可知

$$\begin{cases} y_C = \dfrac{S_z}{A} = \dfrac{\displaystyle\int_A y\,\mathrm{d}A}{A} \\[4mm] z_C = \dfrac{S_y}{A} = \dfrac{\displaystyle\int_A z\,\mathrm{d}A}{A} \end{cases} \tag{4-2}$$

这就是形心坐标公式，它反映了形心坐标与静矩之间的关系。

根据式（4-2）不难看出：

① 平面图形的静矩是对于某一坐标轴而言的，同一图形对于不同的坐标轴有不同的静矩。静矩的数值可能为正，可能为负，也可能为零。

② 如果图形对某轴静矩为零，则该轴必然通过形心；反之，若某轴通过图形形心，则图形对该轴静矩为零。例如，若 $S_z=0$，则 $y_C=0$，即 z 轴一定通过截面形心；反之，若 z 轴通过截面形心，有 $y_C=0$，则 $S_z=0$。

③ 若已计算出静矩，形心位置就能确定；若已知形心在某一坐标系中的位置，便可快速求出图形对该坐标系中各坐标轴的静矩。

在截面应力分析过程中，截面形心位置的确定是非常重要的。如果截面是简单图形（如圆形、矩形、正方形等），往往可以直接判断形心的位置。对于由若干简单图形组合而成的图形，计算形心位置时，可以考虑分块进行积分，再求代数和，这样可以大大简化计算。根据式（4-2）可知，静矩等于面积乘以形心坐标，因此组合图形对某根轴的静矩可写为

$$\begin{cases} S_z = \displaystyle\sum_{i=1}^{n} A_i y_{Ci} \\[4mm] S_y = \displaystyle\sum_{i=1}^{n} A_i z_{Ci} \end{cases} \tag{4-3}$$

代入到式（4-2），便得到组合图形的形心坐标公式：

$$\begin{cases} y_C = \dfrac{S_z}{A} = \dfrac{\sum\limits_{i=1}^{n} A_i y_{Ci}}{\sum\limits_{i=1}^{n} A_i} \\[20pt] z_C = \dfrac{S_y}{A} = \dfrac{\sum\limits_{i=1}^{n} A_i z_{Ci}}{\sum\limits_{i=1}^{n} A_i} \end{cases} \tag{4-4}$$

这个公式形式上跟理论力学中的质心公式一致。

【例题 4-1】 T 形截面尺寸如图 4-2 (a) 所示，试确定截面形心的位置。

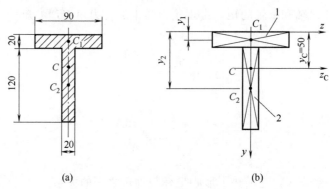

(a)   (b)

图 4-2　例题 4-1 图

解：建立 y-z 坐标系，如图 4-2 (b) 所示，由于 T 形截面左右对称，故形心在对称轴 y 轴上，即

$$z_C = 0$$

将 T 形截面看作是两个矩形的组合，矩形 1 的面积和形心纵坐标分别为

$$A_1 = 90\text{mm} \times 20\text{mm} = 1800\text{mm}^2 = 1.8 \times 10^{-3}\text{m}^2$$

$$y_1 = \frac{20\text{mm}}{2} = 10\text{mm} = 0.01\text{m}$$

矩形 2 的面积和形心纵坐标分别为

$$A_2 = 120\text{mm} \times 20\text{mm} = 2400\text{mm}^2 = 2.4 \times 10^{-3}\text{m}^2$$

$$y_2 = \frac{120\text{mm}}{2} + 20\text{mm} = 80\text{mm} = 0.08\text{m}$$

则应用式 (4-4) 有

$$y_C = \frac{A_1 y_1 + A_2 y_2}{A_1 + A_2} = \frac{1.8 \times 10^{-3} \times 0.01 + 2.4 \times 10^{-3} \times 0.08}{1.8 \times 10^{-3} + 2.4 \times 10^{-3}}\text{m} = 0.05\text{m} = 50\text{(mm)}$$

4.2　惯性矩、极惯性矩、惯性积与惯性半径

除面积的一次矩（静矩）以外，很自然地，也存在面积对坐标轴的二次矩概念。由于坐标轴距离的二次式有三种类型（坐标的平方、两个不同坐标的乘积、坐标的平方和），

因此面积二次矩也有三种，分别是：惯性矩、惯性积和极惯性矩。回顾理论力学内容，其中与矩相关的定理都跟转动相关，这就预示着这三个几何量与截面的转动过程有关，会在后续弯曲和扭转章节中得到应用。

4.2.1 惯性矩与极惯性矩

如图 4-1（a）所示，任意平面几何图形的面积为 A，在坐标 (y, z) 处取其面积微元 dA，定义下列积分：

$$\begin{cases} I_z = \int_A y^2 dA \\ I_y = \int_A z^2 dA \end{cases} \tag{4-5}$$

式中，I_z、I_y 分别称为图形对 z 轴和 y 轴的惯性矩，常用单位为 m^4 或 mm^4。同样，如果把面积微元 dA 视为质量微元，那么上式便是理论力学中物体对轴的转动惯量，反映物体定轴转动惯性的大小。

设微元面积 dA 到坐标原点 O 的距离为 r，定义

$$I_p = \int_A r^2 dA \tag{4-6}$$

为图形对坐标原点的极惯性矩，常用单位为 m^4 或 mm^4。从图 4-1（a）中可知 $r^2 = y^2 + z^2$，所以

$$I_p = \int_A r^2 dA = \int_A (y^2 + z^2) dA = \int_A y^2 dA + \int_A z^2 dA = I_y + I_z \tag{4-7}$$

即截面对任意一对正交坐标轴的惯性矩之和，等于截面图形对两轴交点的极惯性矩。

根据上述积分形式的定义可知，因为 y^2、z^2、r^2 恒为正，所以惯性矩和极惯性矩永远是正值。

4.2.2 惯性积

对于任意平面几何图形 [图 4-1（a）]，其面积为 A，在坐标 (y, z) 处取其面积微元 dA，定义积分

$$I_{yz} = \int_A zy \, dA = \int_A yz \, dA \tag{4-8}$$

式中，I_{yz} 为图形对于坐标轴 z 轴、y 轴的惯性积，显然 $I_{yz} = I_{zy}$。

由于坐标乘积 yz 可能为正，也可能为负，因此惯性积 I_{yz} 的数值可正可负，当然也可为零。惯性矩与惯性积的常用单位均为 m^4 或 mm^4。

如图 4-3 所示，平面几何图形关于 y 轴对称。若在 y 轴左右两侧的对称位置处各取一微元面积 dA，易知二者的 y 坐标相同，但 z 坐标等大且互为相反数。于是这两个微元面积对 y、z 轴的惯性积数值相等、符号相反，因而在积分求和中抵消，故

$$I_{yz} = \int_A yz \, dA = 0$$

由此可见，坐标系中只要有一个坐标轴是平面几何图形的

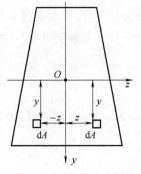

图 4-3 对称轴为主轴

对称轴，则该图形对这对坐标轴的惯性积就为零。

4.2.3 惯性半径

上一节中，静矩可以写成形心坐标与总面积的乘积，类似地，由于惯性矩是面积的二次矩，因此惯性矩可以写成截面面积 A 与某长度 i 的平方之积，即

$$I_z = A i_z^2, \quad I_y = A i_y^2$$

于是

$$i_z = \sqrt{\frac{I_z}{A}}, \quad i_y = \sqrt{\frac{I_y}{A}} \tag{4-9}$$

式中，i_z、i_y 分别为截面对 z 轴和 y 轴的惯性半径，惯性半径恒为正值，常用单位为 mm 或 m。

【例题 4-2】 如图 4-4 所示，已知矩形截面宽为 b，高为 h，y 轴、z 轴通过截面形心 C 点，求惯性矩 I_y、I_z。

解：为方便积分，在图 4-4 取宽为 b、高度为 $\mathrm{d}y$ 的面积微元 $\mathrm{d}A$，则由式（4-5）可得

$$I_z = \int_A y^2 \mathrm{d}A = \int_{-h/2}^{h/2} y^2 b \, \mathrm{d}y = \frac{b}{3}\left[\frac{h^3}{8} - \left(-\frac{h^3}{8}\right)\right] = \frac{bh^3}{12}$$

同理，取宽度为 $\mathrm{d}z$、高度为 h 的面积微元，积分可得

$$I_y = \int_A z^2 \mathrm{d}A = \int_{-b/2}^{b/2} z^2 h \, \mathrm{d}z = \frac{h}{3}\left[\frac{b^3}{8} - \left(-\frac{b^3}{8}\right)\right] = \frac{hb^3}{12}$$

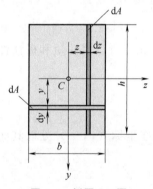

图 4-4 例题 4-2 图

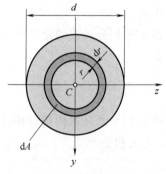

图 4-5 例题 4-3 图

【例题 4-3】 如图 4-5 所示，已知圆截面直径为 d，y 轴和 z 轴为截面形心轴，求惯性矩 I_y、I_z 和极惯性矩 I_p。

解：根据式（4-7）及圆的极对称性，有

$$I_p = I_y + I_z = 2I_y = 2I_z$$

在图 4-5 中取面积微元 $\mathrm{d}A = 2\pi r \, \mathrm{d}r$，于是

$$I_y = I_z = \frac{I_p}{2} = \frac{1}{2}\int_A r^2 \mathrm{d}A = \frac{1}{2}\int_0^{\frac{d}{2}} r^2 (2\pi r) \, \mathrm{d}r = \frac{\pi d^4}{64}$$

即

$$I_p = 2 \times \frac{\pi d^4}{64} = \frac{\pi d^4}{32}$$

请读者结合此计算过程思考，外直径为 D、内直径为 d 的圆环截面对形心轴的惯性矩该如何计算。

4.3 平行移轴公式

上一节通过积分得出了一些简单图形对形心轴的惯性矩和极惯性矩。但在工程实际中，有时坐标轴的选取往往不一定通过形心，而截面二次矩计算涉及二次式的积分，对于复杂截面，计算量比较大。如果能导出任意坐标轴中几何量与过形心坐标轴中几何量的关系，就能借助这些关系，降低计算量，简化计算。

一般地，任意坐标轴与通过形心的坐标轴之间存在着平移和旋转的关系。本节研究坐标轴平移前后，几何量之间的关系。坐标旋转放在下一节进行研究。

如图 4-6 所示，平面图形面积为 A，形心为 C，z_C 和 y_C 是一对通过形心 C 相互垂直的坐标轴。图形对形心轴 z_C、y_C 的惯性矩和惯性积分别为

$$I_{yC} = \int_A z_C^2 \mathrm{d}A, \quad I_{zC} = \int_A y_C^2 \mathrm{d}A, \quad I_{yCzC} = \int_A z_C y_C \mathrm{d}A$$

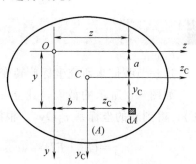

选取另一坐标系 yOz，z 轴与 z_C 平行，距离为 a；y 轴与 y_C 轴平行，距离为 b，则图形对 y 轴、z 轴的惯性矩和惯性积分别为

图 4-6 惯性矩与惯性积的移轴定理

$$I_y = \int_A z^2 \mathrm{d}A, \quad I_z = \int_A y^2 \mathrm{d}A, \quad I_{yz} = \int_A zy \mathrm{d}A$$

将 $z = z_C + b$，$y = y_C + a$ 代入上式，得

$$I_y = \int_A (z_C + b)^2 \mathrm{d}A = \int_A z_C^2 \mathrm{d}A + 2b \int_A z_C \mathrm{d}A + b^2 \int_A \mathrm{d}A = I_{yC} + 2b S_{yC} + b^2 A$$

$$I_z = \int_A (y_C + a)^2 \mathrm{d}A = \int_A y_C^2 \mathrm{d}A + 2a \int_A y_C \mathrm{d}A + a^2 \int_A \mathrm{d}A = I_{zC} + 2a S_{zC} + a^2 A$$

因为 y_C 轴、z_C 轴为形心轴，所以 $S_{yC} = 0$、$S_{zC} = 0$，从而得到

$$\begin{cases} I_z = I_{zC} + a^2 A \\ I_y = I_{yC} + b^2 A \\ I_{yz} = I_{yCzC} + abA \end{cases} \tag{4-10}$$

式（4-10）即为**惯性矩和惯性积的平行移轴公式**。

惯性矩和惯性积的平行移轴公式能有效地简化惯性矩和惯性积的计算，使用时需注意：

① 式（4-10）中，I_{yC}、I_{zC}、I_{yCzC} 的下标表示截面几何量是对形心轴而言的。

② 式（4-10）中，a 和 b 是图形在 yOz 坐标系中的形心坐标，可以取正值，也可以取负值，故移轴后惯性积可能增大，也可能减小。

③ 因为面积及包含 a^2、b^2 的项恒为正，故自形心轴移至与之平行的任意轴，惯性矩总是增加的。在平面图形对一系列平行轴的惯性矩中，对形心轴的惯性矩最小。

【例题 4-4】 如图 4-7 所示半圆的半径为 r，圆心 O 到半圆形心 C 的距离为 $\dfrac{4r}{3\pi}$，y_C

轴和 z_C 轴为截面形心轴，求半圆对其形心轴的惯性矩 I_{yC}、I_{zC}。

解：根据圆心截面的对称性，可知

$$I_{yC} = I_z = \frac{1}{2} \times \frac{\pi d^4}{64} = \frac{1}{2} \times \frac{\pi r^4}{4} = \frac{\pi r^4}{8}$$

由平行移轴定理可得

$$I_z = I_{zC} + \left(\frac{4r}{3\pi}\right)^2 \frac{\pi r^2}{2}$$

$$\Rightarrow I_{zC} = I_z - \left(\frac{4r}{3\pi}\right)^2 \frac{\pi r^2}{2} = \frac{\pi r^4}{8} - \frac{8\pi r^4}{9\pi^2} \approx 0.11 r^4$$

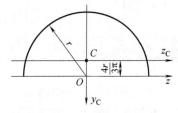

图 4-7　例题 4-4 图

上述计算结果再次表明，在图形对一系列平行轴的惯性矩中，对形心轴的惯性矩最小。

4.4* 转轴公式

这一节我们来研究坐标旋转变换下，截面几何量之间的关系。

如图 4-8 所示的截面，建立 zOy 坐标系。将 zOy 坐标系 O 点旋转 α 角（逆时针为正），得到新的坐标系 z_1Oy_1，根据几何关系可得坐标（y，z）和（y_1，z_1）的关系式：

$$y_1 = \overline{OF} + \overline{ED} = y\cos\alpha + z\sin\alpha \ , \quad z_1 = \overline{BD} - \overline{EF} = z\cos\alpha - y\sin\alpha \tag{a}$$

在 zOy 坐标系下，图形对 y 轴和 z 轴的惯性矩和惯性积为

$$I_y = \int_A z^2 \mathrm{d}A, \quad I_z = \int_A y^2 \mathrm{d}A, \quad I_{yz} = \int_A zy \mathrm{d}A \tag{b}$$

在 z_1Oy_1 坐标系下，图形对 y_1 轴和 z_1 轴的惯性矩和惯性积为

$$I_{y1} = \int_A z_1^2 \mathrm{d}A, \quad I_{z1} = \int_A y_1^2 \mathrm{d}A, \quad I_{y1z1} = \int_A z_1 y_1 \mathrm{d}A \tag{c}$$

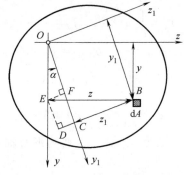

图 4-8　惯性矩与惯性积的转轴定理

将式（a）中的 z_1 代入式（c）中的第 1 式，可得

$$I_{y1} = \int_A z_1^2 \mathrm{d}A$$

$$= \int_A (z\cos\alpha - y\sin\alpha)^2 \mathrm{d}A$$

$$= \cos^2\alpha \int_A z^2 \mathrm{d}A + \sin^2\alpha \int_A y^2 \mathrm{d}A - 2\sin\alpha\cos\alpha \int_A yz \mathrm{d}A$$

$$= I_y \cos^2\alpha + I_z \sin^2\alpha - I_{yz} \sin2\alpha$$

利用三角函数的倍角公式 $\cos^2\alpha = \dfrac{1 + \cos2\alpha}{2}$ 和 $\sin^2\alpha = \dfrac{1 - \cos2\alpha}{2}$，代入后整理得

$$I_{y1} = \frac{1}{2}(I_y + I_z) + \frac{1}{2}(I_y - I_z)\cos2\alpha - I_{yz}\sin2\alpha \tag{4-11}$$

同理可得

$$I_{z1} = \frac{1}{2}(I_y + I_z) - \frac{1}{2}(I_y - I_z)\cos2\alpha + I_{yz}\sin2\alpha \tag{4-12}$$

$$I_{y1z1} = \frac{1}{2}(I_y - I_z)\sin2\alpha + I_{yz}\cos2\alpha \tag{4-13}$$

式（4-11）～式（4-13）称为惯性矩和惯性积的转轴公式。如果将式（4-11）和式（4-12）两式相加，再根据定义式（4-7），就会得出"坐标轴旋转前后极惯性矩保持不变"的结论，这再次从数学上验证了这一结论的正确性。

4.5 主轴与形心主轴、主惯性矩与形心主惯性矩的概念

前面已经指出，图形对坐标轴的惯性积可能大于零、小于零或等于零。如果图形对于过一点的一对坐标轴的惯性积等于零，则称这一对坐标轴为过这一点的主轴。截面图形对主轴的惯性矩称为主惯性矩。

可证过任意一点都有主轴，证明过程如下：

在式（4-13）中，令其等于零，有

$$\frac{1}{2}(I_y - I_z)\sin2\alpha + I_{yz}\cos2\alpha = 0 \tag{d}$$

满足上式的转角为

$$\tan2\alpha_0 = \frac{-2I_{yz}}{I_y - I_z} \tag{4-14}$$

由上式可以求出相差 $90°$ 的两个角 α_0、$\alpha_0 + 90°$，从而可确定过坐标原点的主轴 y_0 轴、z_0 轴。

注意到式（4-11）、式（4-12）的极值条件恰好与式（d）相同，因此，在过主轴交点所有轴的惯性矩中，图形对两根主轴的惯性矩，一个是最大惯性矩，另一个是最小惯性矩。

将主轴方位角 α_0、$\alpha_0 + 90°$ 代入式（4-11），化简便得到惯性矩极值的计算公式，亦即主惯性矩计算公式：

$$I_{y0} = I_{max} = \frac{1}{2}(I_y + I_z) + \frac{1}{2}\sqrt{(I_y - I_z)^2 + 4I_{yz}^2} \tag{4-15}$$

$$I_{z0} = I_{min} = \frac{1}{2}(I_y + I_z) - \frac{1}{2}\sqrt{(I_y - I_z)^2 + 4I_{yz}^2} \tag{4-16}$$

工程上常见的截面往往具有对称轴，由 4.3 节中的结论可知，此时对称轴及与其垂直的任意轴即为过二者交点的主轴。如果主轴恰好通过截面图形的形心，则称该坐标轴为形心主轴；图形对主轴的惯性矩称为形心主惯性矩，简称形心主矩。工程计算中有意义的是确定形心主轴与形心主矩，下面将其计算过程总结如下：

① 确定形心位置；

② 确定形心主轴；

③ 利用分割法计算形心主惯性矩 I_{yC}、I_{zC}，此时，往往需要用到平行移轴定理。下面用一个例题来说明。

【例题 4-5】 试计算例题 4-1 中 T 形截面图形的形心主矩。

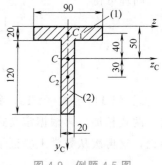

图 4-9 例题 4-5 图

解：（1）确定图形形心位置

根据例题 4-1 中的计算结果，形心 C 点坐标为（0，50），则矩形截面形心 C_1 和 C_2 到截面形心 C 的距离分别为 40mm 和 30mm，如图 4-9 所示。

（2）确定形心主轴

在形心 C 处建立坐标系 $y_C C z_C$，由于 y_C 轴为图形的对称轴，故图 4-9 所示 y_C 轴、z_C 轴为截面形心主轴。

（3）计算形心主矩

$$I_{yC} = I_{yC}^{(1)} + I_{yC}^{(2)} = \frac{20 \times 90^3}{12} + \frac{120 \times 20^3}{12} = 1.295 \times 10^6 (\text{mm}^4)$$

利用平行轴移轴公式，有

$$I_{zC} = I_{zC}^{(1)} + I_{zC}^{(2)} = \left(\frac{90 \times 20^3}{12} + 90 \times 20 \times 40^2\right) + \left(\frac{20 \times 120^3}{12} + 120 \times 20 \times 30^2\right) = 7.98 \times 10^6 (\text{mm}^4)$$

 复习思考题

4-1 何谓平面图形的形心和静矩？二者有何关系？

4-2 惯性矩与极惯性矩有何区别？

4-3 何谓惯性半径？惯性矩与惯性半径之间有何关系？

4-4 惯性矩和惯性积的量纲都是长度的四次方，为什么惯性矩总是正值而惯性积的值却有正负之分？

4-5 何谓平行移轴定理？使用时有什么条件？

4-6 什么叫主轴、形心主轴、形心主惯性矩？计算某平面图形形心主惯性矩的步骤是什么？

习 题

4-1 在下列关于平面图形的结论中，_____是错误的。

A. 图形的对称轴必定通过形心

B. 图形两个对称轴的交点必为形心

C. 图形对对称轴的静矩为零

D. 使静矩为零的轴必为对称轴

4-2 在平面图形的几何性质中，_____的值可正，可负，也可为零。

A. 静矩和惯性矩

B. 极惯性矩和惯性矩

C. 惯性矩和惯性积

D. 静矩和惯性积

4-3 设图 4-10 所示截面对 y 轴和 z 轴的惯性矩分别为 I_y、I_z，则二者的大小关系是_____。

A. $I_y < I_z$ B. $I_y = I_z$ C. $I_y > I_z$ D. 不确定

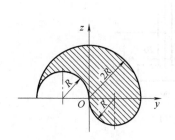

图 4-10 习题 4-3 图

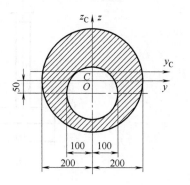

图 4-11 习题 4-4 图

4-4 试求图 4-11 所示图形的形心坐标 y_C 和 z_C。以 y 和 z 为参考坐标。

4-5 求图 4-12 所示各图形中阴影部分对 y 轴的静矩。

4-6 T 字形截面如图 4-13 所示，已知 $b_1 = 0.3\text{m}$、$b_2 = 0.6\text{m}$、$h_1 = 0.5\text{m}$、$h_2 = 0.14\text{m}$。①求阴影部分面积对水平形心轴 z_0 的静矩；②z_0 轴以上部分面积对 z_0 轴的静矩与阴影部分面积对 z_0 轴的静矩有何关系？

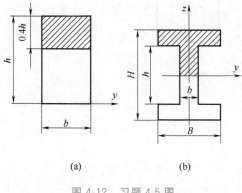

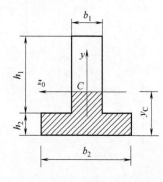

图 4-12 习题 4-5 图

图 4-13 习题 4-6 图

4-7 4 个 $100\text{mm} \times 100\text{mm} \times 10\text{mm}$ 的等边角钢组成图 4-14 (a)、(b) 所示的两种图形，若 $\delta = 12\text{mm}$，试求其形心主惯性矩。

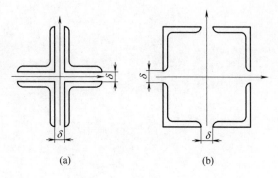

图 4-14 习题 4-7 图

4-8　求图 4-15 所示图形对形心轴 y 轴的惯性矩和惯性积。

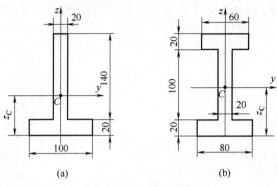

(a)　　　　　　　　　　(b)

图 4-15　习题 4-8 图

4-9　试确定图 4-16 所示图形的形心主轴和形心主惯性矩。

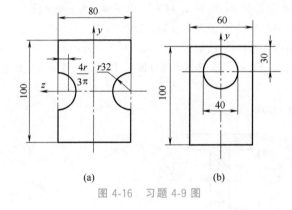

(a)　　　　　　　　　　(b)

图 4-16　习题 4-9 图

第 **5** 章

扭转切应力分析

📖 **学习导语**

　　扭转是工程构件中常见的一种变形形式，例如图 5-1 所示的汽车转向轴 AB，图 5-2 所示的攻丝丝锥。它们的受力和变形特点是：杆件两端作用大小相等、方向相反、作用平面垂直于杆件轴线的力偶，从而使杆件的任意两横截面绕轴线相对转动。

　　工程上把要承受扭转的杆件叫做轴。当杆件发生扭转变形时，横截面上会产生与横截面相平行的切应力。本章主要介绍圆截面杆件扭转时的切应力分析，主要包括：切应力互等定理、剪切胡克定律，圆轴扭转切应力分布与计算，圆轴扭转强度分析与设计等。此外，本章后面还将简单介绍非圆截面杆件扭转时的一些结论。圆轴扭转变形计算的相关内容则放在第 9 章中介绍。

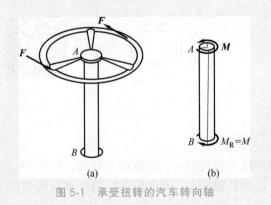

图 5-1　承受扭转的汽车转向轴

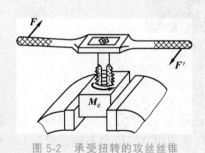

图 5-2　承受扭转的攻丝丝锥

■ 5.1　切应力互等定理与剪切胡克定律

　　为方便横截面上切应力公式的推导，这里先介绍关于切应力的两个重要结论。

5.1.1　切应力互等定理

　　在图 5-6 所示的受扭杆件中，切出一块边长分别为 dx、dy、dz 的微元体（图 5-3），其中左右两个侧面为横截面上的一部分，则在这两个截面上有扭矩引起的横截面上的切应力。假设作用在微元体右侧面上的切应力为 τ，为了平衡该切应力，左侧面也应该存在一个等大、反向的切应力。这两个面上的切应力 τ 与其作用面积 $dzdy$ 的乘积，形成一对力。由于它们等大、反向但不共线，因此二者组成了一个力偶。根据理论力学静力学知识，力偶只能由力偶来平衡，因此微元的上、下面上必然存在一对等大、反向的切应力 τ'，二者与其作用面积 $dxdz$ 相乘后也形成一对力，组成另一力偶，则这两个力偶的力偶矩必然大小相等、方向相反。

于是平衡方程为

$$\sum M = 0, \quad (\tau dy dz) dx - (\tau' dx dz) dy = 0$$

解得

$$\tau = \tau' \qquad (5-1)$$

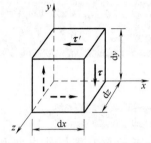

图 5-3　承受切应力的单元体

这一结果表明：在两个互相垂直的平面上，切应力必然成对存在，且数值相等，两者都垂直于两个平面的交线，方向共同指向或共同背离这一交线。这就是切应力互等定理。注意，该定理的本质来源于受力平衡，如果杆件处于非平衡状态，该定理不一定成立。

像图 5-3 这样，在微元的上下左右四个侧面上，只有切应力而没有正应力，称这种受力状况为纯切应力状态。

5.1.2　剪切胡克定律

与拉伸试验类似，通过扭转试验，可得到切应力 τ 与切应变 γ 之间的关系曲线（图 5-4）。

M5-1　微机控制
电子扭转实验机

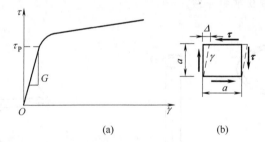

(a)　　　　　　　(b)

M5-2　低碳钢 G 值
测定实验台

图 5-4　切应力与切应变曲线

对于大多数各向同性材料，τ-γ 曲线起始段也有类似 σ-ε 曲线的直线段。这表明，在弹性范围内（切应力不超过图 5-4 所示扭转比例极限 τ_p），大多数各向同性材料的切应力与切应变成正比。这就是剪切胡克定律。

$$\tau = G\gamma \qquad (5-2)$$

式中，比例系数 G 为材料的剪切弹性模量，或切变模量。

剪切模量 G 与前面第 3 章介绍的弹性模量 E、泊松比 ν 一样，也是一个与材料相关的常数。由于正应变和切应变都是量纲为一的量，故弹性模量 E 和剪切模量 G 具有与应力相同的量纲，常用单位为 GPa。可以证明，弹性模量 E、剪切模量 G 和泊松比 ν 之间存在以下关系：

$$G = \frac{E}{2(1+\nu)} \qquad (5-3)$$

也就是说，各向同性材料的三个弹性常数中，只要知道其中任意两个，剩一个即可通过式（5-3）求得。

5.2 圆轴扭转时横截面上的切应力

第 3 章中研究轴向载荷正应力分布的分析方法可以在本章中借鉴。实际上，后面研究弯曲正应力时也是采用类似的思路进行的。研究的大致思路是：通过观察构件变形几何特征，分析归纳出应变分布规律；然后利用物理关系（应力与应变的关系），获得应力分布规律；最后，将应力分布代入静力学关系（静力学方程），得出切应力计算公式。整个分析过程如图 5-5 所示。

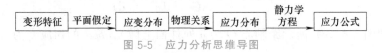

图 5-5 应力分析思维导图

5.2.1 圆轴扭转变形特征

为了观察圆轴的扭转变形，在圆轴表面上作圆周线和纵向线，如图 5-6 所示（变形后的纵向线由虚线表示）。在外力偶 M_e 作用下发生扭转变形，其变形有以下 3 个特征：

① 圆筒表面各圆周线的形状、大小和间距均未改变，只是绕轴线作了相对转动；图 5-6（a）所示的杆件，右端圆周线相对左端圆周线转过的角度为 φ。

② 各纵向线均倾斜了同一微小角度 γ。

③ 所有矩形网格均歪斜成同样大小的菱形四边形。

以上是所观察到的圆轴外表圆周线和纵向线的变化情况，关于圆轴内部的变化情况，可据此作推测，作如下假定：

变形前横截面为圆形平面，变形后仍为圆形平面，只是各截面绕轴线相对"刚性地"转了一个角度，两相邻截面的轴向间距保持不变。

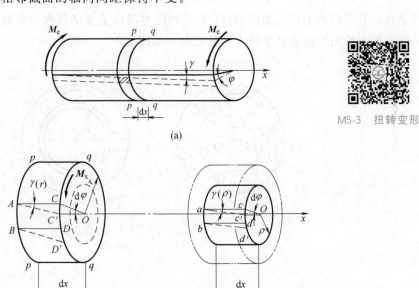

M5-3 扭转变形

(a)

(b)　　　　　　　　　(c)

图 5-6 圆轴的扭转变形

这就是圆轴扭转的平面假定。以平面假设为基础导出的应力和变形计算公式，与实验结果和弹性力学结论一致，说明这一假设情况与实际是相符的。

5.2.2 变形几何关系

根据平面假定，两轴件间距为 dx 的截面相对转角为 $d\varphi$。考察 pp 和 qq 两相邻横截面之间微元 $ABCD$ 的变形，扭转变形后，如图 5-6（b）所示，在小变形情况下，微元 $ABCD$ 的切应变 γ 为

$$\gamma \approx \tan\gamma = \frac{\overline{CC'}}{AC} = \frac{r\,d\varphi}{dx} = r\,\frac{d\varphi}{dx}$$

同理，如图 5-6（c）所示距轴心 O 为 ρ 处柱面上微元 $abcd$ 的切应变为

$$\gamma(\rho) \approx \tan\gamma(\rho) = \frac{\overline{cc'}}{ac} = \frac{\rho\,d\varphi}{dx} = \rho\,\frac{d\varphi}{dx} \tag{a}$$

式中，$\dfrac{d\varphi}{dx}$ 称为单位长度相对扭转角。对于给定的横截面，$\dfrac{d\varphi}{dx}$ 为常量，因此式（a）表明：圆轴扭转时，其横截面上任意点处的剪应变与该点至截面中心之间的距离成正比，即切应变沿半径方向线性分布。

5.2.3 物理关系

将式（a）代入式（5-2）中，得到

$$\tau_\rho = G\gamma(\rho) = G\,\frac{d\varphi}{dx}\rho \tag{b}$$

上式表明，横截面上各点的切应力与该点到横截面中心的距离成正比，即切应力沿横截面的半径呈线性分布。由于切应变发生在垂直于半径的平面内，因此切应力 τ_ρ 也与半径垂直，且圆截面上任一微面积 dA 上的切应力对 O 点矩的转向与横截面上的扭矩转向相一致。据此绘出切应力沿半径方向的分布，如图 5-7（a）所示。

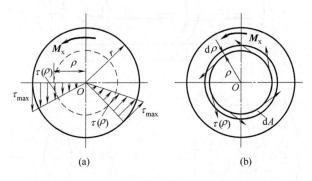

图 5-7　圆轴扭转时横截面上的切应力分布

由于式（b）中 $\dfrac{d\varphi}{dx}$ 未求出，因此用式（b）仍不能求出横截面上任一点的切应力，故需进一步考虑静力平衡关系。

5.2.4 静力学关系

圆轴扭转时，横截面上的切应力形成一具有极对称性的分布力系 [图 5-7 (b)]，将这一力系向截面形心简化，主矢为零，主矩即为圆截面上的扭矩 M_x。于是有

$$\int_A \rho [\tau(\rho) dA] = M_x \tag{c}$$

将式 (b) 代入式 (c)，积分得

$$\frac{d\varphi}{dx} = \frac{M_x}{GI_p} \tag{5-4}$$

式中，

$$I_p = \int_A \rho^2 dA \tag{5-5}$$

为圆截面对圆心的极惯性矩。由式 (5-4) 可知，GI_p 值越大，杆件单位长度的相对扭转角就越小；反之，GI_p 越小，杆件单位长度的相对扭转角就越大，说明 GI_p 的值反映了圆轴抵抗扭转变形的能力，称为圆轴的扭转刚度。

将式 (5-4) 代入式 (b) 中，得到

$$\tau(\rho) = \frac{M_x \rho}{I_p} \tag{5-6}$$

这就是圆轴扭转时横截面上任意点的切应力表达式。M_x 为所求切应力所在横截面的扭矩值，可由力系简化法或截面法求得。

对于直径为 d 的实心截面圆轴，有

$$I_p = \frac{\pi d^4}{32} \tag{5-7}$$

对于内、外直径分别为 d、D 的空心截面圆轴，有

$$I_p = \frac{\pi D^4}{32}(1 - \alpha^4), \alpha = \frac{d}{D} \tag{5-8}$$

由圆轴扭转切应力公式 (5-6) 可知，最大切应力发生在横截面边缘上各点，其值由下式确定。

$$\tau_{max} = \frac{M_x \rho_{max}}{I_p} = \frac{M_x}{W_p} \tag{5-9}$$

式中，

$$W_p = \frac{I_p}{\rho_{max}} \tag{5-10}$$

称为抗扭截面系数。

对于直径为 d 的实心圆截面

$$W_p = \frac{\pi d^3}{16} \tag{5-11}$$

对于内、外直径分别为 d、D 的空心截面圆轴

$$W_p = \frac{\pi D^3}{16}(1 - \alpha^4), \alpha = \frac{d}{D} \tag{5-12}$$

【例题 5-1】 直径 $D = 60mm$ 的圆轴，受到扭矩 $M_x = 3kN \cdot m$ 的作用。试求：

①轴横截面上的最大切应力；②横截面上半径 $r=15\text{mm}$ 处的切应力。

解：① 计算圆轴横截面上最大切应力

$$\tau_{\max}=\frac{M_{\text{x}}}{W_{\text{p}}}=\frac{16M_{\text{x}}}{\pi D^3}=\frac{16\times3\times10^3}{3.14\times60^3\times10^{-9}}=70.77\times10^6(\text{Pa})=70.77\text{MPa}$$

② 横截面上 $r=15\text{mm}$ 处的切应力

$$\tau=\frac{M_{\text{x}}\rho}{I_{\text{p}}}=\frac{32\times3\times10^3\times15\times10^{-3}}{3.14\times60^4\times10^{-12}}=35.39\times10^6(\text{Pa})=35.39\text{MPa}$$

【例题 5-2】 如图 5-8 所示，圆轴 AB 的 AC 段为空心，CB 段为实心。已知 $D=3\text{cm}$，$d=2\text{cm}$；圆轴传递的功率 $P=5\text{kW}$，转速 $n=240\text{r/min}$。试分别求出 AC 段、CB 段的最大与最小切应力。

解：① 计算圆轴所受的外力偶矩为

$$M_{\text{e}}\approx9549\frac{P}{n}=9549\times\frac{5}{240}\text{N}\cdot\text{m}=198.9\text{N}\cdot\text{m}$$

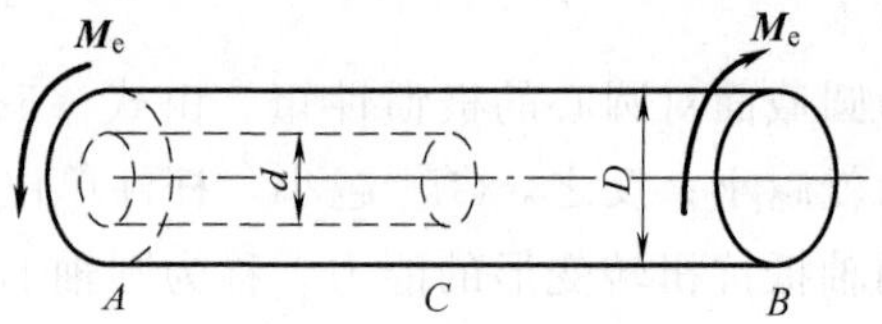

由力系简化法，求得扭矩

$$M_{\text{x}}=M_{\text{e}}=198.9\text{N}\cdot\text{m}$$

图 5-8 例题 5-2 图

② 计算 AC 段切应力。

AC 段为空心圆截面，截面的极惯性矩

$$I_{\text{p1}}=\frac{\pi}{32}(D^4-d^4)=\frac{\pi}{32}(3^4-2^4)\text{cm}^4=6.38\text{cm}^4=6.38\times10^{-8}\text{m}^4$$

则最大与最小切应力分别为

$$\tau_{\max}^{\text{AC}}=\frac{M_{\text{x}}}{I_{\text{p1}}}\times\frac{D}{2}=\frac{198.9}{6.38\times10^{-8}}\times\frac{3\times10^{-2}}{2}\text{Pa}=46.8\times10^6\text{Pa}=46.8\text{MPa}$$

$$\tau_{\min}^{\text{AC}}=\frac{M_{\text{x}}}{I_{\text{p1}}}\times\frac{d}{2}=\frac{198.9}{6.38\times10^{-8}}\times\frac{2\times10^{-2}}{2}\text{Pa}=31.2\times10^6\text{Pa}=31.2\text{MPa}$$

③ 计算 CB 段切应力。

CB 段为实心圆截面，截面的极惯性矩

$$I_{\text{p2}}=\frac{\pi D^4}{32}=\frac{\pi\times3^4}{32}\text{cm}^4=7.95\text{cm}^4=7.95\times10^{-8}\text{m}^4$$

则最大与最小切应力分别为

$$\tau_{\max}^{\text{CB}}=\frac{M_{\text{x}}}{I_{\text{p2}}}\times\frac{D}{2}=\frac{198.9}{7.95\times10^{-8}}\times\frac{3\times10^{-2}}{2}\text{Pa}=37.5\times10^6\text{Pa}=37.5\text{MPa}$$

$$\tau_{\min}^{\text{CB}}=0\text{MPa}$$

④ 小结。

上述计算结果表明，在空心圆截面（AC 段）内壁，切应力不为零。

5.3 圆轴扭转时的强度设计

5.3.1 扭转破坏现象与扭转失效判据

对于低碳钢等韧性材料，试件受扭时与拉伸时类似，先发生屈服，在试件表面出现横向与纵向滑移线，如图 5-9（a）所示；再发生沿横截面的剪断，断口较为光滑、平整，如图 5-9（b）所示。对于灰铸铁等脆性材料，试件扭转过程中没有明显的塑性阶段，往往直接在沿 45°螺旋面上断开，断口呈细小颗粒状，如图 5-9（c）所示。

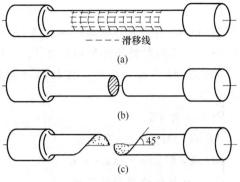

图 5-9　扭转破坏后的试样

受扭试件屈服或断裂时横截面上的切应力，可由实验测得，分别称为扭转屈服应力（记作 τ_s）和扭转强度极限（记作 τ_b）。对于韧性材料制成的圆轴，当轴横截面上的最大切应力达到材料的扭转屈服应力 τ_s 时，便认为轴发生失效；对于脆性材料制成的圆轴，当轴横截面上的最大切应力达到材料的扭转强度极限 τ_b 时，便认为轴发生失效。即

$$\tau_{max}=\tau_s（韧性材料）$$
$$\tau_{max}=\tau_b（脆性材料）$$

这就是扭转轴失效的判据。

5.3.2　圆轴扭转时的强度条件

工程设计中，为保证圆轴扭转时的强度安全，要求圆轴扭转时横截面上的最大切应力 τ_{max} 不得超过材料的许用扭转切应力 $[\tau]$，由此可得圆轴扭转时的强度条件为

$$\tau_{max}=\left(\frac{M_x}{W_p}\right)_{max}\leqslant[\tau] \tag{5-13}$$

对于等截面圆轴，则上式可表达为

$$\tau_{max}=\frac{M_{xmax}}{W_p}\leqslant[\tau] \tag{5-14}$$

许用切应力 $[\tau]$ 的取值如下：
对于脆性材料，有

$$[\tau]=\frac{\tau_b}{n_b} \tag{5-15}$$

对于韧性材料，有

$$[\tau]=\frac{\tau_s}{n_s} \tag{5-16}$$

理论和实验研究表明，许用切应力与许用正应力之间存在以下关系：
对于脆性材料，有

$$[\tau]=(0.8～1.0)[\sigma_t]$$

对于韧性材料，有

$$[\tau]=(0.5～0.577)[\sigma]$$

式中，$[\sigma_t]$ 为脆性材料的许用拉应力。

【例题 5-3】 图 5-10（a）所示的阶梯圆轴，AB 段的直径 $d_1 = 120\text{mm}$，BC 段的直径 $d_2 = 100\text{mm}$。作用在轴段上的扭转力偶矩为 $M_{eA} = 22\text{kN·m}$，$M_{eB} = 36\text{kN·m}$，$M_{eC} = 14\text{kN·m}$。已知材料的许用切应力 $[\tau] = 80\text{MPa}$，试校核该轴的强度。

解：① 根据已知条件，作轴的扭矩图如图 5-10（b）所示。

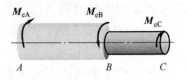

(a)

由扭矩图可知

AB 段：$M_{x1} = 22\text{kN·m}$

BC 段：$M_{x2} = -14\text{kN·m}$

② 分别校核两段轴的强度。

$$\tau_{1\max} = \frac{M_{x1}}{W_{p1}} = \frac{M_{x1}}{\pi d_1^3 / 16} = \frac{22 \times 10^3}{\pi \times 0.12^3 / 16}\text{Pa}$$
$$= 64.84\text{MPa} < [\tau]$$

$$\tau_{2\max} = \frac{M_{x2}}{W_{p2}} = \frac{M_{x2}}{\pi d_2^3 / 16} = \frac{14 \times 10^3}{\pi \times 0.1^3 / 16}\text{Pa}$$
$$= 71.3\text{MPa} < [\tau]$$

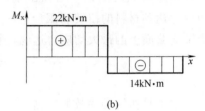

(b)

图 5-10 例题 5-3 图

因此，该轴满足强度要求。

【例题 5-4】 由无缝钢管制成的汽车传动轴 AB（图 5-11），外径 $D = 90\text{mm}$，内径 $d = 85\text{mm}$，材料为 45 钢。使用时的最大扭矩为 $M_{x\max} = 1.2\text{kN·m}$。若材料的许用切应力 $[\tau] = 60\text{MPa}$，试校核 AB 轴的扭转强度。

解：（1）计算传动轴 AB 的抗扭截面系数

$$\alpha = \frac{d}{D} = \frac{85}{90} = 0.944$$

$$W_p = \frac{\pi D^3}{16}(1 - \alpha^4) = \frac{\pi \times 90^3}{16}(1 - 0.944^4)$$
$$= 29400(\text{mm}^3)$$

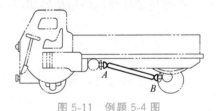

图 5-11 例题 5-4 图

（2）校核 AB 轴的扭转强度

$$\tau_{\max} = \frac{M_{x\max}}{W_p} = \frac{1200}{29400 \times 10^{-9}}\text{Pa} = 41 \times 10^6\text{Pa} = 41\text{MPa} < [\tau]$$

AB 轴满足强度条件，故安全。

【例题 5-5】 如果把例题 5-4 中的传动轴 AB 改为实心轴（图 5-12），要求它与原来的空心轴强度相同，试确定其直径，并比较实心轴和空心轴的重量。

解：（1）确定实心轴的直径

欲使两种情况下强度相同，在扭矩一定的情况下，需使两种情况下的抗扭截面系数相等，即有

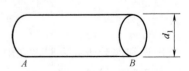

图 5-12 例题 5-5 图

$$W_{p1} = \frac{\pi d_1^3}{16} = 29400(\text{mm}^3)$$

$$d_1 = \sqrt[3]{\frac{29400 \times 16}{\pi}} = 53.1(\text{mm}) = 0.0531\text{m}$$

（2）比较实心轴和空心轴的重量

两轴长度相等，在材料相同的情况下，两轴重量之比等于横截面面积之比。

实心轴横截面面积为

$$A_1 = \frac{\pi d_1^2}{4} = \frac{\pi \times 0.0531^2}{4} = 22.2 \times 10^{-4}(\text{m}^2)$$

例题 5-4 中空心轴的横截面面积为

$$A = \frac{\pi}{4}(D^2 - d^2) = \frac{\pi}{4}(90^2 - 85^2) \times 10^{-6} = 6.87 \times 10^{-4}(\text{m}^2)$$

则

$$\frac{A}{A_1} = \frac{6.87}{22.2} = 0.31$$

上述计算结果表明，在载荷相同、等强度的条件下，采用空心截面，不仅可以节省材料，而且还可减轻杆件自重。这是因为横截面上的切应力沿半径按线性规律分布，圆心附近的扭转切应力很小，材料没有充分发挥作用。工程上，通常把圆心附近的材料向边缘移置，使其成为空心轴，这样可以增大抗扭截面系数 W_p，提高轴的强度。此时需注意，空心轴的壁厚不能过薄，否则在轴发生扭转强度破坏之前，可能先发生局部的皱褶破坏。

5.4* 非圆截面杆件扭转简介

5.4.1 非圆截面杆和圆截面杆扭转时的区别

在工程实际中，除常见的圆形截面杆件外，也会遇到一些非圆截面的杆件。试验表明，非圆截面（如三角形、矩形、菱形、椭圆形等）杆件扭转后，横截面不再保持为平面，而是变为曲面［如图 5-13（b）所示为矩形截面杆件受扭后变形的情形］，这一现象称为翘曲。由于非圆截面扭转时发生了翘曲，因此，对于非圆截面杆的扭转，平面假设不再成立。故前面导出的圆轴扭转切应力公式、变形公式对非圆截面杆不再适用。

非圆截面杆的扭转可分为自由扭转和约束扭转。自由扭转时，杆件横截面的翘曲不会引起相互的限制或约束，横截面的翘曲程度完全相同，纵向纤维长度无变化，故横截面上没有正应力，只有切应力。图 5-14（a）为工字形截面杆件的自由扭转。反之，若杆件横截面上的翘曲受到相互约束（或限制），导致横截面上不但有切应力，还有正应力，这种情况就属于约束扭转。图 5-14（b）所示为工字形截面杆件的约束扭转。

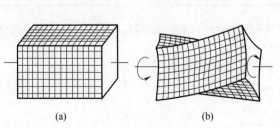

图 5-13 矩形截面杆扭转时的翘曲变形

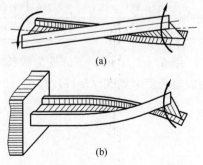

图 5-14 杆件的自由扭转和约束扭转

相关研究表明，对于实心截面杆件，约束扭转产生的正应力一般很小，可忽略不计。但对于薄壁截面杆件（如工字钢），约束扭转引起的正应力较大，必须加以分析考虑。本节主要介绍矩形截面杆件和薄壁截面杆件自由扭转时，横截面上切应力和扭转变形的主要结论。

5.4.2 矩形截面杆件的自由扭转

由于矩形截面杆件表面无切应力存在，根据切应力互等定理，可知矩形截面杆自由扭转时，横截面上的切应力分布有以下特点（图 5-15）：

① 横截面边缘各点处的切应力平行于截面周边；

② 截面四个角点处的切应力等于零。

利用弹性力学理论，还能得到以下结论：

① 截面内最大切应力 τ_{max} 发生在截面长边的中点处，其计算式为

$$\tau_{max} = \frac{M_x}{\alpha h b^2} \tag{5-17}$$

② 截面短边上的最大切应力 τ_1 发生在短边中点处，其计算式为

$$\tau_1 = \nu \tau_{max} \tag{5-18}$$

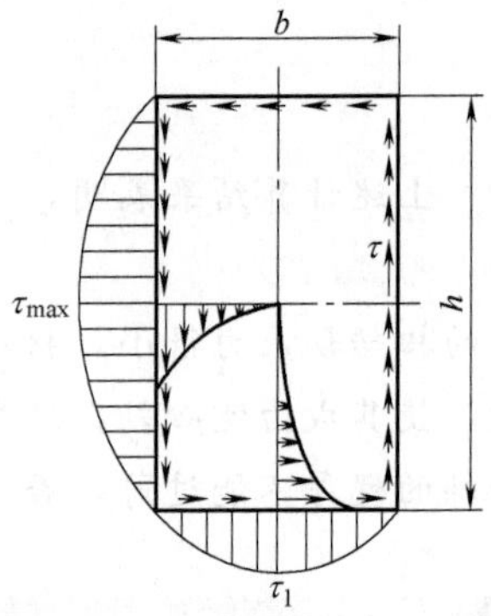

式中，h、b 分别为矩形截面长、短边长度；α、ν 为与比值 h/b 有关的常数，可通过查表 5-1 获得。

③ 矩形截面杆自由扭转时，杆的两个端面之间的相对扭转角为

$$\varphi = \frac{M_x l}{G\beta h b^3} \tag{5-19}$$

除以杆长 l，即为单位长度扭转角：

$$\varphi' = \frac{M_x}{G\beta h b^3} \tag{5-20}$$

图 5-15 矩形截面杆扭转时横截面上的切应力分布

上式的 β 也是与比值 h/b 有关的常数，α、β、ν 一并在表 5-1 中列出。

表 5-1 若干 h/b 值下的 α、β、ν 取值

h/b	1.0	1.2	1.5	2.0	2.5	3.0	4.0	6.0	8.0	10.0	∞
α	0.208	0.219	0.231	0.246	0.258	0.267	0.282	0.299	0.307	0.313	0.333
β	0.141	0.166	0.196	0.229	0.249	0.263	0.281	0.299	0.307	0.313	0.333
ν	1.000	0.930	0.858	0.796	0.767	0.753	0.745	0.743	0.743	0.743	0.743

当 $h/b > 10$ 时，截面变为狭长矩形，此时 $\alpha = \beta \approx 1/3$（表 5-1）。若以 t 表示狭长矩形的短边长度，则式（5-17）和式（5-20）可写为

$$\tau_{max} = \frac{M_x}{W_t} \tag{5-21}$$

$$\varphi' = \frac{M_x}{GI_t} \tag{5-22}$$

上述公式形式上与圆截面扭转时的最大切应力公式和相对扭转角的计算公式相似,只是,对于狭长矩形截面杆,$W_t = \frac{1}{3}ht^2$,$I_t = \frac{1}{3}ht^3$,GI_t 称为杆件的抗扭刚度。

在狭长矩形截面上,扭转切应力的变化规律如图 5-16 所示。此时,长边上的最大切应力变化不大,趋于均匀,而在靠近短边处迅速衰减至零。

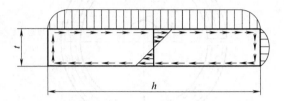

图 5-16 狭长矩形截面上的扭转切应力分析

5.4.3 开口薄壁杆件的自由扭转

开口薄壁杆件的截面可以看成是由若干个狭长矩形组成,当杆件受扭时,横截面上的切应力分布规律与狭长矩形截面杆的相似,切应力沿截面周边形成“环流”。如图 5-17 所示,为常见的薄壁截面如槽钢、工字钢截面上的切应力分布。

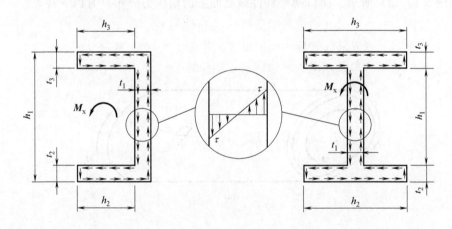

图 5-17 开口薄壁杆件截面上的切应力分布

此时,杆件横截面上最大切应力和单位长度的扭转角可用下列公式计算:

$$\tau_{max} = \frac{M_x t_{max}}{I_t} \tag{5-23}$$

$$\varphi' = \frac{M_x}{GI_t} \tag{5-24}$$

式中,$I_t = \eta \sum \frac{1}{3}h_i t_i^3$,$h_i$ 和 t_i 是第 i 个狭长矩形的长度和宽度,见图 5-17;η 是考虑各狭长矩形连接处有圆角,对提高扭转刚度有利而引入的修正系数,对角钢,$\eta = 1$,对槽钢,$\eta = 1.12$,对工字钢,$\eta = 1.2$;t_{max} 是所有狭长矩形中最大的宽度,τ_{max} 就发生在这个矩形的长边处;M_x 是截面上的扭矩;G 是材料的剪切弹性模量。

中线（即各壁厚中点的连线）为曲线的开口薄壁杆件（图 5-18），计算时可将截面拉直，作为狭长矩形截面处理。

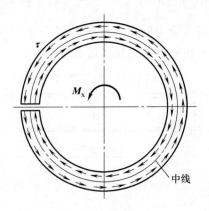

图 5-18　中性为曲线的开口薄壁杆件的切应力分布

5.4.4　闭口薄壁杆件的自由扭转

闭口薄壁杆件有许多种，这里只介绍横截面是由内外两个边界构成的单孔管状杆件的情况，如图 5-19（a）所示。闭口薄壁杆件横截面上的切应力分布具有以下特点：

① 薄壁截面上的切应力在边界处沿边界切线方向；

② 由于壁很薄，可以认为切应力沿厚度方向均匀分布；

③ 无论壁厚是否均匀，切应力与厚度的乘积都等于常数。

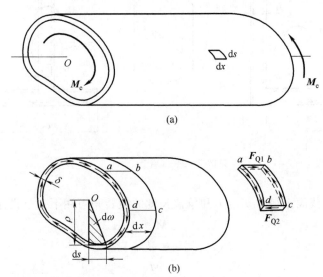

图 5-19　闭口薄壁杆件受扭时横截面上的切应力分布

关于第 1 个特点，利用切应力互等定理，可以很容易得到证明。至于第 3 个特点，可以利用微元的平衡条件得出，具体证明过程如下：

如图 5-19（b）所示，用相距为 dx 的两个横截面和两个任意纵向截面从杆件中切出

一微元体 $abcd$。设横截面在 a 点的厚度为 δ_1，切应力为 τ_1；在 d 点则分别是 δ_2 和 τ_2。根据切应力互等定理，在纵向面 ab 和 cd 上的剪力分别为

$$F_{Q1}=\tau_1\delta_1\mathrm{d}x\,,F_{Q2}=\tau_2\delta_2\mathrm{d}x$$

自由扭转时，bc 和 ad 两个横截面上无正应力，因此由微元体 $abcd$ 轴线方向力的平衡条件可得

$$F_{Q1}=F_{Q2}$$

联立求出

$$\tau_1\delta_1=\tau_2\delta_2$$

图 5-19（b）中 a 和 d 是横截面外侧周线上的任意两点，这说明在横截面上的任意点处，切应力与壁厚的乘积是个常量。即

$$\tau\delta=常量 \tag{5-25}$$

将横截面上由切应力构成的分布力系向 O 点简化，其主矩即为横截面上的扭矩 $\boldsymbol{M}_\mathrm{x}$。自由扭转时，由截面法易知 M_x 等于外力偶矩 M_e，即有

$$M_\mathrm{e}=M_\mathrm{x}=\int_s\tau\delta\mathrm{d}s\cdot\rho=\tau\delta\int_s\rho\mathrm{d}s$$

式中，ρ 是从 O 点到截面中线的切线距离，$\rho\mathrm{d}s$ 等于图 5-19（b）中阴影三角形面积 $\mathrm{d}\omega$ 的两倍，故 $\int_s\rho\mathrm{d}s$ 就是截面中线所围面积 ω 的两倍，即

$$M_\mathrm{x}=2\tau\delta\omega$$

则横截面上任意一点处的切应力为

$$\tau=\frac{M_\mathrm{x}}{2\omega\delta}或\tau=\frac{M_\mathrm{e}}{2\omega\delta} \tag{5-26}$$

考虑到式（5-25），易知在 δ 最小处，切应力取极大值，即

$$\tau_{\max}=\frac{M_\mathrm{x}}{2\omega\delta_{\min}}或\tau_{\max}=\frac{M_\mathrm{e}}{2\omega\delta_{\min}} \tag{5-27}$$

【例题 5-6】 截面为圆环形的开口和闭口薄壁杆件如图 5-20 所示，设两杆具有相同的平均直径 r 和壁厚 δ，试比较两者的扭转强度。

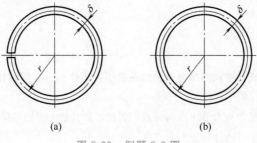

(a)　　　　　(b)

图 5-20 · 例题 5-6 图

解：根据题意，先计算在相同扭矩 $\boldsymbol{M}_\mathrm{x}$ 作用下，两者横截面上的最大切应力。

（1）开口圆环上的最大切应力

计算开口圆环上的切应力时，将环形展直，当作狭长矩形看待。这时矩形的长边为 $h=2\pi r$，宽就是壁厚 δ。于是最大切应力为

$$\tau_a = \frac{M_x}{\frac{1}{3}h\delta^2}$$

（2）闭口圆环上的最大切应力

由式（5-26）可得

$$\tau_b = \frac{M_x}{2\omega\delta} = \frac{M_x}{2\pi r^2 \delta}$$

闭口圆环薄壁杆件也可视为一空心圆轴，采用式（5-9）计算最大切应力。此时因为壁很薄（δ 很小），故 $I_p \approx 2\pi r\delta r^2$，$W_p = I_p/r \approx 2\pi r^2 \delta$；代入式（5-9），可得

$$\tau_b = \frac{M_x}{W_p} = \frac{M_x}{2\pi r^2 \delta}$$

这一结果与使用式（5-26）得到的结果一样。

（3）比较

在扭矩大小和长度相同的情况下，二者截面上的最大切应力之比为

$$\frac{\tau_a}{\tau_b} = 3\left(\frac{r}{\delta}\right)$$

由于 r 远大于 δ，故 τ_a 远大于 τ_b，说明在相同情况下，开口圆环薄壁杆的扭转强度远低于闭口薄壁圆杆的扭转强度。

 复习思考题

5-1　试说明剪应变、纯剪、剪应力互等定理和剪切胡克定律。

5-2　建立圆轴扭转切应力公式的基本假设是什么？它们在建立公式时起何作用？当切应力超过剪切比例极限时，该公式是否仍成立？

5-3　圆轴扭转切应力在横截面上是怎样分布的？全轴的最大切应力发生在何处？怎样确定横截面上切应力的方向？

5-4　扭转圆轴的强度条件是什么？如何确定材料的许用扭转切应力？

5-5　何谓抗扭截面系数？一根内径为 d、外径为 D 的空心圆轴，试判断下列表达式是否正确。

① $I_p = \frac{\pi D^4}{32} - \frac{\pi d^4}{32}$；

② $W_t = \frac{\pi D^3}{16} - \frac{\pi d^3}{16}$。

5-6　试从力学角度分析，在相同截面面积的条件下，为什么空心圆轴比实心圆轴合理？空心圆轴的壁厚是否愈薄愈好？

5-7　矩形截面杆的扭转切应力分布有何特点？如何计算其最大扭转切应力？

5-8　矩形截面杆与圆形截面杆在扭转时有何不同？

 习　题

5-1　关于扭转切应力公式 $\tau(\rho) = \frac{M_x \rho}{I_p}$ 的应用范围，有以下几种答案，请判断哪一种是正确的。

A. 等截面圆轴，弹性范围内加载

B. 等截面圆轴

C. 等截面圆轴与椭圆轴

D. 等截面圆轴与椭圆轴，弹性范围内加载

正确答案是_____。

5-2　两根长度相等、直径不等的圆轴受扭后，轴表面上母线转过相同的角度。设直径大的轴和直径小的轴横截面上的最大切应力分别为 $\tau_{1\max}$ 和 $\tau_{2\max}$，材料的切变模量分别 G_1 和 G_2。关于 $\tau_{1\max}$ 和 $\tau_{2\max}$ 的大小，有下列四种结论，请判断哪一种是正确的。

A. $\tau_{1\max} > \tau_{2\max}$

B. $\tau_{1\max} < \tau_{2\max}$

C. 若 $G_1 > G_2$，则 $\tau_{1\max} > \tau_{2\max}$

D. 若 $G_1 < G_2$，则 $\tau_{1\max} < \tau_{2\max}$

正确答案是_____。

5-3　长度相等的直径为 d_1 的实心圆轴与内、外直径分别为 d_2、D_2（$\alpha = d_2/D_2$）的空心圆轴，二者横截面上的最大切应力相等。关于二者重力之比（W_1/W_2）有如下四种结论，请判断哪一种是正确的。

A. $(1-\alpha^4)^{\frac{3}{2}}$

B. $(1-\alpha^4)^{\frac{3}{2}}(1-\alpha^2)$

C. $(1-\alpha^4)^{\frac{2}{3}}(1-\alpha^2)$

D. $(1-\alpha^4)^{\frac{2}{3}}/(1-\alpha^2)$

正确答案是_____。

5-4　根据____可得出结论：矩形截面杆受扭时，横截面上边缘各点的切应力必平行于截面周边，角点处切应力为零。

A. 平面假设

B. 切应力互等定理

C. 各向同性假设

D. 剪切胡克定律

5-5　如图 5-21 所示，空心圆轴的外径 $D=60$mm，内径 $d=30$mm，所受扭矩 $M_x=1$kN·m，试计算横截面上 $\rho_A=20$mm 的 A 点处的扭转切应力 τ_A，以及横截面上的最大与最小扭转切应力。

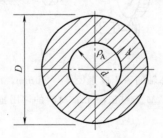

图 5-21　习题 5-5 图

5-6　现欲以一内、外径比 $\alpha=0.6$ 的空心圆轴来代替一直径为 300mm 的实心圆轴。若两轴的受力、长度、许用扭转切应力均相同，试确定空心圆轴的内、外径，并计算两轴的重量比。

5-7 图 5-22 所示的空心圆轴，外径 $D=100\mathrm{mm}$，内径 $d=60\mathrm{mm}$，$l=600\mathrm{mm}$；外力偶 $M_1=8\mathrm{kN} \cdot$ m，$M_2=2\mathrm{kN} \cdot$ m，材料的 $G=80\mathrm{GPa}$。试求：①轴的最大切应力；②C 截面对 A 截面、B 截面的相对扭转角。

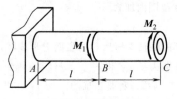

图 5-22 习题 5-7 图

5-8 图 5-23 所示的实心圆轴承受外加扭转力偶，其力偶矩 $M_e=2\mathrm{kN} \cdot$ m。试求：

① 轴横截面上的最大切应力；

② 轴横截面上半径 $r=15\mathrm{mm}$ 以内部分承受的扭矩占全部横截面上扭矩的百分比；

③ 去掉 $r=15\mathrm{mm}$ 以内部分，横截面上最大切应力增加的百分比。

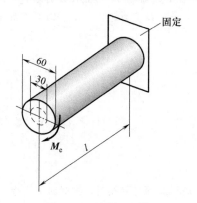

图 5-23 习题 5-8 图

5-9 图 5-24 所示传动轴的直径为 $50\mathrm{mm}$，额定转速为 $360\mathrm{r/min}$，电动机通过 A 轮输入 $120\mathrm{kW}$ 的功率，由 B、C 和 D 轮分别输出 $54\mathrm{kW}$、$30\mathrm{kW}$ 和 $36\mathrm{kW}$ 功率以带动其他部件。已知材料的许用扭转切应力 $[\tau]=80\mathrm{MPa}$。试校核该传动轴的强度。

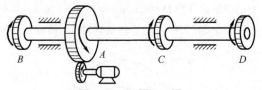

图 5-24 习题 5-9 图

5-10 如图 5-25 所示，已知阶梯轴的 AB 段直径 $d_1=90\mathrm{mm}$，BC 段直径 $d_2=70\mathrm{mm}$；所受外力偶矩 $M_{eA}=7\mathrm{kN} \cdot$ m，$M_{eB}=12\mathrm{kN} \cdot$ m，$M_{eC}=5\mathrm{kN} \cdot$ m；材料的许用扭转切应力 $[\tau]=80\mathrm{MPa}$。试校核该轴的强度。

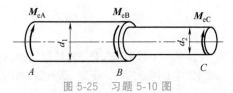

图 5-25 习题 5-10 图

5-11 某传动轴如图 5-26 所示，已知 $M_{eA}=1200\text{N·m}$，$M_{eB}=M_{eC}=350\text{N·m}$，$M_{eD}=500\text{N·m}$。①作出轴的扭矩图，并确定轴的最大扭矩；②若材料的许用扭转切应力 $[\tau]=80\text{MPa}$，试确定轴的直径 d；③若将轮 A 与轮 D 的位置对调，试问是否合理？为什么？

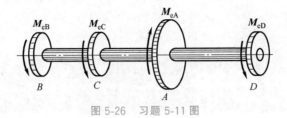

图 5-26 习题 5-11 图

5-12 如图 5-27 所示开口和闭口薄壁圆管横截面的平均直径均为 D，壁厚均为 δ，横截面上的扭矩均为 M_e。试：

① 证明闭口圆管受扭时横截面上的最大切应力

$$\tau_{max} \approx \frac{2M_e}{\delta \pi D^2}$$

② 证明开口圆管受扭时横截面上的最大切应力

$$\tau_{max} \approx \frac{3M_e}{\delta^2 \pi D}$$

③ 画出两种情形下，沿壁厚方向的切应力分布。

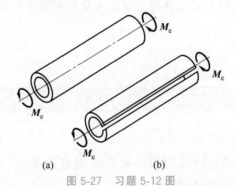

(a)　　　　　(b)

图 5-27 习题 5-12 图

第 6 章

弯曲应力分析

📖 学习导语

　　工程中主要承受弯曲变形的杆件称为梁。梁是机械、建筑结构中重要的承载构件。本章，我们将对构件中由弯矩引起的正应力和由剪力引起的切应力进行分析，以获得横截面上应力的计算公式及其在横截面上的分布情况。弯曲正应力的公式推导与扭转切应力公式的推导过程类似，需要综合考虑变形几何关系、物理方程和静力平衡条件三个方面；剪力引起的切应力公式的获得，则需利用前面的弯曲正应力公式和构件的局部平衡方程进行分析。在本章的最后，还将探讨弯曲正应力与切应力对细长梁强度的影响以及提高梁强度的措施。

6.1 梁弯曲时的基本概念

（1）对称面

梁的横截面具有对称轴，所有相同的对称轴组成的平面，称为梁的对称面。例如图 6-1 所示为某矩形截面梁的纵向对称面。

（2）主轴平面

由第 4 章关于截面的几何性质可知，任何一个截面都有形心主轴。对于等直梁而言，所有相同的形心主轴组成的平面，称为梁的主轴平面。图 6-1 中，对称轴亦是形心主轴，故图中纵向对称面亦是主轴平面。

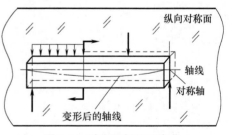

图 6-1　对称面与平面弯曲

（3）平面弯曲

当所有外力（包括力偶）都作用于梁的同一主轴平面内时，变形后的梁轴线依然位于这一平面，如图 6-1 所示。这种弯曲称为平面弯曲。

（4）纯弯曲与横力弯曲

如图 6-2（a）所示的简支梁 AB，在梁的纵向对称面 C、D 点处分别作用集中力 $\boldsymbol{F}_{\mathrm{P}}$。其剪力图和弯矩图如图 6-2（b）、（c）所示。从图中可以看出，对 CD 段，梁横截面上的弯矩为常量，剪力为零，这种情况称为纯弯曲。纯弯曲时，由于梁横截面上只有弯矩，因此横截面上只有由弯矩引起的垂直于横截面的正应力。对 AC 段和 DB 段，梁横截面上既有弯矩又有剪力，这种情况称为横力弯曲。此时梁横截面上既有由弯矩引起的正应力，又有由剪力引起的平行于横截面的切应力。

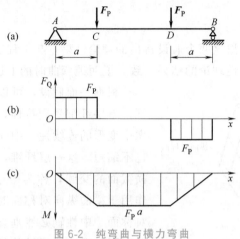

图 6-2　纯弯曲与横力弯曲

6.2　纯弯曲时梁横截面上的正应力分析

分析梁横截面上的正应力从纯弯曲开始。此时，横截面上只有正应力，没有切应力，使分析目标明确，过程简化。

6.2.1　纯弯曲实验与假设

实验时，取一矩形截面梁，为方便观察梁的变形情况，在梁上作与轴线垂直的横向线 mm 和 nn 及与轴线平行的纵向线 aa 和 bb，如图 6-3（a）所示。然后，在梁的纵向对称面上作用一对大小相等、方向相反的力偶，如图 6-3（b）所示。

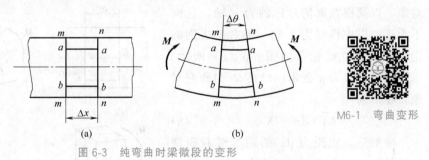

M6-1　弯曲变形

图 6-3　纯弯曲时梁微段的变形

通过观察变形后的纵向线和横向线，可得以下结论：

① 对于纵向线，各纵向线段弯成弧线，且靠近顶端的纵向线缩短，靠近底端的纵向线段伸长。

② 对于横向线，各横向线仍保持为直线，相对转过了一个角度，仍与变形后的纵向弧线垂直。

085

由于矩形截面梁是不透明的，我们只能看到杆件表面的变形情况，那么，纯弯曲时，梁内部的变形是怎样的呢？通过所观察到的实验杆件表面现象，由表及里，对梁的纯弯曲提出以下两个假设：

① 平面假设：变形前为平面的横截面变形后仍保持为平面且垂直于变形后的梁轴线；

② 单向受力假设：假想梁是由无数纵向纤维组成的，则各纵向纤维之间没有相互拉离和挤压的作用，只有沿轴向上的拉伸和压缩。

长期的实践表明，根据这两个假设得出的理论结果，与工程实际情况相符。尤其是纯弯曲情况下，其结果与弹性理论的结果一致，说明纯弯曲时的上述假设是合理的。

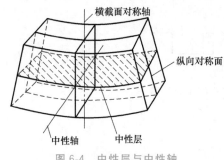

图 6-4 中性层与中性轴

根据平面假设，可以预见，梁在正弯矩作用下，下层纤维受到拉伸，上层纤维受到压缩，考虑梁变形的连续性，中间必有一层纤维既不伸长也不缩短，这一层纤维，称为中性层。中性层与横截面的交线，称为中性轴（图 6-4）。当外力偶作用于梁的纵向对称面时，梁的变形对称于纵向对称面，中性轴必然垂直于纵向对称面。由于弯曲变形，梁一侧纤维伸长，一侧纤维缩短，横截面为保持平面，必然形成绕中性轴的转动，从而使变形后的横截面依然垂直于梁轴线。

6.2.2 纯弯曲时弯曲正应力公式的推导

与研究扭转切应力类似，也从考虑几何、物理和平衡三方面关系入手，研究纯弯曲时的正应力。

（1）变形几何关系

从梁中取出一段长为 $\mathrm{d}x$ 的微段来进行分析，弯曲变形前和变形后的梁段分别见图 6-5（a）和（b）。为进一步明确分析对象，以梁横截面的对称轴为 y 轴，且向下为正；以中性轴为 z 轴；由右手法则确定 x 轴，建立坐标系如图 6-5（c）所示。以距离中性层为 y 的纵向纤维 bb 为研究对象，变形前

$$\overline{bb} = \mathrm{d}x = \overline{OO} \qquad (a)$$

变形后，相距为 $\mathrm{d}x$ 的两个横截面绕中性轴转过一个角度，形成夹角 $\mathrm{d}\theta$，原来的直线 $\overline{bb}$ 变为弧线 $\widehat{b'b'}$。设变形后中性层的曲率半径为 ρ，由于变形时纵向纤维间无挤压，则

$$\widehat{b'b'} = (\rho + y)\mathrm{d}\theta \qquad (b)$$

又由于 $\overline{OO}$ 为中性层，故有

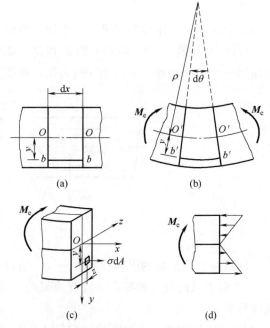

图 6-5 弯曲时距中性层为 y 的纤维上的变形与横截面上的正应力分布

$$\overline{OO}=\overset{\frown}{O'O'}=\rho d\theta \tag{c}$$

由式（a）～式（c），根据应变的定义，求得纤维 bb 的应变为

$$\varepsilon=\frac{(\rho+y)d\theta-\rho d\theta}{\rho d\theta}=\frac{y}{\rho} \tag{6-1}$$

梁弯曲变形完成后，形状一定，因此，对于给定的截面，曲率半径是一个与坐标无关的常数。因此，由上式可知，纵向纤维的应变与它到中性层的距离 y 成正比。

(2) 物理关系

根据纵向纤维单向受力假设，当正应力不超过材料的比例极限时，由胡克定律知

$$\sigma=E\varepsilon$$

将式（6-1）代入上式，得

$$\sigma=E\,\frac{y}{\rho} \tag{6-2}$$

式中，弹性模量 E 是与杆件材料有关的常数，中性层曲率半径对于给定的横截面，亦为常数，故横截面上任意点的正应力与正应变的分布规律相同，都与该点到中性轴的距离成正比。由式（6-2）可知，横截面正应力沿截面高度按直线规律变化，如图 6-5（d）所示。

尽管由式（6-2）能够清楚横截面上的正应力分布，但却并不能用于计算任一点的正应力，原因有两点：

① 尽管中性轴客观存在，但中性轴在横截面上的位置不明确，导致 y 坐标的起始位置不明确。

② 中性层的曲率半径虽为一常数，但这一常数值还有待进一步确定。

(3) 静力关系

为解决上述两个问题，需要进一步考虑取出的微段的静力平衡关系。

横截面上的微内力 σdA 组成垂直于横截面的空间平行力系［在图 6-5（c）中，只画出力系中的一个微内力 σdA］。将这一力系向坐标原点 O 简化，可得三个内力分量：

平行于 x 轴的轴力　　　　　$F_N=\int_A \sigma dA$

对 y 轴的力偶矩 M_y　　　　$M_y=\int_A z\sigma dA$

对 z 轴的力偶矩 M_z　　　　$M_z=\int_A y\sigma dA$

微段上作用的外力只有对 z 轴的力偶 M_e［图 6-5（c）］，故根据内力与外力的平衡条件有

$$\sum F_x=0,\quad F_N=\int_A \sigma dA=0 \tag{d}$$

$$\sum M_y=0,\quad M_y=\int_A z\sigma dA=0 \tag{e}$$

$$\sum M_z=0,\quad M_e=M_z=\int_A y\sigma dA \tag{f}$$

将式（6-2）代入式（d），得

$$\int_A \sigma dA=\frac{E}{\rho}\int_A y dA=0 \tag{g}$$

式中，$\dfrac{E}{\rho}$ 为常数，且不等于零。要使上式成立，必须使 $\displaystyle\int_A y\,dA = S_z = 0$，即横截面对 z 轴的静矩等于零。由静矩与形心之间的关系可知，z 轴（中性轴）必须通过截面形心。

将式（6-2）代入式（e），得

$$\int_A z\,dA = \frac{E}{\rho}\int_A yz\,dA = 0 \tag{h}$$

积分 $\displaystyle\int_A zy\,dA = I_{yz}$ 是横截面对 y 轴和 z 轴的惯性积，由于 y 轴是横截面的对称轴，$I_{yz} = 0$ 恒成立，式（h）自然满足。

将式（6-2）代入式（f），得

$$M_z = \int_A y\sigma\,dA = \frac{E}{\rho}\int_A y^2\,dA \tag{i}$$

积分 $\displaystyle\int_A y^2\,dA = I_z$ 是横截面对 z 轴（中性轴）的惯性矩，故式（i）可写成

$$\frac{1}{\rho} = \frac{M_z}{EI_z} \tag{6-3}$$

式中，$\dfrac{1}{\rho}$ 是梁轴线变形后的曲率，EI_z 越大，则曲率 $\dfrac{1}{\rho}$ 越小，弯曲变形越小；EI_z 反映了梁抵抗弯曲变形的能力，称为梁的抗弯刚度。

联立式（6-2）和式（6-3），消去 $\dfrac{1}{\rho}$，得

$$\sigma = \frac{M_z y}{I_z} \tag{6-4}$$

M6-2 纯弯曲梁
正应力电测装置

这就是纯弯曲时梁横截面上的正应力计算公式。

式（6-4）计算正应力时，一般先算其绝对值，然后根据所求应力点的拉压情况来判定正负号。具体过程如下：

① 确定所求应力所在横截面弯矩的实际方向；

② 确定中性轴的位置；

③ 明确上述横截面上的受拉区和受压区，如应力所在点受拉，则应力为正；反之，应力所在点受压，则应力为负。

需要指出的是，式（6-4）的推导与梁截面几何特性无关，但需外力作用在梁的纵向对称面。因此，公式适用于任意横截面有纵向对称面的梁，如圆形、工字形截面等。

6.2.3　最大正应力计算与抗弯截面系数

横截面上的最大正应力发生在离中性轴最远的点处，即

$$\sigma_{max} = \frac{M_z y_{max}}{I_z} = \frac{M_z}{W_z} \tag{6-5}$$

式中，$W_z = I_z / y_{max}$，称为抗弯截面系数，常用单位是 m^3 或 mm^3。

当中性轴为对称轴时，图 6-6（a）所示直径为 d 的圆截面

$$W_z = W_y = \pi d^3 / 32 \tag{6-6}$$

对图 6-6（b）所示外径为 D、内径为 d 的圆环截面

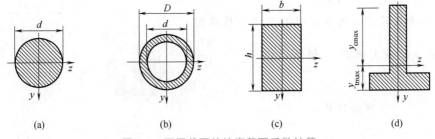

图 6-6　不同截面的抗弯截面系数计算

$$W_z = W_y = \frac{\pi D^3}{32}(1 - \alpha^4), \quad \alpha = \frac{d}{D} \tag{6-7}$$

对图 6-6（c）所示宽为 b、高为 h 的矩形截面

$$W_z = \frac{bh^2}{6} \tag{6-8}$$

当中性轴不为截面对称轴时，如图 6-6（d）所示的 T 形截面

$$W_{z1} = \frac{I_z}{y_{1max}} \quad W_{z2} = \frac{I_z}{y_{2max}} \tag{6-9}$$

【例题 6-1】　如图 6-7（a）所示的悬臂梁，其横截面为直径等于 200mm 的实心圆，试计算轴内横截面上的最大正应力。

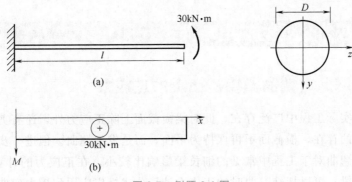

图 6-7　例题 6-1 图

分析：根据梁的受力情况，画梁的弯矩如图 6-7（b）所示。梁上弯矩为一常数，发生纯弯曲，可直接用式（6-5）计算最大正应力。

解：（1）计算 W_z

$$W_z = \frac{\pi D^3}{32} = \frac{\pi}{32} \times 200^3 \times 10^{-9} = 7.9 \times 10^{-4}(\text{m}^3)$$

（2）计算最大正应力

$$\sigma_{max} = \frac{M_z}{W_z} = \frac{30 \times 10^3}{7.9 \times 10^{-4}} = 38 \times 10^6(\text{Pa}) = 38\text{MPa}$$

【例题 6-2】　在相同载荷下，将上例中实心轴改为 σ_{max} 相等的空心轴，空心轴内外径比为 0.6。求空心轴和实心轴的重量比。

解：（1）确定空心轴尺寸

空心轴截面尺寸如图 6-8（b）所示。根据实心轴与空心轴最大正应力相等，由 $\sigma_{max}=\dfrac{M_z}{W_z}$ 可知

$$W_{z空}=W_{z实}$$

则

$$\frac{\pi D_1^3}{32}(1-0.6^4)=7.9\times10^{-4}\ (\text{m}^3)$$

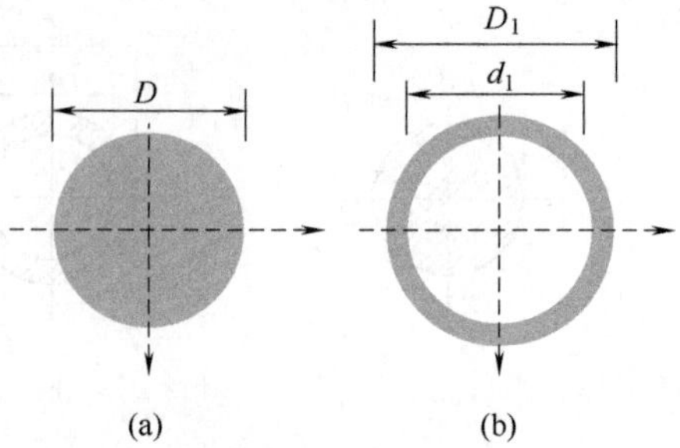

图 6-8　例题 6-2 图

解得

$$D_1=210\text{mm}$$

（2）比较两种情况下的重量比

两杆的材料、长度均相同，故两者重量之比等于两者的面积之比：

$$\frac{A_{空}}{A_{实}}=\frac{\dfrac{\pi}{4}D_1^2(1-\alpha^2)}{\dfrac{\pi}{4}D^2}=\frac{210^2(1-0.6^2)}{200^2}=0.7$$

由此可见，荷载相同，最大正应力要求相等的条件下，采用空心轴节省材料。

（3）思考

请读者从纯弯曲时横截面上的正应力分布情况解释此结果。

6.3　正应力公式的应用与推广

6.3.1　横力弯曲时梁横截面上的正应力

横力弯曲在实际工程中广泛存在，此时梁横截面上除正应力外，还有剪力引起的切应力。由于切应力的存在，横截面不再保持为平面，而是发生翘曲。但进一步的理论与实验研究表明，这种翘曲对于工程中常见的细长梁影响比较小，在正应力的计算中可以忽略。因此，对于细长梁，可以把纯弯曲时的正应力计算公式推广应用到横力弯曲的计算中。

但在应用式（6-4）计算横力弯曲时的正应力时要注意，由于横力弯曲时各横截面上的弯矩不同，因此在求任一截面 x 上的正应力时，弯矩 M_z 的值应为 x 截面上的弯矩值 $M_z(x)$，即有

$$\sigma=\frac{M_z(x)y}{I_z} \tag{6-10}$$

由式（6-10）可知，正应力不仅与 M_z 有关，而且与 I_z/y 有关。对关于中性轴对称的截面，最大正应力 σ_{max} 发生于弯矩最大的截面上，且离中性轴最远处。但对于中性轴不对称的截面，如图 6-6（d）所示的 T 形截面，同一截面上，最大拉应力和最大压应力不相等。因此最大正应力不一定出现在弯矩最大的截面上，需要综合分析，以确定最大拉应力和最大压应力所在截面。

此外，对于梁而言，除产生绕 z 轴作用的弯矩 M_z 外，还可能产生绕 y 轴作用的弯矩

M_y。此时横截面上的正应力分布情况与 M_z 作用时相似，也呈 K 字形的线性分布，只是弯曲时横截面将绕 y 轴转动。y 轴为中性轴，故相应的应力计算公式为

$$\sigma = \frac{M_y(x)z}{I_y} \tag{6-11}$$

【例题 6-3】 悬臂梁受力及截面尺寸如图 6-9 所示，图中的尺寸单位为 mm。试求梁 1—1 截面上 a、b、c、d 四点的弯矩正应力。

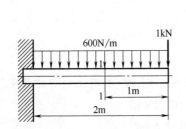 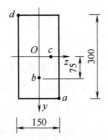

图 6-9 例题 6-3 图

解：(1) 确定 1—1 截面的弯矩

该梁为横力弯曲，由力系简化法可知 1—1 截面上的弯矩为

$$M_{1-1} = 1 \times 1 + 0.6 \times 1 \times 0.5 = 1.3 (\text{kN} \cdot \text{m})$$

(2) 计算横截面的惯性矩

$$I_z = \frac{1}{12}bh^3 = \frac{150 \times 10^{-3} \text{m} \times (300 \times 10^{-3} \text{m})^3}{12} = 3.375 \times 10^{-4} \text{m}^4$$

(3) 计算各点的正应力

1—1 截面上的弯矩为负，故中性轴下面 a、b 点的应力为压应力，结果为负值；d 点的应力为拉应力，结果为正值。根据公式 (6-10)，a、b、c、d 四点正应力计算结果如下：

$$\sigma_a = -\frac{My_a}{I_z} = -\frac{1.3 \times 10^3 \text{N} \cdot \text{m} \times 150 \times 10^{-3} \text{m}}{3.375 \times 10^{-4} \text{m}^4} = -0.578 \times 10^6 \text{Pa} = -0.578 \text{MPa}$$

$$\sigma_b = -\frac{My_b}{I_z} = -\frac{1.3 \times 10^3 \text{N} \cdot \text{m} \times 75 \times 10^{-3} \text{m}}{3.375 \times 10^{-4} \text{m}^4} = -0.289 \times 10^6 \text{Pa} = -0.289 \text{MPa}$$

c 点在中性轴上，故 c 点的正应力

$$\sigma_c = 0$$

d 点与 a 点位于中性轴的两侧，且到中性轴的距离相等，故 d 点的正应力

$$\sigma_d = -\sigma_a = 0.578 \text{MPa}$$

【例题 6-4】 T 形截面铸铁梁受力如图 6-10 (a) 所示，已知 $F = 12\text{kN}$，$I_z = 765 \times 10^{-8} \text{m}^4$，$y_1 = 52\text{mm}$，$y_2 = 88\text{mm}$。试求弯矩最大截面上的最大拉应力和最大压应力。

解：(1) 确定支座约束反力

梁 AB 的受力如图 6-10 (a) 所示，由平衡方程可得 A 和 B 处的约束反力分别为

$$F_{Ay} = 6\text{kN} \qquad F_{By} = 6\text{kN}$$

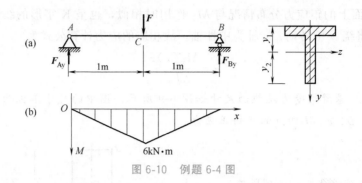

图 6-10　例题 6-4 图

（2）作弯矩图，确定危险截面

梁的弯矩图如图 6-10（b）所示，从图中可见，C 截面上的弯矩最大。

$$M_C = 6\text{kN} \cdot \text{m}$$

（3）确定截面上的最大拉应力和最大压应力

C 截面为正弯矩，下部受拉，上部受压，故：

最大拉应力　$\sigma_{\text{tmax}} = \dfrac{M_C y_2}{I_z} = \dfrac{6 \times 10^3 \text{N} \cdot \text{m} \times 88 \times 10^{-3} \text{m}}{765 \times 10^{-8} \text{m}^4} = 69.0\text{MPa}$

最大压应力　$\sigma_{\text{cmax}} = \dfrac{M_C y_1}{I_z} = \dfrac{6 \times 10^3 \text{N} \cdot \text{m} \times 52 \times 10^{-3} \text{m}}{765 \times 10^{-8} \text{m}^4} = 40.8\text{MPa}$

6.3.2　斜弯曲时梁横截面上的正应力

（1）产生斜弯曲的加载条件

如图 6-11（a）所示，当所受的外力不在梁的对称面（或主轴平面）内时，为便于分析，需将力向截面的两个主轴进行分解，此时梁截面上将同时作用绕 z 轴和绕 y 轴的弯矩。这种弯曲，称为斜弯曲或双向弯曲。类似地，如图 6-11（b）所示的两个外力，虽然这两个外力都作用在对称面（或主轴平面）内，但不是同一对称面，这种情况也将产生双向弯曲或斜弯曲。

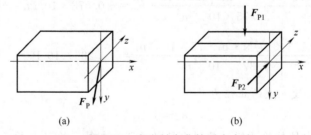

(a)　　　　　　　　　　(b)

图 6-11　产生斜弯曲的受力方式

（2）叠加法确定斜弯曲时横截面上的正应力

小变形条件下，同一截面上同一点的正应力（或切应力）可以线性叠加（参见 9.4.1 节）。利用这一原理，计算斜弯曲横截面上的正应力时，可由式（6-10）和式（6-11）分别求出在 M_z 和 M_y 单独作用下的正应力，然后线性叠加即可。

如图 6-12（a）所示的矩形截面杆件，梁的横截面上同时作用有 M_y 和 M_z 两个弯矩，

在 M_y 作用下，y 轴为中性轴，BD 边上产生最大拉应力，AC 边上产生最大压应力；在 M_z 作用下，z 为中性轴，AB 边上产生最大拉应力，CD 边上产生最大压应力。对于截面上任一点 $E(y，z)$，在 M_y 作用下对应的是拉应力，在 M_z 作用下对应的是压应力，故其弯矩的正应力计算表达式为

$$\sigma = \frac{|M_y|z}{I_y} - \frac{|M_z|y}{I_z} \tag{6-12a}$$

式中，y、z 为欲求应力点的坐标。

需要指出的是，在计算斜弯曲横截面上具体某一点的正应力时，为避免考虑坐标 y、z 的正负号，一般不直接用式（6-12a），而采用下式计算。

$$\sigma = \pm \frac{|M_y z|}{I_y} \pm \frac{|M_z y|}{I_z} \tag{6-12b}$$

上式中，绝对值前的正负号根据所在点实际的拉压情况来定，拉应力取正号；压应力取负号。

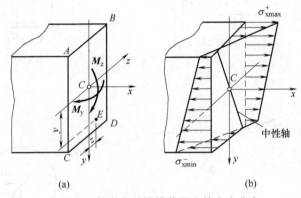

图 6-12 斜弯曲时梁横截面上的应力分布

根据上述分析，横截面上的正应力分布如图 6-12（b）所示。由图中可见，叠加后，横截面上的最大拉应力出现在 B 点，最大压应力出现在 C 点。由于截面的对称性，有

$$\sigma_{tmax}^{B} = -\sigma_{cmax}^{C} = \frac{|M_y z_{max}|}{I_y} + \frac{|M_z y_{max}|}{I_z} = \left| \frac{M_y}{W_y} \right| + \left| \frac{M_z}{W_z} \right| \tag{6-13}$$

式中，W_y、W_z 分别为截面对 y 轴、z 轴的抗弯截面系数。

对于圆截面，上述计算公式是不适用的。因为圆截面上由 M_y 和 M_z 两个弯矩引起的最大拉应力不发生在同一点，最大压应力也不发生在同一点。事实上，由于圆截面是极对称图形，将 M_y 和 M_z 两个弯矩合成为一个弯矩后，合成后的弯矩依然是作用在梁的对称面上，梁发生的弯曲仍然为平面弯曲，因此平面弯曲的正应力公式依然适用。此时，圆截面上最大拉应力和最大压应力的计算公式为

$$\sigma_{tmax} = -\sigma_{cmax} = \frac{M}{W} = \frac{\sqrt{M_y^2 + M_z^2}}{W} \tag{6-14}$$

式中，W 为圆轴的抗弯截面系数

$$W = \frac{\pi d^3}{32}$$

(3) 中性轴的方程

由式（6-12）可知，斜弯曲梁横截面上的正应力是关于点的坐标（z, y）的函数。在式（6-12）中，令 $\sigma=0$，即得中性轴(正应力为零的点组成的直线) 方程

$$\frac{|M_y|z}{I_y}-\frac{|M_z|y}{I_z}=0 \tag{6-15}$$

由此方程可知，图 6-12（a）中斜弯曲时的中性轴为一通过横截面形心的斜线。按此方法，亦可求得其他斜弯曲情形下的中性轴位置。

【例题 6-5】 矩形截面悬臂梁受力如图 6-13（a）所示。已知 $l=0.5\text{m}$，$b=50\text{mm}$，$h=75\text{mm}$。试求梁中最大弯曲正应力及其作用点位置。若截面改为直径 $d=65\text{mm}$ 的圆形，再求其最大弯曲正应力。

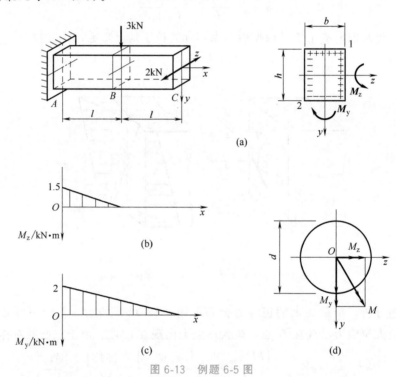

图 6-13 例题 6-5 图

解：（1）画弯矩图，确定弯矩最大截面

由梁所受的外力，画出梁在两个对称面内的弯矩图，如图 6-13（b）、（c）所示。由图可见，两个平面内的弯曲都在固定端处产生最大弯矩，故固定端截面为危险截面，其上弯矩大小分别为

$$|M_z|=1.5\text{kN}\cdot\text{m}, |M_y|=2.0\text{kN}\cdot\text{m}$$

（2）矩形截面梁的最大弯曲正应力

矩形截面的抗弯截面系数

$$W_z=\frac{bh^2}{6}=\frac{50\times75^2}{6}\text{mm}^3=46875\text{mm}^3, \quad W_y=\frac{hb^2}{6}=\frac{75\times50^2}{6}\text{mm}^3=31250\text{mm}^3$$

梁中的最大弯曲正应力发生在危险截面的 1、2 两点 [图 6-13（a）]，大小为

$$\sigma_{\max} = \frac{|M_z|}{W_z} + \frac{|M_y|}{W_y} = \frac{1.5 \times 10^3 \,\text{N} \cdot \text{m}}{46875 \times 10^{-9} \,\text{m}^3} + \frac{2 \times 10^3 \,\text{N} \cdot \text{m}}{31250 \times 10^{-9} \,\text{m}^3} = 96 \times 10^6 \,\text{Pa} = 96\text{MPa}$$

其中，1点处有最大拉应力，2点处有最大压应力。

（3）圆形截面梁的最大正应力

圆形截面上的最大正应力按式（6-14）求得，危险截面上的合成弯矩为

$$M = \sqrt{M_z^2 + M_y^2} = \sqrt{(1.5\text{kN} \cdot \text{m})^2 + (2\text{kN} \cdot \text{m})^2} = 2.5\text{kN} \cdot \text{m}$$

故此时的最大弯曲正应力

$$\sigma_{\max} = \frac{M}{W} = \frac{2.5 \times 10^3 \,\text{N} \cdot \text{m}}{\dfrac{\pi}{32} \times 65^3 \times 10^{-9} \,\text{m}^3} = 92.7 \times 10^6 \,\text{Pa} = 92.7\text{MPa}$$

6.3.3 弯矩与轴力同时作用时杆件横截面上的正应力

弯矩和轴力同时作用的杆件在工程中是很常见的。例如，当杆件既受垂直于轴线的横向力又受沿轴线的纵向力作用时，如图 6-14（a）所示，杆件横截面上将产生轴力、剪力和弯矩；又如当杆件所受的纵向力偏离轴线时，如图 6-14（b）所示，此时，杆件的端部会受到由于纵向力向截面形心简化产生的附加力偶作用，使得杆件横截面上也同时产生轴力和弯矩。小变形条件下，弯矩和轴力同时作用时横截面上的正应力依然可以由叠加法求得。

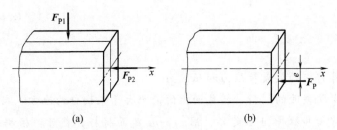

图 6-14 压弯组合变形的杆件

轴力单独作用下横截面上的正应力计算公式为

$$\sigma = \pm \left| \frac{F_N}{A} \right|$$

弯矩单独作用下横截面上的正应力计算公式为

$$\sigma = \pm \frac{|M_z y|}{I_z} \quad \text{或} \quad \sigma = \pm \frac{|M_y z|}{I_y}$$

则杆件在轴力和弯矩共同作用下，横截面上的正应力公式可表达为

$$\sigma = \pm \left| \frac{F_N}{A} \right| \pm \left| \frac{M_z y}{I_z} \right| \pm \left| \frac{M_y z}{I_y} \right| \tag{6-16}$$

式中，拉应力取正号；压应力取负号。需要注意的是，式（6-16）为计算指定点的应力计算公式。若需求此时截面上的中性轴位置，则需类似式（6-12）写出任一点的应力计算公式，并令其等于零，方可求得。

【例题 6-6】 某一拉杆如图 6-15（a）所示。截面原为边长为 a 的正方形，拉力 F 与杆轴线重合，后因使用上的需要，开深度为 $a/2$ 的口。试求：

① 杆内的最大拉应力、压应力；
② 最大拉应力是截面削弱前拉应力的几倍？
③ 开口处中性轴位置。

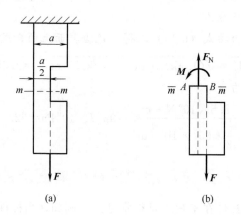

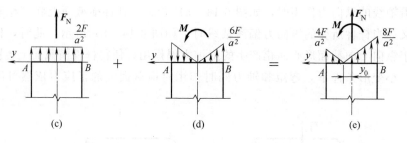

图 6-15　例题 6-6 图

解：（1）计算杆内的最大拉应力和压应力

在切口处，由于截面的削弱，横截面上的应力大于未切口的地方。在切口段，杆承受偏心拉伸，发生弯曲和拉伸组合变形。用 m—m 截面将杆件截开，根据平衡，截面上将作用有内力分量 $\boldsymbol{F}_N$ 和 $\boldsymbol{M}$，如图 6-15（b）所示，由平衡方程可得

$$M=F\,\frac{a}{4}=\frac{Fa}{4},\ F_N=F$$

轴力 $\boldsymbol{F}_N$ 引起的正应力在截面上均匀分布，如图 6-15（c）所示，其值为

$$\sigma=\frac{2F_N}{a^2}=\frac{2F}{a^2}$$

弯矩 $\boldsymbol{M}$ 引起的正应力在截面上的分布如图 6-15（d）所示，最大正应力在 A、B 两点，其绝对值为

$$\sigma_{\mathrm{tmax}}=\frac{|M|}{W_z}=\frac{Fa}{4}\div\frac{a\left(\dfrac{a}{2}\right)^2}{6}=\frac{6F}{a^2}$$

将上述两个内力分量引起的应力分布叠加，即可得 m—m 截面上总的应力分布，如图 6-15（e）所示，则杆内的最大拉、压应力分别为

$$\sigma_{\mathrm{tmax}}=\frac{|M|}{W_z}+\frac{|F_N|}{A}=\frac{8F}{a^2}$$

$$\sigma_{cmax} = -\frac{|M|}{W_z} + \frac{|F_N|}{A} = -\frac{4F}{a^2}$$

（2）计算截面削弱前的拉应力

$$\sigma = \frac{F}{a^2}$$

由上式可见，截面削弱后杆内的最大拉应力是截面削弱前杆内拉应力的 8 倍。

（3）开口处中性轴位置

偏心受力时中性轴的方程与斜弯曲时中性轴的方程类似，在式（6-16）中，令应力等于零，即得轴力与弯矩共同作用时的中性轴方程。在本例中，对 y 轴的弯矩等于零，故有

$$\sigma_x = \frac{F_N}{A} - \frac{My_0}{I_z} = 0$$

解得

$$y_0 = \frac{F_N I_z}{MA} = \frac{F \times \dfrac{a^4}{96}}{\dfrac{Fa}{4} \times \dfrac{a^2}{2}} = \frac{a}{12}$$

此结果表明，偏心受力时，杆件的中性轴不通过截面形心。

6.4 基于最大正应力的强度计算

为保证梁的安全，梁的最大弯曲正应力不能超过材料的许用应力，即有

$$\sigma_{max} \leqslant [\sigma] \tag{6-17}$$

公式使用时要注意，上式仅对韧性材料成立，此时材料的许用拉应力和许用压应力相等，故只要梁上绝对值最大的正应力小于等于许用应力即可；但对于铸铁等脆性材料，由于其许用拉应力 $[\sigma_t]$ 和许用压应力 $[\sigma_c]$ 不等，需分别计算梁中的最大拉应力和最大压应力，然后分别校核其抗拉和抗压强度，即有

$$\sigma_{tmax} \leqslant [\sigma_t] \tag{6-18}$$
$$\sigma_{cmax} \leqslant [\sigma_c] \tag{6-19}$$

【例题 6-7】 如图 6-16（a）所示，简支梁由 36a 工字钢制成。已知载荷 $F = 40kN$，$M_e = 150kN \cdot m$，材料的许用应力 $[\sigma] = 160MPa$。试校核梁的正应力强度。

解：（1）求约束反力

设 A 处约束反力为 F_A，B 处约束反力为 F_B，均竖直向上。取 AB 梁为研究对象，由平衡方程求得 A、B 两处的约束反力为

$$F_A = 67.5kN(\uparrow), F_B = -27.5kN(\downarrow)$$

（2）作弯矩图，确定最大弯矩

梁的弯矩图如图 6-16（b）所示，可见 D 点左侧截面上的弯矩最大，为

$$M_{max} = 95kN \cdot m$$

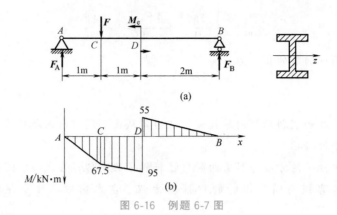

图 6-16　例题 6-7 图

（3）强度校核

由工字型钢表可得 36a 工字钢的抗弯截面系数 $W_z = 875\text{cm}^3$（表中为 W_x），截面上的最大正应力为

$$\sigma_{\max} = \frac{M_{\max}}{W_z} = \frac{95 \times 10^3}{875 \times 10^{-6}}\text{Pa} = 108.6\text{MPa} < [\sigma] = 160\text{MPa}$$

满足梁的正应力强度条件，故梁安全。

【例题 6-8】　T 形截面铸铁梁受力如图 6-17 所示，许用拉应力 $[\sigma_t] = 35\text{MPa}$，许用压应力 $[\sigma_c] = 65\text{MPa}$。已知 $F_1 = 12\text{kN}$，$F_2 = 4.5\text{kN}$，$I_z = 765 \times 10^{-8}\,\text{m}^4$，$y_1 = 52\text{mm}$，$y_2 = 88\text{mm}$。不考虑弯曲切应力，试校核梁的强度。

分析：铸铁的抗拉性能和抗压性能不等，且截面为 T 形，同一截面上的最大拉应力和最大压应力不等，故需分别校核梁上最大拉应力和最大压应力的强度。

解：（1）确定支座约束反力

梁 AB 的受力如图 6-17（a）所示，由平衡方程可得 A 和 B 处的约束反力分别为

$$F_{Ay} = 3.75\text{kN}, \quad F_{By} = 12.75\text{kN}$$

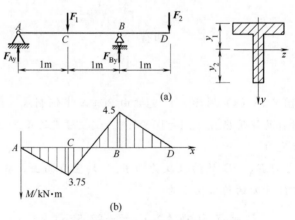

图 6-17　例题 6-8 图

（2）作弯矩图，确定危险截面

梁的弯矩图如图 6-17（b）所示。由于最大正应力的值不仅与弯矩的大小有关，还与点到中性轴的距离有关，考虑到 T 截面的不对称性，梁的危险截面应同时考虑最大正弯

矩所在截面 C 和最大负弯矩所在截面 B。这两个截面上的弯矩值分别为

$$M_C = 3.75 \text{kN} \cdot \text{m}, \quad M_B = -4.5 \text{kN} \cdot \text{m}$$

（3）确定截面上的最大拉应力和最大压应力，并进行强度校核

B 截面为负弯矩，中性轴 z 轴以下受压，z 轴以上受拉，故：

最大拉应力 $\sigma_{tmax}^B = \dfrac{M_B y_1}{I_z}$

$$= \frac{4.5 \times 10^3 \text{N} \cdot \text{m} \times 52 \times 10^{-3} \text{m}}{765 \times 10^{-8} \text{m}^4} = 30.6 \text{MPa} < [\sigma_t]$$

最大压应力 $\sigma_{cmax}^B = \dfrac{M_B y_2}{I_z}$

$$= \frac{4.5 \times 10^3 \text{N} \cdot \text{m} \times 88 \times 10^{-3} \text{m}}{765 \times 10^{-8} \text{m}^4} = 51.8 \text{MPa} < [\sigma_c]$$

C 截面为正弯矩，中性轴 z 轴以下受拉，z 轴以上受压，故：

最大拉应力 $\sigma_{tmax}^C = \dfrac{M_C y_2}{I_z}$

$$= \frac{3.75 \times 10^3 \text{N} \cdot \text{m} \times 88 \times 10^{-3} \text{m}}{765 \times 10^{-8} \text{m}^4} = 43.1 \text{MPa} > [\sigma_t]$$

由于 $M_C < M_B$，且 C 截面上最大压应力点到中性轴的距离也小于 B 截面上最大压应力点到中性轴的距离，故 C 截面上最大压应力的值可不必再计算。

计算结果表明 C 截面上的最大拉应力超过了其许用拉应力，故梁的强度不够，不安全。

（4）思考与讨论

请读者结合上面的分析，思考对于铸铁梁应如何放置比较合理？

6.5　梁横截面的弯曲切应力分析

弯曲切应力是指横力弯曲时由剪力引起的切应力。弯曲切应力计算公式的推导与前面 3 个应力公式推导的过程是不一样的。本节将以矩形截面梁为例，介绍横截面上弯曲切应力公式的推导，然后讨论公式的适用条件和推广应用到其他截面形式的情况。

6.5.1　矩形截面梁的弯曲切应力分析

如图 6-18（a）所示的矩形截面梁，在纵向对称面内受横向载荷作用。为求横截面上任一点的切应力，对切应力分布作以下两个假设：

① 横截面上任一点的切应力方向都与剪力 $\textbf{F}_Q$ 的方向相同；

② 切应力沿截面宽度均匀分布，即距中性轴等距离处切应力相等，切应力的大小只与 y 坐标有关。

根据以上假设，绘出距离中性轴为 y 的截面宽度方向的切应力分布如图 6-18（b）所示，其上切应力的大小均为 τ。在梁上取长度为 dx 的一小段，设左截面 m—n 上的弯矩为 M，则右截面 m_1—n_1 上的弯矩为 $M + dM$，dM 是截面位置改变而引起的弯矩增量。

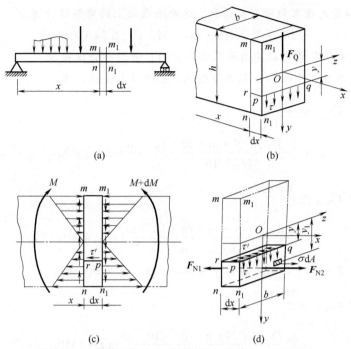

图 6-18 矩形截面梁弯曲时横截面与纵截面上的切应力

由于这一小段左右两截面之间没有分布载荷，故左截面 $m—n$ 和右截面 $m_1—n_1$ 上的剪力相同，均为 F_Q。这样，在截面 $m—n$ 和截面 $m_1—n_1$ 上既有弯矩引起的正应力，又有剪力引起的切应力，如图 6-18（c）所示。再以平行于中性层，且距中性轴为 y 的平面从微段中截取立方体 qn，如图 6-18（d）所示。以这一立方体为研究对象，由切应力互等定理可知，在与两横截面 $m—n$、$m_1—n_1$ 垂直的 rq 平面上，有与 τ 大小相等的切应力 τ'，且沿截面宽度方向也是均匀分布的。分析立方体 qn 在 x 方向上的受力，有：

① 左侧面 rn 上由弯矩 M 引起的正应力，其合力为

$$F_{N1} = \int_{A_1} \sigma \, dA = \int_{A_1} \frac{My_1}{I_z} dA = \frac{M}{I_z} \int_{A_1} y_1 dA = \frac{MS_z^*}{I_z}$$

式中，A_1 为 rn 侧面面积；$S_z^* = \int_{A_1} y_1 dA$，为面积 A_1 对中性轴的静矩。

② 右侧面 pn_1 上由弯矩 $M+dM$ 引起的正应力，其合力值同理，可得

$$F_{N2} = \frac{(M+dM)}{I_z} S_z^*$$

③ rp 平面上，由于平面宽度 dx 无穷小，切应力可认为在平面上均匀分布，其合力值为

$$dF_Q' = \tau' b \, dx$$

由 x 方向上力的平衡条件，则有

$$F_{N2} - F_{N1} - dF_Q' = 0$$

将 F_{N2}、F_{N1} 和 dF_Q' 的表达式代入上式，得

$$\frac{(M+dM)}{I_z} S_z^* - \frac{M}{I_z} S_z^* - \tau' b \, dx = 0$$

整理得

$$\tau' = \frac{\mathrm{d}M}{\mathrm{d}x} \times \frac{S_z^*}{I_z b}$$

注意到 $\dfrac{\mathrm{d}M}{\mathrm{d}x} = F_Q$，则上式可表示为

$$\tau' = \frac{F_Q S_z^*}{I_z b}$$

由于 τ 与 τ' 的大小相等，故

$$\tau = \frac{F_Q S_z^*}{I_z b} \tag{6-20}$$

式中　F_Q——横截面上的剪力；

　　　b——截面宽度；

　　　I_z——整个横截面对中性轴的惯性矩；

　　　S_z^*——过所要求切应力的点，沿横截面宽度方向的横线（距中性轴为 y 的横线）以下部分面积对中性轴的静矩。

此即矩形截面梁弯曲切应力的计算公式。

对矩形截面（图 6-19），取 $\mathrm{d}A = b\mathrm{d}y$，欲求距中性轴为 y 处的切应力，有

$$S_z^* = \int_{A_1} y_1 \mathrm{d}A = \int_y^{\frac{h}{2}} b\, y_1 \mathrm{d}y_1 = \frac{b}{2}\left(\frac{h^2}{4} - y^2\right)$$

代入式（6-20），则

$$\tau = \frac{F_Q}{2I_z}\left(\frac{h^2}{4} - y^2\right) \tag{6-21}$$

从上式可见，切应力 τ 沿截面高度按抛物线规律变化。据此绘出矩形截面上切应力的分布，如图 6-19（b）所示。从图中可看出，在 $y = \pm\dfrac{h}{2}$ 时，切应力最小，为零；在 $y = 0$ 时，中性轴上有最大切应力，其值为

$$\tau_{\max} = \frac{F_Q h^2}{8I_z} = \frac{3}{2} \times \frac{F_Q}{bh}$$

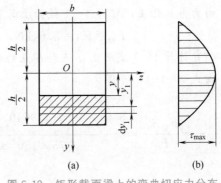

图 6-19　矩形截面梁上的弯曲切应力分布

即矩形截面梁的最大切应力为平均切应力的 1.5 倍。

需要注意的是，在式（6-20）的推导过程中，作了切应力沿截面宽度均匀分布的假定，这是公式能精确使用的前提。对于图 6-19 所示的矩形截面梁，弹性力学得到的弯曲切应力的精确解为

$$\tau = \beta \frac{F_Q S_z^*}{I_z b} \tag{6-22}$$

式中，因子 β 的取值见表 6-1。

表 6-1　弹性力学弯曲切应力公式中的 β 值

h/b	∞	2/1	1/1	1/2	1/4
β	1.0	1.04	1.12	1.57	2.30

表 6-1 表明，矩形截面高宽比越大，切应力分布与上述假定越吻合，β 的取值越接近于 1，利用式 (6-20) 计算弯曲切应力的误差越小。对于高宽比小于 1 的矩形截面，弯曲切应力需采用修正后的式 (6-22)。但对于工程中常用的矩形截面，其高宽比一般大于 1，直接采用式 (6-20) 也有较好的精度。

【例题 6-9】 如图 6-20 所示的矩形截面简支梁，试计算 1—1 截面上 a 点和 b 点的切应力。

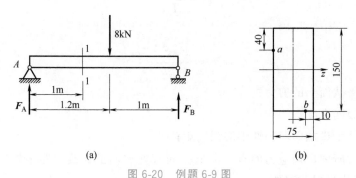

图 6-20 例题 6-9 图

解：(1) 求支座反力

AB 梁受力如图 6-20 (a) 所示，由平衡方程可求得其支座反力为

$$F_A = 3.64\text{kN}, \quad F_B = 4.36\text{kN}$$

(2) 确定 1—1 截面上的内力

由力系简化法，可得 1—1 截面上的剪力、弯矩分别为

$$F_Q = F_A = 3.64\text{kN}, \quad M = F_A \times 1\text{m} = 3.64\text{kN} \cdot \text{m}$$

(3) 计算 1—1 截面上 a 点和 b 点的切应力

由式 (6-20)，可得

$$\tau_a = \frac{F_Q S_z^*}{I_z b} = \frac{3.64 \times 10^3 \times 12 \times 40 \times 75 \times \left(\frac{150}{2} - 40 + \frac{40}{2}\right) \times 10^{-9}}{75 \times 150^3 \times 10^{-12} \times 75 \times 10^{-3}}\text{Pa} = 0.38\text{MPa}$$

$$\tau_b = 0$$

6.5.2 圆形截面梁的最大弯曲切应力

对于圆形截面梁，由切应力互等定理可知，圆截面边缘上各点的切应力方向应与圆周相切，同时考虑圆截面的对称性，可作以下两个假设：

① 沿平行于 z 轴的弦 AB 上各点处的切应力均汇交于 P 点；

② 弦 AB 上点的切应力在 y 方向的分量相等，如图 6-21 (a) 所示。

由此可见，对弦 AB 上各点切应力的垂直分量 τ_y 所作的假设与矩形截面梁完全相同，故也可用式 (6-20) 来计算，即

$$\tau_y = \frac{F_Q S_z^*}{I_z b} \tag{6-23}$$

式中，b 为弦 AB 的长度；S_z^* 为过所要求切应力点的弦 AB 以下部分面积 [图 6-21

（b）中画阴影线的面积］对 z 轴的静矩。

由式（6-23）可知，圆截面的最大切应力也在中性轴上，将

$$b = 2R, \quad S_z^* = \frac{\pi R^2}{2} \times \frac{4R}{3\pi}, \quad I_z = \frac{\pi R^4}{4}$$

代入式（6-23）中，得

$$\tau_{\max} = \frac{4}{3} \times \frac{F_Q}{\pi R^2}$$

式中，$\dfrac{F_Q}{\pi R^2}$ 是梁截面上的平均切应力，可见最大切应力是平均切应力的 $\dfrac{4}{3}$ 倍。

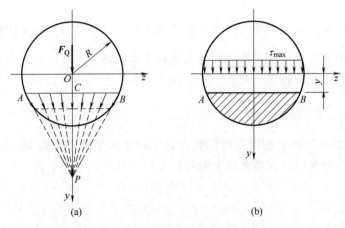

图 6-21 圆形截面上的弯曲切应力分布

【例题 6-10】 如图 6-22（a）所示为一悬臂梁。试分别计算下列两种情况下，梁横截面上的最大正应力与最大切应力的比值。

① 横截面为矩形截面，如图 6-22（b）所示；

② 横截面为圆形截面，如图 6-22（c）所示。

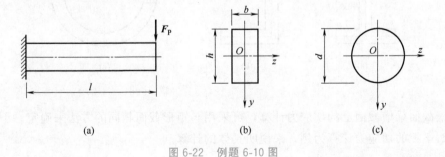

图 6-22 例题 6-10 图

解：该梁所有横梁截面上的剪力均为 $F_Q = F_P$；最大弯矩 $M_{\max} = F_P l$。

$$\sigma_{\max} = \frac{|M_z|_{\max}}{W_z} = \frac{F_P l}{W_z}$$

$$\tau_{\max} = \frac{|F_Q|_{\max} S_{z\max}^*}{b I_z} = \frac{F_P S_{z\max}^*}{b I_z}$$

（1）对于宽为 b、高为 h 的矩形截面 ［图 6-22（b）］

$$\frac{\sigma_{\max}}{\tau_{\max}}=\frac{\dfrac{6F_{P}l}{bh^{2}}}{\dfrac{3}{2}\times\dfrac{F_{P}}{bh}}=4\ \frac{l}{h}$$

（2）对于直径为 d 的圆截面 ［图 6.22（c）］

$$\frac{\sigma_{\max}}{\tau_{\max}}=\frac{\dfrac{32F_{P}l}{\pi d^{3}}}{\dfrac{4}{3}\times\dfrac{4F_{P}}{\pi d^{2}}}=6\ \frac{l}{d}$$

对于细长梁，其长度与高度之比 $\dfrac{l}{h}$ 或长度与直径之比 $\dfrac{l}{d}$ 较大，上述计算结果表明，此时梁内的弯曲正应力将是弯曲剪应力的十几倍以至几十倍。这时弯曲正应力对梁的变形和失效（例如破坏）的影响将是主要的，剪应力的影响则是次要的。

6.5.3 薄壁截面梁的弯曲切应力

图 6-23 所示的工字形、槽形和圆环截面是工程中常见的薄壁截面。这类截面梁在横向载荷作用下发生弯曲时，其横截面上的弯曲切应力具有以下两个特点：

① 由于壁很薄，可认为切应力沿壁厚方向均匀分布。

② 若梁表面无切应力作用，根据切应力互等定理，则薄壁截面上的切应力作用线必平行于截面周边的切线方向。

根据上述两点，绘制薄壁截面上的弯曲切应力分布，如图 6-23 所示。

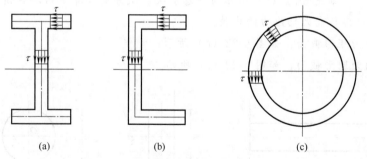

图 6-23 薄壁截面上的弯曲切应力分布

薄壁截面梁横截面上的切应力计算，可采用与矩形截面相同的方法来确定。下面以工字形截面梁上的切应力计算为例，来说明具体的计算。

（1）工字形截面翼缘上的切应力

在悬臂梁中取出一段长为 dx 的微段 ［图 6-24（a）］，为求横截面上 a—a 处的切应力 τ ［图 6-24（b）］，从 a—a 处截开，由切应力互等定理可知，在与横截面垂直的截面上，有与横截面上切应力 τ 相等的切应力 τ'。τ' 的方向，可由 a—a 以右部分（A 部分）x 方向的平衡条件确定 ［图 6-24（c）］。由于 2—2 截面上的弯矩比 1—1 截面上的大，故 2—2 截面上的正应力合力 F_{N2} 比 1—1 截面上的正应力合力 F_{N1} 大，为满足平衡条件，τ' 的方

向必定指向读者。再由平衡方程，即可获得 τ' 的计算表达式

$$\tau' = \frac{F_Q S_z^*}{I_z t}$$

这一表达式与式（6-20）相似，F_Q、I_z 含义同前，只是在式（6-20）中将 b 换成了 t；t 为所要求切应力处的翼缘截面厚度，S_z^* 为过所要求切应力点，沿壁厚方向的直线一侧截面面积对中性轴的静矩。

由于 τ 与 τ' 的大小相等，故

$$\tau = \frac{F_Q S_z^*}{I_z t} \tag{6-24}$$

方向为沿翼缘宽度方向向左。进一步求 S_z^* 得表达式

$$S_z^* = t\eta\left(\frac{h}{2} - \frac{t}{2}\right)$$

式中，η 为从翼缘端点到 a—a 线的距离。则

$$\tau = \frac{F_Q}{I_z t} t\eta\left(\frac{h}{2} - \frac{t}{2}\right) = \frac{F_Q}{I_z}\left(\frac{h}{2} - \frac{t}{2}\right)\eta \tag{6-25}$$

由上式可知，下翼缘右侧（外伸部分）截面上的切应力大小与到端点的距离成正比。另外，由切应力互等定理可知，翼缘在对称轴 y 处的切应力为零。据此画出下翼缘右侧的切应力分布，如图 6-24（d）所示。

同理可得，下翼缘左侧部分和上翼缘切应力的大小、方向和分布。只是在分析上翼缘切应力时，要注意 1—1 和 2—2 截面上翼缘处，正应力合力为压力。

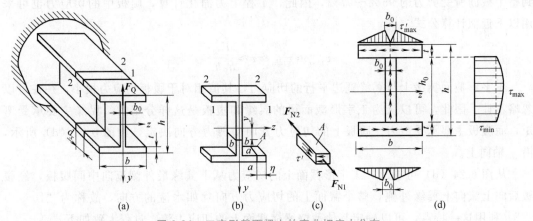

图 6-24　工字形截面梁上的弯曲切应力分布

（2）工字形截面腹板上的切应力计算

腹板是一个高宽比大于 2 的狭长矩形，截面上的切应力分布比较吻合关于矩形截面上切应力分布的两个假设，故工字形腹板上的切应力计算可直接沿用式（6-20），只是需将矩形截面宽度 b 更换为腹板宽度 b_0。即有

$$\tau = \frac{F_Q S_z^*}{I_z b_0} \tag{6-26}$$

此时，若需计算腹板上距中性轴为 y 处的切应力，如图 6-24（b）所示，则 S_z^* 为

b—b 线以下部分的面积对中性轴的静矩：

$$S_z^* = b\left(\frac{h}{2} - \frac{h_0}{2}\right)\left[\frac{h_0}{2} + \frac{1}{2}\left(\frac{h}{2} - \frac{h_0}{2}\right)\right] + b_0\left(\frac{h_0}{2} - y\right)\left[y + \frac{1}{2}\left(\frac{h_0}{2} - y\right)\right]$$

$$= \frac{b}{8}(h^2 - h_0^2) + \frac{b_0}{2}\left(\frac{h_0^2}{4} - y^2\right)$$

代入式（6-26），可得

$$\tau = \frac{F_Q}{I_z b_0}\left[\frac{b}{8}(h^2 - h_0^2) + \frac{b_0}{2}\left(\frac{h_0^2}{4} - y^2\right)\right] \tag{6-27}$$

由上式可见，切应力沿工字形截面腹板高度也是按抛物线规律分布的，如图 6-24（d）所示。从图中可以看出，在 $y = 0$ 处有切应力最大值，其值为

$$\tau_{max} = \frac{F_Q}{I_z b_0}\left[\frac{bh^2}{8} - (b - b_0)\frac{h_0^2}{8}\right]$$

在 $y = \pm\frac{h_0}{2}$ 腹板上切应力最小，为

$$\tau_{min} = \frac{F_Q}{I_z b_0}\left[\frac{bh^2}{8} - \frac{bh_0^2}{8}\right]$$

由于腹板的宽度 b_0 远小于翼缘的宽度 b，比较上面两式可知，τ_{max} 与 τ_{min} 比较接近，故可近似地认为腹板上的切应力是均匀分布的。进一步分析表明，腹板中所承担的剪力占到整个截面所受剪力的 $95\%\sim97\%$，因此，工程上为简化计算，腹板中的切应力也可采用以下近似计算公式：

$$\tau_{max} \approx \tau_{min} \approx \tau \approx \frac{F_Q}{b_0 h_0}$$

工字形截面翼缘上与翼缘宽边平行的切应力，其值相对于腹板切应力很小，往往可以忽略不计。因此，可以认为工字形截面梁的翼缘和腹板是这样分工的：翼缘主要承受弯矩，而腹板主要承受剪力。腹板上的切应力方向由剪力方向决定，如图 6-24（d）所示，沿 y 轴向上。

从图 6-24（d）可看出，工字形截面上的切应力从下翼缘最外侧流向中间腹板，经腹板后向上流向上翼缘外侧，整个截面上的切应力方向犹如水流的方向，故称为"切应力流"。利用这一特点，可以确定其他薄壁梁横截面上的切应力流，过程大致如下：

① 根据剪力的方向确定与剪力作用线平行部分的切应力方向；

② 利用"切应力流"的特点和薄壁构件切应力方向平行于截面周边的切线方向，即可进一步确定与剪力作用线不平行部分的切应力方向。

6.5.4　弯曲切应力强度条件

由上述分析可知，梁的弯曲切应力最大值均发生在截面的中性轴上。由于中性轴上各点的弯曲正应力为零，因此中性轴上的各点受到纯剪切，基于最大切应力的强度条件为

$$\tau_{max} \leqslant [\tau] \tag{6-28}$$

【例题 6-11】 若 $[\sigma]=160\mathrm{MPa}$，$[\tau]=100\mathrm{MPa}$，试为图 6-25 所示的梁选择适当的工字钢型号。

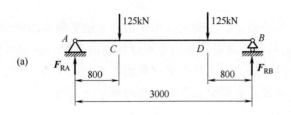

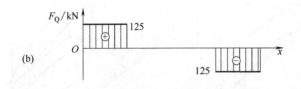

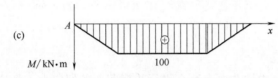

图 6-25 例题 6-11 图

解：（1）求约束反力

由 AB 梁受力的对称性和 y 方向上力的平衡，可求得 A、B 处的约束反力为

$$F_A=F_B=125\mathrm{kN}$$

（2）画内力图，确定最大弯矩值和最大剪力值

内力图绘制如图 6-25（b）、（c）所示，由图中可知

$$F_{Q\max}=125\mathrm{kN}, \quad M_{\max}=100\mathrm{kN\cdot m}$$

（3）确定梁截面工字钢型号

对于梁而言，截面上的弯曲正应力是主要的，确定截面工字钢型号时，可先由弯曲正应力强度条件初选截面，然后再校核弯曲切应力强度。

由正应力强度条件有

$$\sigma_{\max}=\frac{M_{\max}}{W_z}\leqslant[\sigma]$$

$$W_z\geqslant\frac{M_{\max}}{[\sigma]}=\frac{100\times10^3}{160\times10^6}\mathrm{m}^3=0.625\times10^{-3}\mathrm{m}^3=625\mathrm{cm}^3$$

查型钢表，可初选 32a 工字钢。

进一步查型钢表，可得

$$W_z=692.2\mathrm{cm}^3, \quad I_z/S_{\max}^*=27.46\mathrm{cm}, \quad 腹板厚\ d=9.5\mathrm{mm}$$

则

$$\tau_{\max}=\frac{F_{Q\max}S_{\max}^*}{I_zd}=\frac{125\times10^3}{27.46\times10^{-2}\times9.5\times10^{-3}}=47.9\times10^6(\mathrm{Pa})=47.9\mathrm{MPa}<[\tau]=100\mathrm{MPa}$$

最大切应力强度条件也满足，故梁截面可选 32a 工字钢。

6.6* 弯曲中心

工程中常见的对称截面梁，在受到作用于形心主轴平面内的横向荷载时，只发生平面弯曲 [图 6-26（a）]；但对于槽形、角钢等不对称的薄壁梁，在发生弯曲时往往还会伴随扭转变形 [图 6-26（b）、（c）]。为什么对称截面梁不发生扭转，而不对称薄壁梁会发生扭转呢？为了回答这一问题，需要引入弯曲中心的概念。

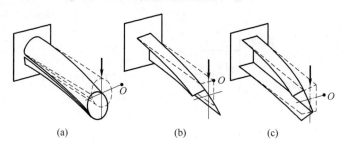

图 6-26 不对称薄壁梁的弯扭变形

（1）弯曲中心的概念

在横向力作用下，梁横截面上存在平行于横截面的切应力，将这一分布力系向横截面所在平面内的不同点简化，将得到不同的结果。如果向某一点简化结果所得的主矢不为零而主矩为零，则这一点称为**弯曲中心**（简称为**弯心**或**剪心**）。

因此，只有当外力通过截面的弯心时，截面的弯曲内力才能与之平衡。即此时杆件只发生弯矩变形而不发生扭转。

对于对称截面梁，例如圆形、工字形截面梁，根据对称性，易知其横截面上与切应力相对应的分布力系向形心简化的主矩为零，即截面形心为弯心。因此当外力作用于形心主轴面时，只发生弯曲，而不发生扭转。但对于槽钢等不对称薄壁截面，与切应力对应的分布力系向形心简化的主矩往往不为零，即此时截面形心不是弯心。因此当外力作用通过形心主轴平面时，会产生扭转。

（2）弯曲中心位置的确定

弯心中心的位置确定，可由力系简化主矩为零这一条件求得。下面以槽钢截面为例，介绍确定弯曲中心的过程。

根据 6.5.3 节的结论，可以认为腹板上的切应力合力等于横截面上的剪力 F_Q。上翼缘上的切应力 τ_2 [图 6-27（b）、（c）] 为

$$\tau_2 = \frac{F_Q h s}{2 I_z}$$

其合力为

$$F_T = \int_0^b \tau_2 \delta \, \mathrm{d}s = \int_0^b \frac{F_Q h s}{2 I_z} \delta \, \mathrm{d}s = \frac{F_Q h b^2}{4 I_z} \delta$$

同理，也可求得下翼缘合力，大小同上，方向水平向右，如图 6-27（d）所示。上翼缘、腹板和下翼缘三处的合力向任一点 O 简化，则其主矢

$$F_R = F_Q$$

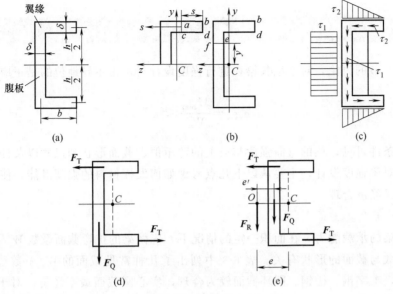

图 6-27　弯曲中心

主矩为

$$M_O = F_Q e' - F_T h$$

令上式等于零，即可得

$$e' = \frac{h^2 b^2}{4I_z}\delta$$

则 O 点即为弯曲中心，如图 6-27（e）所示。

工程中常见薄壁截面弯曲中心的位置如表 6-2 所示。

表 6-2　常见薄壁截面弯曲中心的位置

截面形状				
弯曲中心 O 的位置	$e = \dfrac{b^2 h^2 \delta}{4I_z}$	$e = r_0$	$e = \left(\dfrac{4}{\pi} - 1\right)r_0$	两个狭长矩形中线的交点	与形心重合

6.7 梁强度的合理设计

根据 6.5 节的讨论，对于细长梁，进行强度设计时，占主导地位的是正应力强度条件

$$\sigma_{\max} = \frac{M_{\max}}{W_z} \leqslant [\sigma]$$

由上述条件可见，梁的弯曲强度与梁上的弯矩值、截面形状和尺寸以及杆件的材料有关。因此，对梁强度设计，主要从以下几点考虑如何发挥材料的强度潜能，使设计做到既安全可靠，又经济合理。

(1) 选择合理的截面形状

为提高梁的承载能力，在面积一定的情况下，应使梁的抗弯截面系数 W 尽可能地大。抗弯截面系数与截面的形状有关。表 6-3 中列出了几种常见截面的 W/A 数值。从表 6-3 中可以看出，工字钢、槽钢、圆环截面较为合理，实心圆截面最不经济。对于 $h > b$ 的矩形截面，竖放比横放合理，这是因为在远离中性轴处正应力较大，应多放材料；在中性轴附近，正应力比较小，可少放材料。即合理的截面形状，应尽量使截面面积的分布与横截面上正应力的分布相一致，这样才能使截面更有效地承载。

表 6-3　常见截面的 W/A 数值

截面形状					
W/A	$0.167h$	$0.167b$	$0.125d$	$0.205D$	$(0.29 \sim 0.31)h$	$(0.27 \sim 0.31)h$

此外，还需结合材料的性质合理选择截面形状。对于塑性材料制成的梁，宜选以中性轴为对称轴的横截面。而对于脆性材料制成的梁，宜选中性轴不对称的横截面，例如采用 T 形截面，且将翼缘置于受拉侧（图 6-28）。这样使拉压区的材料尽可能同时接近许用应力，达到充分利用材料的目的。

(2) 合理安排梁的受力

在工程条件许可的情况下，改变加载方式和调整梁的约束位置，可以减小梁上的最大弯矩数值，提高梁的承载能力。

例如图 6-29（a）中在梁的中点承受集中力的简支梁，最大弯矩 $M_{\max} = F_{\mathrm{p}} l/4$。如果将集中力变为沿梁的全长均匀分布的载荷，载荷集度为

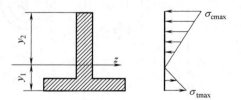

图 6-28　梁截面的合理放置

$q = F_{\mathrm{p}}/l$，如图 6-29（b）所示。这时，主梁上的最大弯矩变为 $M_{\max} = F_{\mathrm{p}} l/8$。

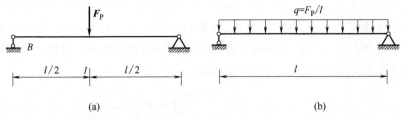

图 6-29　合理安排梁的受力

又如图 6-30（a）中承受均布载荷的简支梁，最大弯矩 $M_{\max} = F_{\mathrm{P}} l^2/8$。如果将支座向中间移动 $0.2l$，如图 6-30（b）所示，这时，梁内的最大弯矩变为 $M_{\max} = F_{\mathrm{P}} l^2/40$。

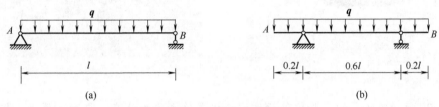

图 6-30　支撑的合理布置

（3）采用变截面梁或等强度梁

一般情况下，梁不同位置处的弯矩是不同的。可以根据弯矩图的情况，让弯矩大的地方截面大些，而弯矩小的地方截面小一些，采用变截面设计，这样可以充分利用材料，同时又减轻结构重量，例如大型机械设备中的阶梯轴（图 6-31）。

如果使梁各个截面上的最大正应力都正好等于材料的许用应力，这样的梁称为"等强度梁"。如工业厂房中的"鱼腹梁"（图 6-32）。当然考虑到加工制造或构造上的需要，实际上并不是严格意义上的等强度梁，而是一种近似的等强度梁。

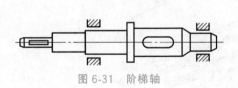

图 6-31　阶梯轴

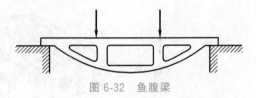

图 6-32　鱼腹梁

飞行器工程机翼简介

航空航天技术是力学、材料学、电子技术、控制理论、推进技术及制造工艺等技术的综合体现。航空航天技术是衡量一个国家科技水平的重要标志和综合国力的体现，是最有影响和最具魅力的科学技术之一。

飞行器都是在空中飞行的，因此与一般的运输工具和机械设备相比有很大的不同。飞机的各个组成部分要求在能够满足结构强度和刚度的情况下尽可能轻。其中，飞机机身两侧的机翼是保证正常安全飞行的重要部件。

　　由于机翼是产生升力的主要部件，而且大型运输机（图 6-33）的多个发动机都安装在机翼下方，歼击轰炸机的炸弹或导弹也挂载在机翼下方（图 6-34），因此机翼承受的载荷就更大。这需要机翼有很好的结构强度来承受这样巨大的载荷，同时也要有较大的刚度来保证机翼在巨大载荷的作用下不会过分变形。

图 6-33　运输机

图 6-34　歼击轰炸机

　　图 6-35 所示为机翼的主要构件示意图。机翼的主要构件有：翼肋、翼梁、桁条和蒙皮。机翼结构的设计经过严谨的结构性能分析和力学分析，让机翼结构在外载荷的作用下具有足够的强度、刚度和寿命。足够的刚度既指蒙皮在气动载荷作用下保持翼形的能力，也包括机翼抗弯矩和弯曲变形的能力。

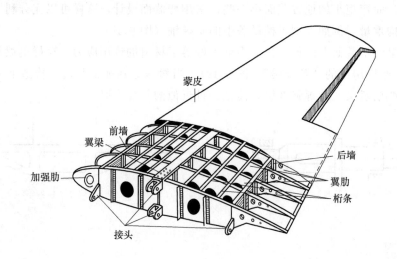

图 6-35　机翼的主要构件示意图

　　翼梁是机翼结构中最主要的纵向构件，在设计分析时，可将其简化为承受集中力、集中力偶和分布力等各种类型载荷的悬臂梁进行计算分析。在外载荷的作用下，梁要产生弯曲变形，所以翼梁是最主要的纵向构件，它承受全部或大部分弯矩和剪力。

　　桁条是用铝合金挤压或板材弯制而成的，铆接在蒙皮内表面，支持蒙皮以提高其承载能力，并共同将气动力分布载荷传给翼肋。

　　机翼的横向骨架主要是指翼肋，而翼肋又包括普通翼肋和加强翼肋；横向是指垂直于翼展的方向，它们的安装方向一般都垂直于机翼前缘。

　　普通翼肋的作用是将纵向骨架和蒙皮连成一体，把由蒙皮和桁条传来的空气动力载荷传递给翼梁，并保持翼剖面的形状。加强翼肋就是承受有集中载荷的翼肋。

另外，在机翼设计时，机翼各部件的材料选择显得尤为重要。机翼上的梁、肋、蒙皮板为主要的承重结构，一般选用强度系数高或者弹性模量大的材料。选用材料的原则一般为：按强度设计的地方用高比强度的材料（避免材料失效），按刚度设计的地方用高比模量的材料（避免结构失稳）。材料的选择不仅很重要，而且是多种层次的。机翼的蒙皮倾向采用复合材料，承重结构依然采用金属材料，碳纤维复合材料的特性是重量轻、承重大，也非常适合用在飞机的机翼上。

复习思考题

6-1 何谓"纯弯曲"？为什么本章首先推导纯弯曲时的正应力公式？

6-2 试简述推导纯弯曲正应力公式时所建立的基本假设？

6-3 在平面假设成立的条件下，纯弯曲梁纵向纤维的应变沿梁高按什么规律变化？

6-4 在梁材料服从胡克定律时，梁横截面正应力分布规律是怎样的？

6-5 抗弯刚度与抗弯截面系数有何区别？

6-6 何谓"中性轴"？如何确定中性轴的位置？

6-7 试说明弯曲正应力公式 $\sigma = \dfrac{My}{I_z}$ 中各字符的含义、σ 符号的确定、公式的适用范围。

6-8 如何确定梁截面上某点的弯曲正应力是拉还是压？

6-9 对于等截面梁，最大弯曲正应力是否一定发生在弯矩最大的横截面上？试分别写出上下对称截面（如矩形、圆形、工字形）以及上下不对称截面（如形）的正应力强度条件。

6-10 弯曲正应力的最大值发生在截面的哪个位置上？试说明公式 $\tau = \dfrac{F_Q S_z^*}{I_z b}$ 中各字符的含义以及此公式的适用用范围。

6-11 弯曲切应力的最大值发生在截面的哪个位置上？矩形截面梁沿梁高剪应力按什么规律变化？最大剪应力发生在何处？如何计算？

6-12 对于工字钢梁，如何计算其最大弯曲切应力？

6-13 梁的合理强度设计有哪些主要措施？

6-14 何谓变截面梁？何谓等强度梁？等强度梁的设计原则是什么？

6-15 何谓弯曲中心？

 习 题

6-1 某悬臂梁受力如图 6-36 所示。若截面有图示四种形式，中空部分的面积 A 都相等。试分析哪

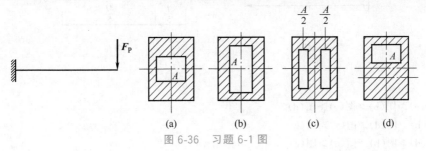

(a)　　　(b)　　　(c)　　　(d)

图 6-36 习题 6-1 图

一种形式截面梁的强度最高。

正确答案是 _____。

6-2 如图 6-37 所示，梁的横截面为 T 形。欲求截面 $m-m$ 线上的切应力，则公式 $\tau = \dfrac{F_{Q}S_z^*}{Ib}$ 中 S_z^* 为截面 $m-m$ 线_____的静矩。

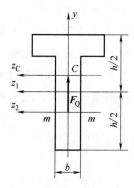

图 6-37 习题 6-2 图

A. 以下部分对形心轴 z_C 轴

B. 以下部分对 z_1 轴

C. 以下部分对 z_2 轴

D. 整个截面对 z_C 轴

6-3 铸铁制成的简支梁承受集中力偶 M_0，如图 6-38 所示。试判断四种横截面（截面面积均为 A）形状中，哪一种可以使许可外力偶矩 M_0 最大。

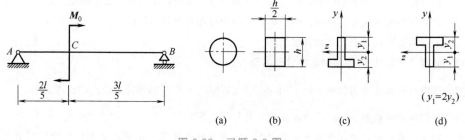

(a) (b) (c) (d)

$(y_1 = 2y_2)$

图 6-38 习题 6-3 图

正确答案是 _____。

6-4 图 6-39 所示的 4 根梁中 q、l、W、$[\sigma]$ 相同。试判断下面关于其强度高低的四种结论中哪一个是正确的。

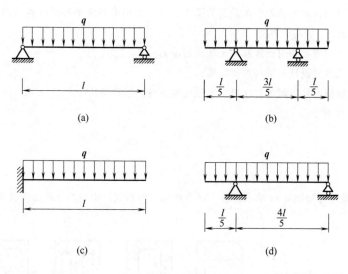

(a) (b)

(c) (d)

图 6-39 习题 6-4 图

A. 图（a）＞图（b）＞图（c）＞图（d）

B. 图（b）＞图（d）＞图（a）＞图（c）

C. 图（d）＞图（b）＞图（a）＞图（c）

D. 图（b）＞图（a）＞图（d）＞图（c）

正确答案是_____。

6-5　如图 6-40 所示，矩形截面简支梁 AB 受均布载荷作用。试计算：①截面 1—1 上点 K 处的弯曲正应力；②截面 1—1 上的最大弯曲正应力，并指出其所在位置；③全梁的最大弯曲正应力，并指出其所在截面和在该截面上的位置。

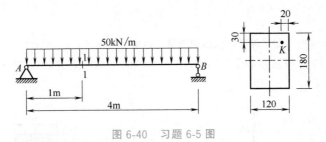

图 6-40　习题 6-5 图

6-6　图 6-41 所示的矩形截面简支梁，承受均布载荷 q 作用。若已知 $q=4\text{kN/m}$，$l=6\text{m}$，$h=2b=240\text{mm}$。试求截面竖放（图 c）和横放（图 b）时梁内的最大正应力，并加以比较。

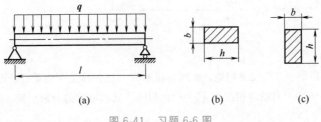

（a）　　　　（b）　　　（c）

图 6-41　习题 6-6 图

6-7　圆截面外伸梁如图 6-42 所示，已知材料的许用应力 $[\sigma]=100\text{MPa}$，试按弯曲正应力强度条件确定梁横截面的直径。

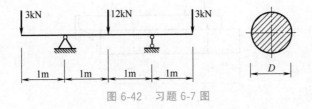

图 6-42　习题 6-7 图

6-8　图 6-43 所示的简易吊车梁 AB 为一根 20a 工字钢，梁自重 $q=10\text{kN/m}$，最大起吊重量 $F=15\text{kN}$，材料的许用应力 $[\sigma]=160\text{MPa}$，试校核该梁的弯曲正应力强度。

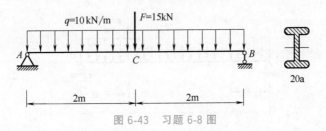

图 6-43　习题 6-8 图

6-9　T 形铸铁截面梁受力如图 6-44 所示。已知 T 形截面对中性轴 z 的惯性矩 $I_z=4000\text{cm}^4$，材料的许用拉应力 $[\sigma_t]=50\text{MPa}$，许用压应力 $[\sigma_c]=120\text{MPa}$。试校核梁的弯曲正应力强度。若载荷不变，但将槽形截面倒置，试问是否合理？何故？

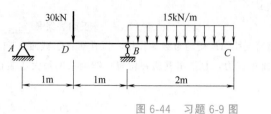

图 6-44　习题 6-9 图

6-10　图 6-45 所示的木制外伸梁，截面为矩形，高宽比 $h/b=1.5$，受行走于 AC 之间的活载 $F=40\text{kN}$ 作用。已知材料的许用应力 $[\sigma]=10\text{MPa}$，$[\tau]=3\text{MPa}$，试问 F 在什么位置时梁为危险工况？并确定梁的截面尺寸 b 和 h。

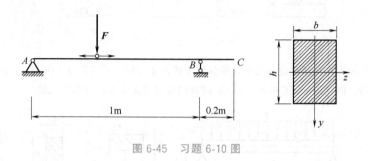

图 6-45　习题 6-10 图

6-11　起重机起吊一根 50b 工字钢梁，如图 6-46 所示。已知该工字钢梁的长度 $l=19\text{m}$，单位长度的重量为 $q=0.99\text{kN/m}$，材料的许用应力 $[\sigma]=120\text{MPa}$。试求吊索的合理位置，并校核起吊的工字钢梁强度。

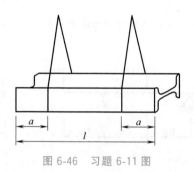

图 6-46　习题 6-11 图

6-12　某简支梁 AB 如图 6-47 所示。$l=2\text{m}$，$a=0.2\text{m}$。梁上作用的载荷 $q=10\text{kN/m}$，$P=200\text{kN}$，材料的许用应力 $[\sigma]=160\text{MPa}$，$[\tau]=100\text{MPa}$，试选择适用的工字钢型号。

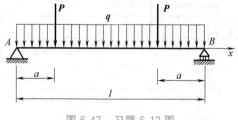

图 6-47　习题 6-12 图

6-13　图 6-48 所示钻床的立柱由铸铁制成，许用拉应力为 $[\sigma_t]=45\text{MPa}$。若 $P=10\text{kN}$，立柱直径 $d=100\text{mm}$，试校核立柱强度。

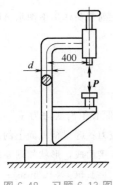

图 6-48 习题 6-13 图

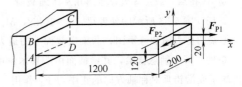

图 6-49 习题 6-14 图

6-14 某矩形截面悬臂梁左端为固定端，受力如图 6-49 所示，图中尺寸单位为 mm。已知 $F_{P1} = 60kN$，$F_{P2} = 4kN$。E 点为横截面形心，试求固定端处横截面上 A、B、C、D 四点的正应力。

6-15 图 6-50 所示的悬臂梁中，集中力 $\boldsymbol{F}_{P1}$ 和 $\boldsymbol{F}_{P2}$ 分别作用在铅垂对称面和水平对称面内，并且垂直于梁的轴线；$F_{P1} = 3.2kN$，$F_{P2} = 1.6kN$，$l = 0.5m$，许用应力 $[\sigma] = 160MPa$。试确定以下两种情形下梁的横截面尺寸：

① 截面为矩形，$h = 2b$；

② 截面为圆形。

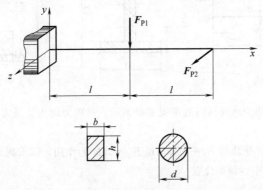

图 6-50 习题 6-15 图

6-16 图 6-51 所示的正方形截面杆一端固定，另一端自由，中间部分开有切槽，杆自由端受有平行于杆轴线的纵向力 $\boldsymbol{F}_{P}$。已知 $F_P = 1.2kN$，杆各部分尺寸如图中所示。试求杆内横截面上的最大正应力。

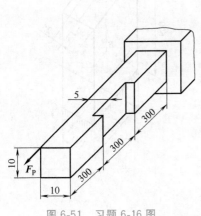

图 6-51 习题 6-16 图

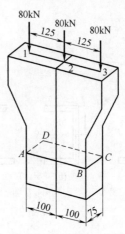

图 6-52 习题 6-17 图

6-17 桥墩受力如图 6-52 所示，图中尺寸单位为 cm。试确定下列载荷作用下图示 ABC 截面 A、B 两点的正应力：

① 在点 1、2、3 处均有 80kN 的压缩载荷；

② 仅在 1、2 两点处各承受 80kN 的压缩载荷；

③ 仅在点 1 或点 3 处承受 80kN 压缩载荷。

6-18 图 6-53 所示的外伸梁，$q=10\text{kN}$，$M_e=8\text{kN}\cdot\text{m}$，截面形心距离底边为 $y_1=55.45\text{mm}$。试求：①梁的剪力图和弯矩图；②梁横截面上的最大拉应力和最大压应力；③梁横截面上的最大切应力。

6-19 某木制悬臂梁，其横截面由 7 块木料用两种钉子 A、B 连接而成，形状如图 6-54 所示。梁在自由端承受沿铅垂对称轴方向的集中力 $\boldsymbol{F}_P$ 作用。已知 $F_P=6\text{kN}$，$I_z=1.504\times10^9\text{mm}^4$；A 种钉子的纵向间距为 75mm，B 种钉子的纵向间距为 40mm（图中未标出）。试求：

① 每一个 A 种钉子所受的剪力；

② 每一个 B 种钉子所受的剪力。

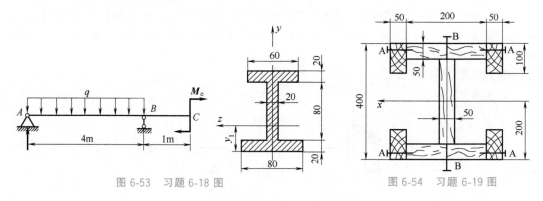

图 6-53 习题 6-18 图　　　　　　　　　　　　图 6-54 习题 6-19 图

6-20 图 6-55 中所示均为承受横向载荷梁的横截面。若剪力均为铅垂方向，试画出各截面上的切应力流方向。

6-21 图 6-56 所示短柱受载荷 $F_1=25\text{kN}$ 和 $F_2=5\text{kN}$ 的作用，试求固定端截面上四角点 A、B、C、D 的正应力，并确定其中性轴的位置。

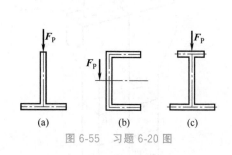

图 6-55 习题 6-20 图

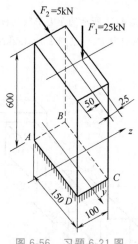

图 6-56 习题 6-21 图

第 **7** 章

应力状态分析

📖 **学习导语**

前面几章分析研究了拉压、扭转和弯曲变形情况下横截面上的应力分布情况，找到了杆件基本变形情况下横截面上应力最大的点，工程上称为危险点。然而，仅仅研究杆件横截面上的应力还不够。例如，在铸铁压缩和扭转实验中，为什么破坏截面在与横截面呈 45°的斜截面上？这就有必要对斜截面上的应力情况进行分析。由几何知识可知，过一个点有无穷多个面。构件受力后，各个截面在该点处的应力一般是不同的。进一步分析过这一点各个截面上应力与横截面上应力的关系，得出任意截面上应力的表达式，从而判定哪一个截面上的正应力最大，哪个截面上的切应力最大，这就是应力状态分析。应力状态分析不仅能很好地解释上述实验现象，更为后面组合变形情况下的强度分析奠定基础，具有重要的工程意义。

7.1 一点处应力状态的概念与确定方法

7.1.1 一点处应力状态的概念

构件受力后，从前述章节给出的应力计算公式可知，一般情况下杆件横截面上不同点的应力是不相同的；而杆件内的同一点，在不同截面上应力一般也是不同的。因此，当提及应力时，应明确"哪一个面哪个点"的应力或"哪个点哪个方向面"上的应力。过一点不同方向面上应力的集合，称为这一点的应力状态。

7.1.2 确定一点处应力状态的方法

为研究受力杆件中任一点的应力状态，可围绕该点截取一个微小的立方体，称为单元体。这一单元体具有以下特征：

① 单元体在三个方向的尺寸趋于无穷小时，单元体便趋于所考察的点；

② 单元体的尺寸无限小，故六个方向面上应力可视为均匀分布；

③ 任意一对平行方向面上的应力相等。

在围绕一点截取微立方体时，一般使微立方体中一个方向面在构件横截面上，然后利用单元体的第 3 个特征和切应力互等定理确定其他方向面上的应力，下面举例说明。

如图 7-1 （a） 所示的工字形截面简支梁，为确定梁 S 截面上 1、2、3 点的应力状态单元体，需先求出 S 截面上的内力 ［图 7-1 （b）］；然后围绕 1、2、3 点截取单元体，一般取单元体的右截面为横截面所在面。再画出横截面上剪力引起的切应力分布和弯矩引起的正应力分布情况 ［图 7-1 （c）］，并据此确定单元体上横截面所在面的应力情况。最后由单元体任意一对平行平面上的应力相等和切应力互等定理，即可确定 1、2、3 点的应力状态，如图 7-1 （d） 所示。

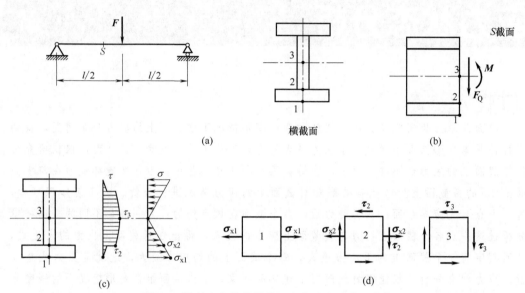

图 7-1　横力弯曲构件横截面上指定点的应力状态

一旦确定了单元体各个面上的应力，过这一点任意方向面上的应力就可根据微元体的局部平衡条件确定。进而确定这些应力中的最大值或最小值，以及它们所在的平面。

7.1.3　主平面与主应力

一般来说，从受力构件某一点处取出的单元体，其方向面上既有正应力，又有切应力，如图 7-1 中第 2 点的应力状态。但是，可以证明，在该点处以不同方位截取的诸单元体中，必有一个特殊的单元体，在这个单元体的方向面上只有正应力而无剪应力，这样的单元体称为该点处的**主单元体**，如图 7-2 所示。主单元体每一个方向面都是**主平面**，主平面上的正应力称为**主应力**。过一点所取的主单元体的三对方向面上有 3 个主应力，这三个主应力按照代数值由大到小的顺序排列，分别记为 σ_1、σ_2、σ_3，即有：$\sigma_1 \geqslant \sigma_2 \geqslant \sigma_3$。

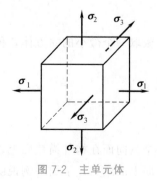

图 7-2　主单元体

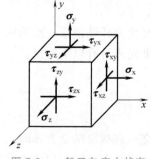

图 7-3　一般三向应力状态

7.1.4　应力状态的分类

图 7-3 所示为应力状态最一般的情形，即三对方向面上都有正应力和切应力作用，称为三向应力状态或空间应力状态。这里 σ_x 和 τ_{xy}、τ_{xz} 是法线与 x 轴平行的面上的正应力和切应力；σ_y 和 τ_{yx}、τ_{yz} 是法线与 y 轴平行的面上的正应力和切应力；σ_z 和 τ_{zx}、τ_{zy} 是法线与 z 轴平行的面上的正应力和切应力。切应力如 τ_{xy}，有两个下角标，第一个下角标表示切应力作用平面的法线方向，为 x 方向；第二个下角标 y 则表示切应力的方向平行于 y 轴。如图 7-4 （a）所示，所有应力作用线都位于平行 xy 平面的同一平面内，称为平面应力状态，或二向应力状态。图 7-4 （b）所示，只受剪应力作用的应力状态，称为纯剪应力状态；图 7-4 （c）所示，只受一个方向正应力作用的应力状态，称为单向应力状态。单向应力状态和纯剪应力状态都是平面应力状态的特例。

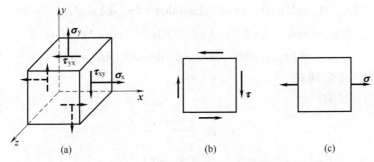

图 7-4　平面应力状态及其特例

7.2　平面应力状态分析——解析法

平面应力状态是工程中最常见的一种应力状态，如图 7-5 （a）所示。此时由于有一对方向面上没有任何应力，故可以用图 7-5 （b）所示的平面微元表示。本节研究在 σ_x、σ_y 和 τ_{xy} 均已知的情况下，如何用解析法来确定与坐标轴 z 平行的任一斜截面 ef 上的应力，以及主平面、主应力和切应力极值。

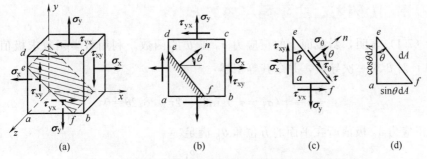

图 7-5　平面应力状态单元体及其斜截面上的受力图

7.2.1　方向角和应力分量正负号的规定

如图 7-5 （b）所示，斜截面的方位以其外法线 n 与 x 的夹角 θ 表示。为方便后续研究计算，对方位角 θ 和正应力与切应力的正负号规定如下：

方位角 θ——从 x 轴正方向逆时针转至外法线 n 正方向时为正，反之为负。

正应力——拉为正；压为负。

切应力——对单元体内任意点的矩顺时针转向时为正，反之为负。

图 7-5 所示的方位角 θ，正应力 σ_x、σ_y 和切应力 τ_{xy} 均为正，τ_{yx} 为负。

7.2.2 任意斜截面上的应力

考察由任意斜截面截出的三角形微元体 eaf，其受力如图 7-5（c）所示，假定斜截面上的应力 σ_θ 与 τ_θ 均为正。设斜截面 ef 的面积为 $\mathrm{d}A$，则截面 ea 和 af 的面积分别为 $\cos\theta\mathrm{d}A$ 与 $\sin\theta\mathrm{d}A$。微元沿斜截面法向和切向的局部平衡方程为

$$\sum F_n = 0,\ \sigma_\theta\mathrm{d}A - (\sigma_x\mathrm{d}A\cos\theta)\cos\theta +$$

$$(\tau_{xy}\mathrm{d}A\cos\theta)\sin\theta - (\sigma_y\mathrm{d}A\sin\theta)\sin\theta + (\tau_{yx}\mathrm{d}A\sin\theta)\cos\theta = 0 \tag{a}$$

$$\sum F_t = 0,\ -\tau_\theta\mathrm{d}A + (\sigma_x\mathrm{d}A\cos\theta)\sin\theta + (\tau_{xy}\mathrm{d}A\cos\theta)\cos\theta$$

$$- (\sigma_y\mathrm{d}A\sin\theta)\cos\theta - (\tau_{yx}\mathrm{d}A\sin\theta)\sin\theta = 0 \tag{b}$$

根据切应力互等定理有 $\qquad\qquad \tau_{xy} = \tau_{yx}$

由三角倍角公式有

$$\cos^2\theta = \frac{1+\cos2\theta}{2}$$

$$\sin^2\theta = \frac{1-\cos2\theta}{2}$$

$$\sin2\theta = 2\sin\theta\cos\theta$$

将上述关系式代入式（a）与式（b），可得

$$\sigma_\theta = \frac{\sigma_x+\sigma_y}{2} + \frac{\sigma_x-\sigma_y}{2}\cos2\theta - \tau_{xy}\sin2\theta \tag{7-1}$$

$$\tau_\theta = \frac{\sigma_x-\sigma_y}{2}\sin2\theta + \tau_{xy}\cos2\theta \tag{7-2}$$

此即平面应力状态中任意斜截面上的应力表达式。

7.2.3 主应力、主平面与主方向

公式（7-1）表明，斜截面上的正应力 σ_θ 是 θ 的函数。利用数学函数求极值的方法，将式（7-1）对 θ 求一次导数，并令其等于零：

$$\frac{\mathrm{d}\sigma_\theta}{\mathrm{d}\theta} = -(\sigma_x-\sigma_y)\sin2\theta - 2\tau_{xy}\cos2\theta = 0 \tag{7-3}$$

可得正应力 σ_θ 极值所在平面的方位角 θ_p 满足

$$\tan2\theta_p = -\frac{2\tau_{xy}}{\sigma_x-\sigma_y} \tag{7-4}$$

由于正切函数的周期为 π，满足上式有意义的 θ_p 可取为

$$\theta_p = \frac{1}{2}\arctan\left(\frac{-2\tau_{xy}}{\sigma_x-\sigma_y}\right) \tag{7-5a}$$

$$\theta'_p = \frac{1}{2}\arctan\left(\frac{-2\tau_{xy}}{\sigma_x - \sigma_y}\right) + \frac{\pi}{2} \tag{7-5b}$$

它们可以确定两个互相垂直的平面，一个是最大正应力所在的平面，另一个是最小正应力所在的平面。当然，由于上面所分析的应力均是平行于 z 轴方向面上的，这里的最大和最小正应力，亦是指这一类方向面上正应力的最大和最小值。

进一步比较式（7-2）和式（7-3）可知，满足式（7-3）的 θ_p 角，恰好使这一方向面上的切应力等于零。回顾前面关于主应力的定义可知，切应力为零的平面上正应力为主应力。因此，上述最大或最小的正应力就是主应力。将式（7-5）代入式（7-1），可得两个主应力分别为

$$\sigma' = \frac{\sigma_x + \sigma_y}{2} + \frac{1}{2}\sqrt{(\sigma_x - \sigma_y)^2 + 4\tau_{xy}^2} \tag{7-6a}$$

$$\sigma'' = \frac{\sigma_x + \sigma_y}{2} - \frac{1}{2}\sqrt{(\sigma_x - \sigma_y)^2 + 4\tau_{xy}^2} \tag{7-6b}$$

对于平面应力状态图 7-5（b），z 方向面上没有应力；根据主平面的定义，这一对方向面也为主平面，其上的正应力为主应力，即有

$$\sigma''' = 0 \tag{7-6c}$$

至此，平面应力状态下的三个主应力均找到了，将这三个主应力 σ'、σ''、σ''' 按代数值从大到小排序，即可得 σ_1、σ_2、σ_3。

7.2.4 平面应力状态的切应力极值

与主应力的分析过程类似，公式（7-2）表明，斜截面上的切应力 τ_θ 亦是 θ 的函数。将式（7-2）对 θ 求一次导数，并令其等于零，可得切应力极值所在平面的方位角 θ_s 满足

$$\tan 2\theta_s = \frac{\sigma_x - \sigma_y}{2\tau_{xy}} \tag{7-7}$$

将满足式（7-7）的 θ_s 角代入式（7-2），可求得面内最大和最小切应力，分别为

$$\tau_{max} = \frac{1}{2}\sqrt{(\sigma_x - \sigma_y)^2 + 4\tau_{xy}^2} \tag{7-8a}$$

$$\tau_{min} = -\frac{1}{2}\sqrt{(\sigma_x - \sigma_y)^2 + 4\tau_{xy}^2} \tag{7-8b}$$

又因

$$\tan 2\theta_p \tan 2\theta_s = -\frac{2\tau_{xy}}{\sigma_x - \sigma_y} \times \frac{\sigma_x - \sigma_y}{2\tau_{xy}} = -1$$

可知，$2\theta_p$ 与 $2\theta_s$ 互余，有 $\theta_s = \theta_p \pm \dfrac{\pi}{4}$，即切应力极值所在的方向面与主平面相交成 $45°$ 角。

需要特别说明的是，由式（7-8）求得的最大和最小切应力，只是与 z 轴平行的这一类方向面上切应力的最大和最小值，不一定是过一点所有方向面中的最大切应力。

【例题 7-1】 已知单元体应力状态如图 7-6 所示，试求：

① $e—f$ 截面上的应力情况；

② 主应力和主单元体的方位。

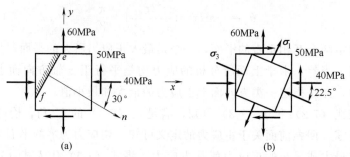

图 7-6　例题 7-1 图

解：(1) 求 e—f 截面上的正应力和切应力

用式 (7-1)、式 (7-2) 即可计算 e—f 截面上的正应力和切应力，公式使用时，要注意根据前面正负号的规定判断各已知量的正负号。根据图 7-6 中应力方向，可知

$$\sigma_x = -40\text{MPa}, \quad \sigma_y = 60\text{MPa}, \quad \tau_{xy} = -50\text{MPa}, \quad \theta = -30°$$

代入式 (7-1)、式 (7-2)，则

$$\sigma_{-30°} = \frac{\sigma_x + \sigma_y}{2} + \frac{\sigma_x - \sigma_y}{2}\cos 2\theta - \tau_{xy}\sin 2\theta$$

$$= \frac{-40+60}{2} + \frac{-40-60}{2}\cos(-60°) - (-50)\sin(-60°)$$

$$= -58.3 \text{ (MPa)}$$

$$\tau_{-30°} = \frac{\sigma_x - \sigma_y}{2}\sin 2\theta + \tau_{xy}\cos 2\theta$$

$$= \frac{-40-60}{2}\sin(-60°) + (-50)\cos(-60°)$$

$$= 18.3 \text{ (MPa)}$$

(2) 求主应力的方位和主应力

由式 (7-4) 得

$$\tan 2\theta_p = -\frac{2\tau_{xy}}{\sigma_x - \sigma_y} = -\frac{2\times(-50)}{-40-60} = -1$$

$$\Rightarrow 2\theta_p = \begin{cases} -45° \\ 135° \end{cases} \qquad \theta_p = \begin{cases} -22.5° \\ 67.5° \end{cases}$$

将 $\theta_p = -22.5°$ 和 $\theta_p = 67.5°$ 分别代入式(7-1)，可得

$$\sigma_{-22.5°} = \frac{-40+60}{2} + \frac{-40-60}{2}\cos(-45°) - (-50)\sin(-45°) = -60.7 \text{ (MPa)}$$

$$\sigma_{67.5°} = \frac{-40+60}{2} + \frac{-40-60}{2}\cos 135° - (-50)\sin 135° = 80.7 \text{ (MPa)}$$

也可由式 (7-6) 直接计算

$$\begin{cases} \sigma' \\ \sigma'' \end{cases} = \frac{\sigma_x + \sigma_y}{2} \pm \sqrt{\left(\frac{\sigma_x - \sigma_y}{2}\right)^2 + \tau_{xy}^2} = \begin{cases} 80.7\text{MPa} \\ -60.7\text{MPa} \end{cases}$$

故三个主应力分别为

$$\sigma_1 = 80.7\text{MPa}, \qquad \sigma_2 = 0, \qquad \sigma_3 = -60.7\text{MPa}$$

由此可得主单元体如图 7-6（b）所示。

【例题 7-2】 如图 7-7 所示，悬臂梁受载荷 $F = 10\text{kN}$ 作用。试绘制 $m—m$ 截面上点 A 处的单元体应力状态图，并确定主应力的大小及方位。

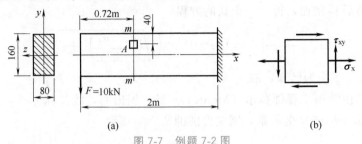

图 7-7 例题 7-2 图

解：（1）求 A 点所在横截面 $m—m$ 上的内力

由力系简化法，可知

$$F_Q = -10\text{kN}, \ M = -7.2\text{kN}\cdot\text{m}$$

（2）求 $m—m$ 截面上 A 点的应力

$$\sigma_x = \frac{M y_A}{I_z} = \frac{7.2 \times 10^3 \times (80-40) \times 10^{-3} \times 12}{80 \times 160^3 \times 10^{-12}}\text{Pa} = 10.55\text{MPa}$$

$$\tau_{xy} = \frac{F_Q S_z^*}{I_z b} = \frac{-10 \times 10^3 \times 40 \times 80 \times \left(80 - \frac{40}{2}\right) \times 10^{-9}}{\frac{1}{12} \times 80 \times 160^3 \times 10^{-12} \times 80 \times 10^{-3}}\text{Pa} = -0.88\text{MPa}$$

（3）截取单元体

过 A 点截取单元体如图 7-7（b）所示，为平面应力状态。

（4）计算主应力和主方向

由式（7-6）得

$$\begin{cases} \sigma' \\ \sigma'' \end{cases} = \frac{\sigma_x + \sigma_y}{2} \pm \sqrt{\left(\frac{\sigma_x - \sigma_y}{2}\right)^2 + \tau_{xy}^2} = \frac{10.55}{2} \pm \sqrt{\left(\frac{10.55}{2}\right)^2 + 0.88^2} = \begin{cases} 10.62\text{MPa} \\ -0.07\text{MPa} \end{cases}$$

对于平面应力状态

$$\sigma''' = 0$$

所以，单元体的主应力

$$\sigma_1 = 10.62\text{MPa}, \ \sigma_2 = 0\text{MPa}, \ \sigma_3 = -0.07\text{MPa}$$

由式（7-5）得主平面方位角

$$\alpha_0 = \frac{1}{2}\arctan\left(-\frac{2\tau_{xy}}{\sigma_x - \sigma_y}\right) = 4.74° \ 或 \ \alpha_0 = 4.74° + 90° = 94.74°$$

7.3 平面应力状态分析——图解法

7.3.1 应力圆

将任意斜截面上的应力计算公式（7-1）、式（7-2）改写为

$$\sigma_\theta - \frac{\sigma_x + \sigma_y}{2} = \frac{\sigma_x - \sigma_y}{2}\cos 2\theta - \tau_{xy}\sin 2\theta$$

$$\tau_\theta - 0 = \frac{\sigma_x - \sigma_y}{2}\sin 2\theta + \tau_{xy}\cos 2\theta$$

将两式平方后再相加，得到一个新的方程

$$\left(\sigma_\theta - \frac{\sigma_x + \sigma_y}{2}\right)^2 + (\tau_\theta - 0)^2 = \left(\sqrt{\left(\frac{\sigma_x - \sigma_y}{2}\right)^2 + \tau_{xy}^2}\right)^2 \tag{7-9}$$

因 σ_x、σ_y、τ_{xy} 均为已知，故上式是一个以 σ_θ、τ_θ 为变量的圆的方程，这种圆称为应力圆。应力圆是由德国工程师莫尔（Mohr.O）最先提出的，故又称为莫尔圆。若以 σ_θ 为横坐标、τ_θ 为纵坐标建立坐标系，则应力圆的圆心坐标为

$$\left(\frac{\sigma_x + \sigma_y}{2}, 0\right) \tag{7-10}$$

应力圆的半径为

$$\sqrt{\left(\frac{\sigma_x - \sigma_y}{2}\right)^2 + \tau_{xy}^2} \tag{7-11}$$

7.3.2 应力圆的画法

在 σ_θ-τ_θ 坐标下绘制应力圆，原则上可直接用式（7-10）、式（7-11）确定应力圆的圆心坐标和半径后绘制应力图，但这一画法需要先计算出圆心坐标和半径，材料力学中并不常用。以图 7-8 所示的平面应力状态为例，说明材料力学中应力圆的画法。

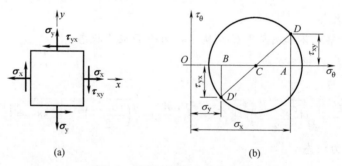

(a) (b)

图 7-8 平面应力状态的应力圆

建立 σ_θ-τ_θ 坐标系，如图 7-8（b）所示；按一定比例尺量取 $OA = \sigma_x$，$AD = \tau_{xy}$，得 D 点，量取 $OB = \sigma_y$，$BD' = \tau_{yx}$，得 D' 点；连接 DD' 两点的直线与 σ 轴相交于 C 点；以 C 为圆心，CD 为半径作圆。由图 7-8（b）中的几何关系，不难得出，C 点的坐标为 $\left(\frac{\sigma_x + \sigma_y}{2}, 0\right)$，$CD$ 长为 $\sqrt{\left(\frac{\sigma_x - \sigma_y}{2}\right)^2 + \tau_{xy}^2}$。因此，所画的这个圆就是相应于该单元体的应力圆。

根据上述过程，将材料力学中画应力圆的步骤小结如下：

① 建立 σ_θ-τ_θ 坐标系，设好比例尺；

② 把单元体两垂直方向面上的应力分别写成（σ_θ，τ_θ）坐标形式，在 σ_θ-τ_θ 坐标系下找到其所对应的两点；

③ 连接上述两点，其与横坐标的交点为圆心，两点连线即为应力圆的直径，由此即可得单元体对应的应力圆。

同时，通过类比关系，可得单元体与其应力圆的 3 种对应关系：

① 点面对应：单元体某一方向面上的应力，必对应于应力圆上某一点的坐标（正应力对应点的横坐标，切应力对应点的纵坐标）。

② 两倍角对应：圆周上任意两点所对应的圆心角（即相应半径转过的角度）等于单元体上对应的两方向面夹角的两倍。

③ 转向对应：单元体上，从任一初始方向面转到终了方向面的转向与应力圆上相对应的初始点沿圆周转到终了点的转向一致。

7.3.3 应力圆的应用

（1）确定单元体内任意斜截面上的正应力和切应力

例如，为求图 7-9 所示 θ 截面上的应力，由类比关系可知，只需从 x 方向面所对应的 D 点将半径 CD 顺着方位角 θ 的转向旋转 2θ 至 CE 处，则 E 点的坐标 $(\sigma_\theta, \tau_\theta)$ 即为 θ 方向面上的正应力和切应力，如图 7-9（b）所示。这一结论，可由图中的几何关系得到证明，过程如下：

将 $\angle DCF$ 用 $2\theta_p$ 表示，则

$$\overline{OF} = \overline{OC} + \overline{CF} = \overline{OC} + \overline{CE}\cos(2\theta + 2\theta_p)$$

$$= \overline{OC} + \overline{CD}\cos2\theta\cos2\theta_p - \overline{CD}\sin2\theta\sin2\theta_p$$

$$= \frac{\sigma_x + \sigma_y}{2} + \frac{\sigma_x - \sigma_y}{2}\cos2\theta - \tau_{xy}\sin2\theta = \sigma_\theta$$

$$\overline{EF} = \overline{CE}\sin(2\theta + 2\theta_p)$$

$$= \overline{CD}\sin2\theta\cos2\theta_p + \overline{CD}\cos2\theta\sin2\theta_p$$

$$= \frac{\sigma_x - \sigma_y}{2}\sin2\theta + \tau_{xy}\cos2\theta$$

$$= \tau_\theta$$

这再一次验证了 3 个类比关系的正确性。

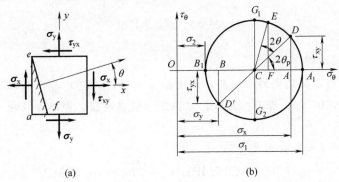

（a）　　　　　　　　　　（b）

图 7-9　由应力圆确定平面应力状态单元体任意方向面上的应力

（2）确定主应力、主平面和面内最大切应力

利用应力圆，可以更直观地确定主应力、主平面和面内最大切应力。如图 7-9（b）所示，由观察可知，A_1 和 B_1 点有最大和最小的正应力，且在横坐标上，切应力为零，故这两点横坐标的值亦为主应力。由几何关系可知

$$\sigma_1 = \overline{OA_1} = \overline{OC} + \overline{CA_1} = \frac{\sigma_x + \sigma_y}{2} + \frac{1}{2}\sqrt{(\sigma_x - \sigma_y)^2 + 4\tau_{xy}^2}$$

$$\sigma_2 = \overline{OB_1} = \overline{OC} + \overline{CB_1} = \frac{\sigma_x + \sigma_y}{2} - \frac{1}{2}\sqrt{(\sigma_x - \sigma_y)^2 + 4\tau_{xy}^2}$$

这与式（7-6）完全相同。从应力圆上还可以看出，从 D 点（x 方向面所对应的点）沿圆周顺时针转到 A_1 点的圆心角为 $2\theta_p$，则单元体中，从 x 方向面顺时针转动 θ_p 和 Q_p $+90°$，即可得两主平面所在的位置。

G_1 和 G_2 为应力圆上的最高点和最低点，有最大和最小的切应力，其纵坐标的值与应力圆半径相等，故有

$$\tau_{\max} = \frac{1}{2}\sqrt{(\sigma_x - \sigma_y)^2 + 4\tau_{xy}^2}$$

$$\tau_{\min} = -\frac{1}{2}\sqrt{(\sigma_x - \sigma_y)^2 + 4\tau_{xy}^2}$$

这与式（7-8）完全相同。从 A_1 到 G_1 所对应的圆心角为 $90°$，说明主平面与切应力极值所在的平面相交成 $45°$。这与前面的结论也完全一致。

最后，需要指出的是，应用过程中，应力圆更多地是作为思考、分析问题的工具，而不是计算工具。

【例题 7-3】 试用图解法解例题 7-1。

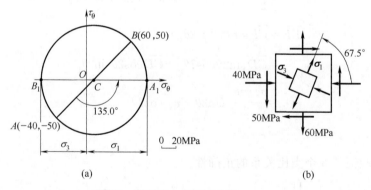

图 7-10 例题 7-3 图

解：（1）画应力圆

在 σ_θ-τ_θ 平面内，按选定的比例尺，由坐标 $(-40, -50)$ 与 $(60, 50)$ 分别确定 A 点与 B 点，如图 7-10（a）所示。然后，以 AB 为直径画圆，即得相应应力圆。

（2）求主应力

根据应力圆，按所选比例尺量得

$$\sigma_1 = \overline{OA_1} = 80.7\text{MPa}, \quad \sigma_3 = \overline{OB_1} = -60.7\text{MPa}$$

对平面应力状态，还有主应力 $\sigma_2 = 0$。

（3）确定主平面的方位

在应力圆上由 A 到 A_1 为逆时针转向，并量得 $\angle ACA_1 = 2\alpha_0 = 135°$。所以，在单元体上从 x 轴以逆时针转向量取 $\alpha_0 = 67.5°$，即得 σ_1 所在主平面，如图 7-10（b）所示，将 σ_1 所在方向面继续逆时针旋转 $90°$，即得 σ_3 所在主平面。

【例题 7-4】 试用图解法分析铸铁扭转时为什么在 $45°$ 方向面上发生破坏？

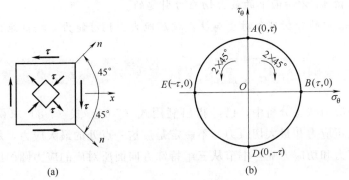

图 7-11 例题 7-4 图

解：（1）画危险点的应力状态

铸铁扭转时其外表面危险点的应力状态如图 7-11（a）所示，为纯切应力状态。

（2）画该单元体的应力圆

把单元体两垂直方向面上的应力写成坐标形式，在 σ_θ-τ_θ 坐标系下，由坐标 $(0, \tau)$ 与 $(0, -\tau)$ 分别确定 A 点和 D 点，以 AD 为直径画圆，即得相应应力圆，如图 7-11（b）所示。

（3）原因分析

从应力圆上可以看出，x 方向面顺时针旋转 $45°$ 时，其方向面上有最大的拉应力（B 点）；x 方向面逆时针旋转 $45°$ 时，其方向面上有最大的压应力（E 点）。而铸铁抗压能力大于抗拉能力，因此，可以认为铸铁扭转时在 $45°$ 方向面上发生破坏的原因是由最大拉应力引起的。

【例题 7-5】 试用图解法分析铸铁压缩时为什么在 $45°$ 方向面上发生破坏？

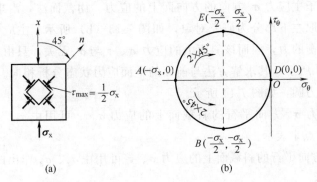

图 7-12 例题 7-5 图

解：① 画出铸铁压缩时危险点的单元体，如图 7-12（a）所示。

② 画该单元体的应力圆分析。在 σ_θ-τ_θ 坐标系下，由坐标 $(-\sigma_x, 0)$ 与 $(0, 0)$ 分

别确定 A 点和 D 点，以 AD 为直径画圆，即得相应应力圆，如图 7-12（b）所示，由图中可知 $\tau_{\max} = \dfrac{\sigma_{\mathrm{x}}}{2}$。

③ 从应力圆上可以看出，x 方向面顺时针旋转 45° 时，其方向面上，既有正应力，又有切应力，对应于应力圆上的 E 点；正应力不是最大值，但切应力却是最大值，说明铸铁压缩破坏时是由 45° 方向面上的最大切应力引起的。

结合例题 7-5 中的分析可知对于铸铁：抗压能力 ＞ 抗剪能力 ＞ 抗拉能力。

7.4　一点处的最大应力

在前面平面应力状态分析中，已经指出利用式（7-6）、式（7-8）求得的只是某一类方向面上的最大正应力和最大切应力，不一定是过这一点处的最大应力，那么如何求过一点处的最大正应力和切应力呢？本节从三组特殊方向面所对应的应力圆的绘制出发，回答这一问题。

7.4.1　三组特殊的方向面及其所对应的应力圆

已知受力物体内某一点处的三个主应力分别为 σ_1、σ_2、σ_3，如图 7-13（a）所示，现分析平行于三个主应力方向的三组特殊方向面上的应力。

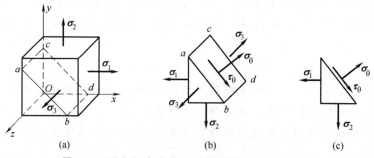

图 7-13　平行于主应力 σ_3 方向的方向面上的应力

首先研究平行于主应力 σ_3 方向的方向面上的应力。用截面法，沿求应力的截面将单元体截为两部分，取左下部分为研究对象，如图 7-13（b）所示。主应力 σ_3 所在的两平面上是一对自相平衡的力，因而该斜面上的应力 σ、τ 与 σ_3 无关，只由主应力 σ_1、σ_2 决定，如图 7-13（c）所示。其求解方法与前面的平面应力状态分析相同。由 σ_1、σ_2 可以作出直径为 AB 的应力圆，如图 7-14 所示。

同理，与主应力 σ_2 方向平行的斜截面上的应力 σ、τ 可用由 σ_1、σ_3 作出的应力圆（直径为 AC）上的点来表示。

与主应力 σ_1 方向平行的斜截面上的应力 σ、τ 可用由 σ_2、σ_3 作出的应力圆（直径为 CB）上的点来表示。

这三个应力圆两两相切，称为三向应力圆。

对于与三个主平面斜交的任意斜截面 abc（图 7-15），可证，该截面上应力 σ 和 τ 对应的 D 点必位于上述三个应力圆所围成的阴影内。

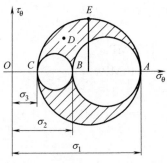

图 7-14　三向应力状态的应力圆

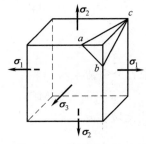

图 7-15　与三个主平面斜交的任意斜截面

7.4.2　一点处的最大应力

对于一般情形下的应力状态，总可以找到它的三个主应力，因此，也可以类似找到其所对应的三向应力圆。三个应力圆圆周上的点及由它们围成的阴影部分上的点坐标代表了一般应力状态下所有截面上的应力，观察图 7-14，不难得出以下结论：

一点处的最大正应力（指代数值）应等于最大应力圆上 A 点的横坐标，即

$$\sigma_{max} = \sigma_1$$

一点处的最大切应力等于最大应力圆的半径（图 7-14 中的 E 点），即

$$\tau_{max} = \frac{\sigma_1 - \sigma_3}{2}$$

【例题 7-6】　已知某危险点的应力状态图如图 7-16（a）所示，单位为 MPa。①求三个主应力；②求该点处的最大切应力。

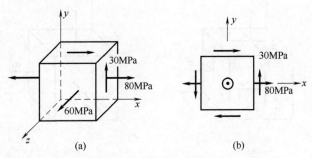

图 7-16　例题 7-6 图

解：（1）求三个主应力

由观察可知，所给应力状态中，有一个主应力是已知的，即

$$\sigma''' = 60\text{MPa}$$

微元上与 σ''' 平行方向面上的应力值与 σ''' 无关，在求 σ' 和 σ'' 时，可将其视为图 7-16（b）所示的平面应力状态。在图示坐标系下

$$\sigma_x = 80\text{MPa}, \ \sigma_y = 0, \ \tau_{xy} = -30\text{MPa}$$

另外两个主应力计算如下：

$$\begin{cases} \sigma' \\ \sigma'' \end{cases} = \frac{\sigma_x + \sigma_y}{2} \pm \frac{1}{2}\sqrt{(\sigma_x - \sigma_y)^2 + 4\tau_{xy}^2}$$

$$= \frac{80}{2} \pm \frac{1}{2}\sqrt{80^2 + 4 \times 30^2} = \begin{cases} 90\text{MPa} \\ -10\text{MPa} \end{cases}$$

故三个主应力分别为

$$\sigma_1 = 90\text{MPa}, \qquad \sigma_2 = 60\text{MPa}, \qquad \sigma_3 = -10\text{MPa}$$

（2）最大切应力

$$\tau_{max} = \frac{\sigma_1 - \sigma_3}{2} = \frac{90 + 10}{2} = 50 \quad (\text{MPa})$$

7.5 广义胡克定律

研究一般应力状态下的胡克定律时，各应力和应变的正负号规定与前面章节的规定相同。实验结果表明，单向应力状态下应力与应变之间有如下关系：

$$\varepsilon_x = \frac{\sigma_x}{E}$$

实验结果亦表明，y、z 方向上的正应力 σ_y、σ_z，也会引起 x 方向上的线应变，具体关系如下：

$$\varepsilon'_x = -\nu\varepsilon_y = -\frac{\nu\sigma_y}{E}$$

$$\varepsilon''_x = -\nu\varepsilon_z = -\frac{\nu\sigma_z}{E}$$

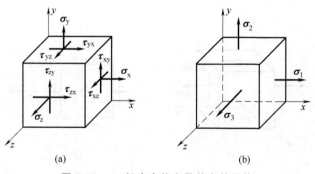

(a)   (b)

图 7-17　一般应力状态及其主单元体

对于图 7-17（a）所示的应力状态，应用叠加原理有

$$\varepsilon_x = \frac{1}{E}[\sigma_x - \nu(\sigma_y + \sigma_z)] \tag{7-12a}$$

同理可得

$$\varepsilon_y = \frac{1}{E}[\sigma_y - \nu(\sigma_z + \sigma_x)] \tag{7-12b}$$

$$\varepsilon_z = \frac{1}{E}[\sigma_z - \nu(\sigma_x + \sigma_y)] \tag{7-12c}$$

对于切应力，当切应力不超过材料的剪切比例极限时，同一平面内的切应力与切应变依然服从纯切应力状态下的剪切胡克定律，且与正应力分量无关，有

$$\left.\begin{array}{l} \gamma_{xy} = \dfrac{\tau_{xy}}{G} \\[3mm] \gamma_{xz} = \dfrac{\tau_{xz}}{G} \\[3mm] \gamma_{yz} = \dfrac{\tau_{yz}}{G} \end{array}\right\} \tag{7-13}$$

式（7-12）、式（7-13）称为广义胡克定律。广义胡克定律说明，在某一方向上应力为零，但应变不一定为零；反之，亦然。

广义胡克定律中有 3 个与材料有关的弹性常数 E、G、ν，它们之间不是相互独立的，对于同一种各向同性材料，满足式（5-3）。

对于主单元体 [图 7-17（b）]，使 x、y、z 方向与三个主应力 σ_1、σ_2、σ_3 的方向一致，则广义胡克定律变为

$$\left.\begin{array}{l} \varepsilon_1 = \dfrac{1}{E}[\sigma_1 - \nu(\sigma_2 + \sigma_3)] \\[3mm] \varepsilon_2 = \dfrac{1}{E}[\sigma_2 - \nu(\sigma_3 + \sigma_1)] \\[3mm] \varepsilon_3 = \dfrac{1}{E}[\sigma_3 - \nu(\sigma_1 + \sigma_2)] \end{array}\right\} \tag{7-14}$$

式中，ε_1、ε_2、ε_3 分别为沿三个主应力 $\boldsymbol{\sigma}_1$、$\boldsymbol{\sigma}_2$、$\boldsymbol{\sigma}_3$ 方向的应变，称为主应变。

【例题 7-7】 如图 7-18（a）所示为承受内压的薄壁容器。为测量容器所承受的内压力值，在容器表面用电阻应变片测得环向应变 $\varepsilon_t = 400 \times 10^{-6}$。若已知容器平均直径 $D = 500\text{mm}$，壁厚 $\delta = 10\text{mm}$，容器材料的弹性模量 $E = 210\text{GPa}$，$\nu = 0.25$。试：

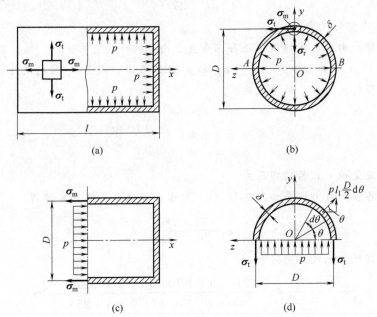

图 7-18　例题 7-7 图

① 分析薄壁容器上任一点的应力状态。

② 计算容器所受的内压力。

解：（1）分析薄壁容器上任一点的应力状态

① 容器横截面上的正应力表达式。

容器横截面上的正应力沿着容器轴线方向，称为轴向应力或纵向应力，用 σ_m 表示。为求轴向应力，用横截面将容器和气体一起截出，其受力如图 7-18（c）所示。由于壁很薄，可认为轴向应力在横截面上均匀分布。根据平衡方程

$$\Sigma F_x = 0, \quad \sigma_m (\pi D \delta) - p \frac{\pi D^2}{4} = 0$$

由此解出

$$\sigma_m = \frac{pD}{4\delta}$$

② 容器纵截面上的正应力表达式。

过圆心 O 的容器纵截面上的正应力沿着圆周的切线方向，故称为环向应力，用 σ_t 表示。同样，因为壁很薄，可以认为环向应力在纵截面上均匀分布。

为求环向应力，假想先从容器上截出长为 l_1 一段（包含气体），再用一直径平面将圆筒截为两部分；取上半环为研究对象，如图 7-18（d）所示。根据平衡方程

$$\Sigma F_y = 0$$

可以写出

$$\sigma_t (l_1 \times 2\delta) - \int_0^\pi p l_1 \frac{D}{2} \sin\theta d\theta = 0$$

$$\sigma_t (l_1 \times 2\delta) - pD l_1 = 0$$

由此解出

$$\sigma_t = \frac{pD}{2\delta}$$

③ 垂直于内壁的应力。

在容器内壁，由于内压作用，还存在垂直于内壁的径向应力 $\sigma_r = -p$。但是，对于薄壁容器，由于 $D/\delta \geqslant 1$，故 $\sigma_r = -p$ 与 σ_m 和 σ_t 相比甚小；而且 σ_r 自内向外沿壁厚方向逐渐减小，至外壁时变为零。故可假定

$$\sigma_r = 0$$

上述三种应力所在的平面，两两相互垂直，如图 7-18（b）所示，且其方向面上无正应力。因此，上述 3 个正应力，亦为该点处的 3 个主应力。

（2）根据应变确定容器的内压力

容器表面各点的应力状态如图 7-18（a）所示。根据广义胡克定律得

$$\varepsilon_t = \frac{\sigma_t}{E} - \nu \frac{\sigma_m}{E}$$

将有关数据代入上式，解得

$$p = \frac{2E\delta\varepsilon_t}{D(1-0.5\nu)} = \frac{2 \times 210 \times 10^9 \times 10 \times 10^{-3} \times 400 \times 10^{-6}}{500 \times 10^{-3} \times (1-0.5 \times 0.25)} \text{Pa}$$

$$= 3.84 \times 10^6 \text{Pa} = 3.84 \text{MPa}$$

7.6　应变能与应变能密度

7.6.1　应变能与应变能密度简介

在小变形条件下，相应力和位移存在线性关系，如图 7-19 所示。这时力做功为

$$W = \frac{1}{2} F_P \Delta$$

根据能量守恒定律，材料在弹性范围内工作时，外力所做的功会储存到材料的变形能中。这种能量称为弹性应变能，简称应变能。

如图 7-17（b）所示的微元，设单元体沿 x、y、z 三个方向的边长分别为 dx、dy 和 dz，则微元的体积可表示为

$$dV = dx\,dy\,dz \tag{7-15}$$

在线弹性范围内，在 $\boldsymbol{\sigma}_1$、$\boldsymbol{\sigma}_2$、$\boldsymbol{\sigma}_3$ 作用下，作用在微元上的外力所做的功为

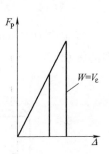

图 7-19　外力功与应变能

$$dW = \frac{1}{2}(\sigma_1 dy\,dz)(\varepsilon_1 dx) + \frac{1}{2}(\sigma_2 dy\,dz)(\varepsilon_2 dx) + \frac{1}{2}(\sigma_3 dy\,dz)(\varepsilon_3 dx)$$

$$= \frac{1}{2}(\sigma_1 \varepsilon_1 + \sigma_2 \varepsilon_2 + \sigma_3 \varepsilon_3)dx\,dy\,dz$$

对于弹性体，此功将转变为弹性应变能 dV_ε：

$$dV_\varepsilon = dW = \frac{1}{2}(\sigma_1 \varepsilon_1 + \sigma_2 \varepsilon_2 + \sigma_3 \varepsilon_3)dx\,dy\,dz$$

将式（7-15）代入上式，有

$$dV_\varepsilon = dW = \frac{1}{2}(\sigma_1 \varepsilon_1 + \sigma_2 \varepsilon_2 + \sigma_3 \varepsilon_3)dV$$

定义 dV_ε/dV 为应变能密度，并将式（7-14）代入上式，得三向应力状态下总应变能密度为

$$v_e = \frac{1}{2E}\left[\sigma_1^2 + \sigma_2^2 + \sigma_3^2 - 2\nu(\sigma_1\sigma_2 + \sigma_2\sigma_3 + \sigma_3\sigma_1)\right] \tag{7-16}$$

7.6.2　体积应变

图 7-17（b）中，设单元体在 $\boldsymbol{\sigma}_1$、$\boldsymbol{\sigma}_2$、$\boldsymbol{\sigma}_3$ 作用下，x、y、z 方向的正应变分别为 ε_1、ε_2、ε_3，则 3 个棱边的长度改变量 Δdx、Δdy、Δdz 分别为

$$\begin{aligned} \Delta dx &= \varepsilon_1 dx \\ \Delta dy &= \varepsilon_2 dy \\ \Delta dz &= \varepsilon_3 dz \end{aligned} \tag{7-17}$$

由于是主单元体，无剪应变，变形后 3 个棱边仍互相垂直，故变形后的体积为

$$dV_1 = (1+\varepsilon_1)(1+\varepsilon_2)(1+\varepsilon_3)dx\,dy\,dz$$

将上式展开，忽略二阶以上微量，有

$$dV_1 = (\varepsilon_1 + \varepsilon_2 + \varepsilon_3)dx\,dy\,dz$$

则单元体的体积应变可表示为

$$e = \frac{dV_1 - dV}{dV} = \varepsilon_1 + \varepsilon_2 + \varepsilon_3 \tag{7-18}$$

将胡克定律式（7-14）代入上式，得到用应力表示的体积应变

$$e = \varepsilon_1 + \varepsilon_2 + \varepsilon_3 = \frac{1-2\nu}{E}(\sigma_1 + \sigma_2 + \sigma_3) \tag{7-19}$$

7.6.3　畸变能密度与体积改变能密度

将主应力表示的三向应力状态［图7-20（a）］，分解为图7-20（b）、（c）两种应力状态的叠加。

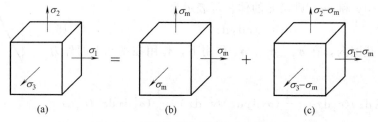

图 7-20　单元体的体积改变与形状改变

其中

$$\sigma_m = \frac{1}{3}(\sigma_1 + \sigma_2 + \sigma_3)$$

图（b）中，微元在平均应力作用下中只产生体积改变，而无形状改变。由式（7-16），可得相应应变能密度，即体积改变比能密度为

$$v_V = \frac{1-2\nu}{6E}(\sigma_1 + \sigma_2 + \sigma_3)^2 \tag{7-20}$$

图（c）中，将其3个主应力代入式（7-18），可知微元无体积改变，只产生形状改变。由 $v_d = v_e - v_v$，可得相应应变能密度，即畸变能密度为

$$v_d = \frac{1+\nu}{6E}\left[(\sigma_1 - \sigma_2)^2 + (\sigma_2 - \sigma_3)^2 + (\sigma_3 - \sigma_1)^2\right] \tag{7-21}$$

畸变能密度表达式的获得，为后面一般应力情况下畸变能密度准则的建立奠定了基础。

 复习思考题

7-1　什么是点的应力状态？什么是二向应力状态？试列举二向应力状态的实例。

7-2　二向应力状态时如何利用应力圆求任意斜截面上的应力？

7-3　什么是主平面和主应力？如何确定主应力的大小和方位？

7-4　图7-21所示的单元体（图中应力单位为MPa）各属什么应力状态？

7-5　最大切应力所在平面上有无正应力？应如何计算单元体的最大切应力？

7-6　应力圆与单元体的对应关系是什么？

7-7　什么是广义胡克定律？试说明广义胡克定律 $\varepsilon_1 = \frac{1}{E}\left[\sigma_1 - \nu(\sigma_2 + \sigma_3)\right]$ 式中所包含的叠加

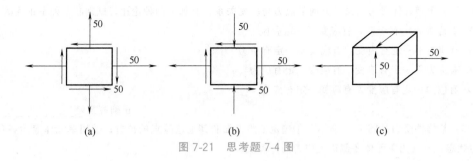

图 7-21 思考题 7-4 图

概念。

7-8 若受力构件内某点沿某一方向有线应变，则该点沿此方向一定有正应力吗？

7-9 石料、混凝土等脆性材料在轴向压缩时，会沿纵截面开裂，为什么？

7-10 脆性材料圆轴扭转时总是沿与轴线成 45°的螺旋面断裂，而塑性材料圆轴扭转时则沿横截面断裂，为什么？

 习 题

7-1 在微体上，可以认为_____。

A. 每个面上的应力是均匀分布的，一对平行面上的应力相等

B. 每个面上的应力是均匀分布的，一对平行面上的应力不等

C. 每个面上的应力是非均匀分布的，一对平行面上的应力相等

D. 每个面上的应力是非均匀分布的，一对平行面上的应力不等

7-2 微元受力如图 7-22 所示，图中应力单位为 MPa。根据不为零主应力的数目判断它是_____
_____。

A. 二向应力状态

B. 单向应力状态

C. 三向应力状态

D. 纯切应力状态

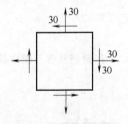

图 7-22 习题 7-2 图

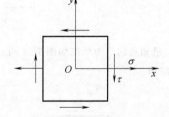

图 7-23 习题 7-3 图

7-3 对于图 7-23 所示的应力状态，若测出 x、y 方向的正应变 ε_x、ε_y，可以确定的材料弹性常数有_____。

A. E 和 ν

B. E 和 G

C. ν 和 G

D. E、G 和 ν

7-4 关于弹性体受力后某一方向的应力与应变关系，有如下四种论述，试判断哪种是正确的。

A. 有应力一定有应变，有应变不一定有应力

B. 有应力不一定有应变，有应变不一定有应力

C. 有应力不一定有应变，有应变一定有应力

D. 有应力一定有应变，有应变一定有应力

正确答案是 _____ 。

7-5 某构件受力如图 7-24 所示。①确定危险截面和其上危险点的位置；②用单元体表示各危险点的应力状态，并写出单元体各侧面上应力的计算式。

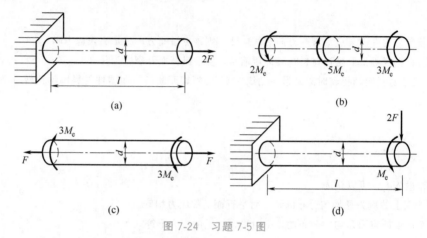

图 7-24 习题 7-5 图

7-6 图 7-25 所示的悬臂梁受载荷 $F=10$kN 作用，试绘制点 A 处的单元体图，并确定其主应力的大小及方位。

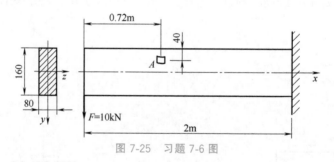

图 7-25 习题 7-6 图

7-7 已知点的应力状态如图 7-26 所示（图中应力单位为 MPa），用解析法计算图中指定截面的正应力与切应力。

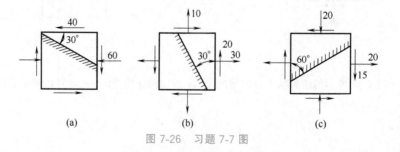

图 7-26 习题 7-7 图

7-8 如图 7-27 所示，已知矩形截面梁某截面上的弯矩、剪力分别为 $M=10$kN·m、$F_Q=120$kN，试绘制出该截面上 1、2、3、4 各点的单元体，并求出各点的主应力。

7-9　从构件中取出的微元受力如图 7-28 所示,其中 AC 为无外力作用的自由表面。试求 σ_x 和 τ_{xy}。

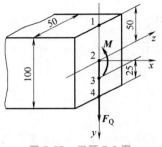

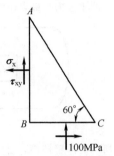

图 7-27　习题 7-8 图　　　　　　图 7-28　习题 7-9 图

7-10　如图 7-29 所示,结构中某点处的应力状态为两种应力状态的叠加结果。试求叠加后所得应力状态的主应力、面内最大切应力和该点处的最大切应力。

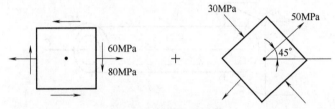

图 7-29　习题 7-10 图

7-11　试求图 7-30 (a) 中所示的纯切应力状态旋转 45° 后各面上的应力分量,并将其标于图 (b) 之中,然后应用一般应力状态应变能密度的表达式 $v_e = \dfrac{1}{2E}[\sigma_x^2 + \sigma_y^2 + \sigma_z^2 - 2\nu(\sigma_x\sigma_y + \sigma_y\sigma_z + \sigma_z\sigma_x)] + \dfrac{1}{2G}$ $(\tau_{xy}^2 + \tau_{yz}^2 + \tau_{zx}^2)$ 分别计算图 (a) 和图 (b) 两种情形下的应变能密度,并令二者相等,从而证明

$$G = \frac{E}{2(1+\nu)}$$

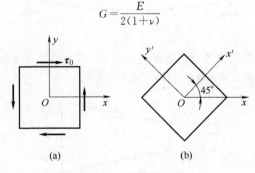

(a)　　　　　　　(b)

图 7-30　习题 7-11 图

7-12　试求图 7-31 所示各单元体的主应力及最大剪应力。图中应力单位均为 MPa。

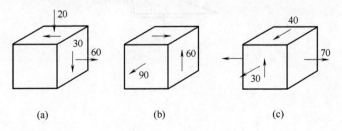

(a)　　　　　　(b)　　　　　　(c)

图 7-31　习题 7-12 图

7-13 如图 7-32 所示，已知圆筒形锅炉内径 $D = 500\text{mm}$，壁厚 $t = 10\text{mm}$，内受蒸汽压力 $p = 6\text{MPa}$。试求：①壁内点的主应力与最大切应力；②ab 斜截面上的应力。

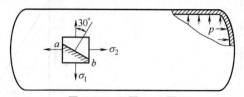

图 7-32　习题 7-13 图

7-14 如图 7-33 所示的薄壁圆筒，已知其平均直径 $D = 50\text{mm}$，壁厚 $\delta = 2\text{mm}$，承受的轴向拉力 $F = 20\text{kN}$，扭转外力偶矩 $M_e = 600\text{N} \cdot \text{m}$，$K$ 为筒壁上任一点。①在点 K 处沿纵、横截面截取一单元体，试画出单元体图，并求出单元体各侧面上的应力；②按图示倾斜方位截取单元体，试画出单元体图，并求出单元体各侧面上的应力；③试确定 K 点处的主应力和主平面，并画出主应力单元体图。

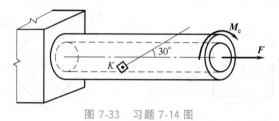

图 7-33　习题 7-14 图

7-15 如图 7-34 所示，列车通过钢桥时，在钢桥横梁的 A 点用变形仪测得 $\varepsilon_x = 0.0004$，$\varepsilon_y = -0.00012$。若材料的弹性模量 $E = 200\text{GPa}$，泊松比 $\nu = 0.3$，试求 A 点沿 x 方向、y 方向的正应力。

图 7-34　习题 7-15 图

7-16 从构件中取出的微元体 A 受力如图 7-35 所示，其中斜边为无外力作用的自由表面，$\sigma_x = 100\text{MPa}$，$\theta = 15°$。试用应力圆方法求该微元体 σ_y 和 τ 的数值。

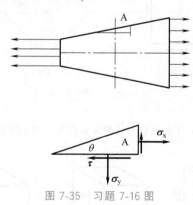

图 7-35　习题 7-16 图

第 **8** 章

强度设计准则及其应用

📖 **学习导语**

在前面的章节（3.3节，5.3节）中，分别介绍了韧性材料和脆性材料的拉、压实验和扭转实验。根据这些实验结果，建立了单向应力状态下的最大正应力强度准则和纯切应力状态下的最大切应力强度准则。工程实际中，还会经常碰到截面上既有正应力又有切应力的复杂应力状态，那么此时又应该采用什么设计准则呢？理想的情况是逐一实验，然后建立相应设计准则，显然这是不现实的。因为工程实际结构或构件的受力是千变万化的，人们在实验室逐一模拟这些受力状态进行实验，无论是精力上还是技术上都是有困难的。但是在有限实验结果的基础上，从众多的失效现象当中，找出失效规律，合理假设失效的共同原因，进而建立失效判据，给出相应的设计准则这是有可能的。

长期以来，人们综合了材料破坏的各种现象，经过分析研究，针对导致材料破坏或失效的因素，提出了各种不同的假说。当然，这些假设是否正确，需要生产实践来检验。也正是在反复实验和实践的基础上，强度设计准则才逐步得到发展和完善。

本章将介绍与工程实际比较吻合且工程上常用的三个强度设计准则。然后利用这些设计准则，分析工程中薄壁杆件横力弯曲时的强度设计、圆轴弯矩和扭矩共同作用时的强度设计、薄壁容器的强度计算以及工程连接件的假定计算等问题。

8.1 强度设计准则及其适用范围

大量实验结果表明，材料在常温、静载作用下，主要发生两种形式的强度失效：一种是屈服，以低碳钢拉伸和扭转时的塑性屈服为代表；另一种是断裂，以铸铁试件拉伸和扭转时的脆性断裂为代表。相应地，强度设计准则也分成两类，一类是说明材料屈服条件的，另一类是说明材料断裂条件的。下面按不同的失效类别来介绍常用的三个强度设计准则及其适用范围。

8.1.1 关于屈服的设计准则

屈服设计准则主要有：最大切应力准则和畸变能密度准则。

(1) 最大切应力准则

最大切应力准则又称为第三强度理论。这一准则认为：无论材料处于什么应力状态，只要发生屈服（或剪断），其共同原因都是由于微元内的最大切应力 τ_{max} 达到了某个共同的极限值 τ_{max}^0。

根据这一准则，屈服失效判据可以写成

$$\tau_{max} = \tau_{max}^0 \tag{8-1}$$

在使用这一判据过程中，对于任一应力状态，有

$$\tau_{max} = \frac{\sigma_1 - \sigma_3}{2} \tag{a}$$

某个共同的极限值 τ_{max}^0 可由单向拉伸实验结果确定。对于单向应力状态，由拉伸实验可知材料发生屈服时，有 $\sigma_1 = \sigma_s$，$\sigma_2 = \sigma_3 = 0$。此时，相应最大切应力为

$$\tau_{max} = \frac{\sigma_s - 0}{2} = \frac{\sigma_s}{2} \tag{b}$$

因此 $\sigma_s/2$ 为所有应力状态下发生屈服时最大切应力的极限值 τ_{max}^0。

将式（a）、式（b）代入式（8-1），则失效判据可表示为

$$\sigma_1 - \sigma_3 = \sigma_s \tag{8-2}$$

在上式中引入安全系数 n_s 后，即得到相应的设计准则

$$\sigma_1 - \sigma_3 \leqslant [\sigma] = \frac{\sigma_s}{n_s} \tag{8-3}$$

最大切应力准则最早由法国工程师、科学家库仑于 1773 年提出，是关于剪断的准则，并应用于建立土的强度破坏条件；1864 年特雷斯卡（Tresca）通过挤压实验研究屈服现象和屈服准则，将剪断准则发展为屈服准则，因而这一准则又称为特雷斯卡（Tresca）准则。

最大切应力准则比较满意地解释了韧性材料的屈服现象。比如说，低碳钢拉伸时，沿和轴线成 45°的方向，出现了滑移线，这是材料内部沿该方向滑移的痕迹。恰好，沿该方向的斜面上，切应力达到最大值。

（2）畸变能密度准则

畸变能密度准则又称为第四强度理论。此准则认为：无论材料处于什么应力状态，只要发生屈服（或剪断），其共同原因都是由于微元内的畸变能密度 v_d 达到了某个极限值 v_d^0。其失效判据为

$$v_d = v_d^0 \tag{8-4}$$

对于任一应力状态，畸变能密度由式（7-21）可得

$$v_d = \frac{1+\nu}{6E}[(\sigma_1 - \sigma_2)^2 + (\sigma_2 - \sigma_3)^2 + (\sigma_3 - \sigma_1)^2] \tag{c}$$

同样，各种应力状态下发生屈服时畸变能密度的极限值 v_d^0 可由拉伸实验确定。材料单向拉伸至屈服时，$\sigma_1 = \sigma_s$，$\sigma_2 = \sigma_3 = 0$，这时的畸变能密度由式（7-21）可得

$$\frac{1+\nu}{6E}[(\sigma_s - 0)^2 + (0 - 0)^2 + (0 - \sigma_s)^2] = \frac{1+\nu}{3E}\sigma_s^2 = v_d^0 \tag{d}$$

将式（c）、式（d）代入式（8-4），则失效判据可表示为

$$\frac{1}{2}[(\sigma_1 - \sigma_2)^2 + (\sigma_2 - \sigma_3)^2 + (\sigma_3 - \sigma_1)^2] = \sigma_s^2 \tag{8-5}$$

在上式中引入安全系数 n_s 后，即得到相应的设计准则

$$\sqrt{\frac{1}{2}\left[(\sigma_1-\sigma_2)^2+(\sigma_2-\sigma_3)^2+(\sigma_3-\sigma_1)^2\right]}\leqslant[\sigma]=\frac{\sigma_s}{n_s} \tag{8-6}$$

畸变能密度准则是由米泽斯（R. Von Mises）于 1913 年从修正最大切应力准则出发提出的，1924 年德国的亨奇（H. Hencky）从畸变能密度出发对这一准则作了解释，从而形成了畸变能密度准则。因此，这一准则又称为米泽斯（Mises）准则。

实验表明，对于塑性材料，畸变能密度准则比最大切应力准则更符合实验结果。在纯剪切的情况下，由式（8-6）算出的结果，比由式（8-3）算出的结果大接近 15%，这是两者最大差异的情形。尽管如此，这两个理论在工程中依然得到广泛应用。

8.1.2 关于脆性断裂的设计准则

工程上常用的脆性断裂设计准则是最大拉应力准则。

最大拉应力准则又称为第一强度理论。这一准则认为：无论材料处于什么应力状态，只要发生脆性断裂，其共同原因都是由于微元内的最大拉应力 σ_1 达到某个共同的极限值 σ_1^0。

其失效判据为

$$\sigma_1=\sigma_1^0 \tag{8-7}$$

脆性材料单向拉伸发生脆性断裂时，最大拉应力 σ_1 达到了材料的强度极限 σ_b，故有

$$\sigma_1^0=\sigma_b$$

据此，失效判据可改写为

$$\sigma_1=\sigma_b \tag{8-8}$$

在上式中引入脆性材料的安全系数 n_b 后，即得到相应的设计准则

$$\sigma_1\leqslant[\sigma]=\frac{\sigma_b}{n_b} \tag{8-9}$$

这一准则最早由英国的兰金（Ran kine W. J. M.）提出，他认为引起材料断裂破坏的原因是由于最大正应力达到某个共同的极限值。后来被修正为最大拉应力准则。这一准则与匀质脆性材料（如玻璃、石膏等）的实验结果吻合较好。

需要特别指出的是最大拉应力准则是关于无裂纹脆性材料断裂失效的设计准则。对于有裂纹的断裂问题，属于断裂力学的研究范畴，不在本书中讨论。

此外，关于断裂的设计准则还有最大拉应变准则（即第二强度理论）。由于这一准则只与少数脆性材料的实验结果吻合，目前工程上较少采用，这里就不展开介绍了。

8.1.3 计算应力（相当应力）与强度设计准则的适用范围

工程上，为方便使用，通常把三种强度设计准则的表达式［式（8-3）、式（8-6）、式（8-9）］，统一写成下面的形式：

$$\sigma_{ri}\leqslant[\sigma](i=1,3,4) \tag{8-10}$$

或

$$S_i\leqslant[\sigma](i=1,3,4) \tag{8-11}$$

式中，σ_{ri} 或 S_i 称为计算应力或相当应力，是主应力 σ_1、σ_2、σ_3 的不同函数。按照

从第一强度理论到第四强度理论的顺序，各相当应力分别为

$$
\left.
\begin{aligned}
\sigma_{r1} &= S_1 = \sigma_1 \\
\sigma_{r3} &= S_3 = \sigma_1 - \sigma_3 \\
\sigma_{r4} &= S_4 = \sqrt{\frac{1}{2}\left[(\sigma_1-\sigma_2)^2 + (\sigma_2-\sigma_3)^2 + (\sigma_3-\sigma_1)^2\right]}
\end{aligned}
\right\} \tag{8-12}
$$

上述设计准则只适用于某种确定的失效形式。工程实践表明，在大多数应力状态下，脆性材料将发生脆性断裂，一般选用最大拉应力准则；而韧性材料往往会发生屈服和剪断，一般选用最大切应力准则或畸变能密度准则。但是，材料的失效形式，不仅取决于材料的力学行为，而且与其所处的应力状态、温度和加载速度等有一定关系。例如，**韧性材料在低温或三向拉伸时，会表现为脆性断裂；而脆性材料在三向压缩时，会表现出塑性屈服或剪断。**

因此，选用强度设计准则时，不仅要考虑材料是脆性还是韧性，还要考虑危险点的应力状态，以综合判定构件材料将会发生什么形式的失效——屈服还是断裂，然后选用合适的设计准则。

【例题 8-1】 已知铸件的拉伸许用应力 $[\sigma_t] = 30\text{MPa}$，压缩许用应力 $[\sigma_c] = 80\text{MPa}$，$\nu = 0.03$，试对铸铁零件进行强度校核。危险点的主应力为

① $\sigma_1 = 30\text{MPa}$，$\sigma_2 = 0$，$\sigma_3 = -20\text{MPa}$；

② $\sigma_1 = -20\text{MPa}$，$\sigma_2 = -30\text{MPa}$，$\sigma_3 = -40\text{MPa}$。

解：对于①$\sigma_1 = 30\text{MPa}$，$\sigma_2 = 0$，$\sigma_3 = -20\text{MPa}$，危险点为一般应力状态，且铸铁为典型的脆性材料，可以认为铸铁在这种应力状态下可能发生脆性断裂，故采用最大拉应力准则，即

$$\sigma_{r1} = \sigma_1 = 30\text{MPa} = [\sigma_t] \text{（安全）}$$

对于②$\sigma_1 = -20\text{MPa}$，$\sigma_2 = -30\text{MPa}$，$\sigma_3 = -40\text{MPa}$，危险点处于三向压应力状态，尽管是脆性材料，但应采用最大切应力准则或畸变能密度准则，即

$$\sigma_{r3} = \sigma_1 - \sigma_3 = -20\text{MPa} - (-40)\text{MPa} = 20\text{MPa} < [\sigma_t] \text{（安全）}$$

$$
\sigma_{r4} = \sqrt{\frac{1}{2}\left[(-20\text{MPa}+30\text{MPa})^2 + (-30\text{MPa}+40\text{MPa})^2 + (-40\text{MPa}+20\text{MPa})^2\right]}
$$

$$= 17.3\text{MPa} < [\sigma_t] \text{（安全）}$$

可见，在选用强度设计准则时，不仅要考虑材料是脆性或是韧性，还要考虑危险点处的应力状态，尤其是要注意三向拉伸和三向压缩这两种特殊的应力状态。

【例题 8-2】 如图 8-1 所示的应力状态，试按第三和第四强度理论建立强度条件。

解：(1) 求主应力

$$
\begin{cases}
\sigma_1 \\
\sigma_3
\end{cases}
= \frac{\sigma}{2} \pm \sqrt{\left(\frac{\sigma}{2}\right)^2 + \tau^2}, \quad \sigma_2 = 0
$$

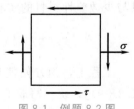

图 8-1 例题 8-2 图

(2) 求相当应力 σ_r

将以上主应力分别带入式（8-12）中的第二和第三式：

$$
\sigma_{r3} = \sigma_1 - \sigma_3 = \frac{\sigma}{2} + \sqrt{\left(\frac{\sigma}{2}\right)^2 + \tau^2} - \left[\frac{\sigma}{2} - \sqrt{\left(\frac{\sigma}{2}\right)^2 + \tau^2}\right] = \sqrt{\sigma^2 + 4\tau^2}
$$

$$\sigma_{r4}=\sqrt{\frac{1}{2}\left[(\sigma_1-\sigma_2)^2+(\sigma_2-\sigma_3)^2+(\sigma_3-\sigma_1)^2\right]}=\sqrt{\sigma^2+3\tau^2}$$

（3）强度条件

这种应力状态的第三和第四强度理论的强度条件为

$$\sigma_{r3}=\sqrt{\sigma^2+4\tau^2}\leqslant[\sigma] \tag{8-13}$$

$$\sigma_{r4}=\sqrt{\sigma^2+3\tau^2}\leqslant[\sigma] \tag{8-14}$$

这种应力状态是横力弯曲、弯扭组合变形及拉（压）扭组合变形中，典型的危险点的应力状态。利用上述结论，可大大简化计算过程。

【例题 8-3】　钢制机器零件中危险点处的应力状态如图 8-2（a）所示。已知材料的屈服应力 $\sigma_s=235\mathrm{MPa}$。试按以下两准则确定该零件的安全因数：

① 最大切应力准则；

② 畸变能密度准则。

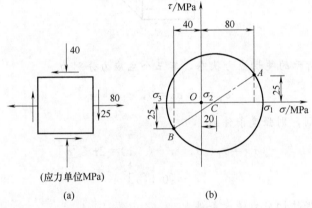

图 8-2　例题 8-3 图

解：先求出该危险点的三个主应力。可根据给定的应力状态画出应力图，如图 8-2（b）所示。从图中可得

$$\sigma_1=85\mathrm{MPa},\ \sigma_2=0,\ \sigma_3=-45\mathrm{MPa}$$

（1）根据最大切应力准则

$$\sigma_{r3}=\sigma_1-\sigma_3\leqslant[\sigma]=\frac{\sigma_s}{n_s}$$

将主应力和 σ_s 数值代入后，且取其中等号，解得

$$n_s=\frac{\sigma_s}{\sigma_1-\sigma_3}=\frac{235\times10^6\,\mathrm{Pa}}{(85\times10^6+45\times10^6)\,\mathrm{Pa}}=1.8$$

（2）根据畸变能密度准则

$$\sigma_{r4}=\sqrt{\frac{1}{2}\left[(\sigma_1-\sigma_2)^2+(\sigma_2-\sigma_3)^2+(\sigma_3-\sigma_1)^2\right]}\leqslant[\sigma]$$

$$(\sigma_1-\sigma_2)^2+(\sigma_2-\sigma_3)^2+(\sigma_3-\sigma_1)^2\leqslant2[\sigma]^2=2\left(\frac{\sigma_s}{n_s}\right)^2$$

因为 $\sigma_2=0$，上式可以简化为

$$\sigma_1^2 - \sigma_1\sigma_3 + \sigma_3^2 \leqslant \left(\frac{\sigma_s}{n_s}\right)^2$$

将 σ_1、σ_3 以及 σ_s 数值代入后，且取其中的等号，解得

$$n_s = \frac{235\text{MPa}}{\sqrt{85^2 - 85 \times (-45) + 45^2}\,\text{MPa}} = 2.1$$

由以上例子可见，确定危险点及其应力状态后，校核强度的步骤主要有以下 3 步：①计算三个主应力；②判别失效形式（屈服还是断裂）；③选用合适的判据或设计准则计算。

【例题 8-4】 试按强度理论建立图 8-3 所示纯切应力状态的强度条件，并寻求韧性材料许用切应力 $[\tau]$ 与许用拉应力 $[\sigma]$ 之间的关系。

图 8-3 例题 8-4 图

解：对图 8-3 所示的纯切应力状态，其三个主应力分别为

$$\sigma_1 = \tau, \quad \sigma_2 = 0, \quad \sigma_3 = -\tau$$

采用最大切应力准则，则强度条件为

$$\sigma_{r3} = \sigma_1 - \sigma_3 = \tau - (-\tau) = 2\tau \leqslant [\sigma]$$

$$\tau \leqslant 0.5[\sigma]$$

另一方面，根据纯切应力强度条件

$$\tau \leqslant [\tau] \tag{e}$$

两者比较，可得

$$[\tau] \leqslant 0.5[\sigma] \tag{f}$$

采用畸变能密度准则，则强度条件为

$$\sqrt{\frac{1}{2}\left[(\sigma_1 - \sigma_2)^2 + (\sigma_2 - \sigma_3)^2 + (\sigma_3 - \sigma_1)^2\right]}$$

$$= \sqrt{\frac{1}{2}\left[(\tau - 0)^2 + (0 + \tau)^2 + (\tau + \tau)^2\right]} = \sqrt{3}\,\tau \leqslant [\sigma]$$

与纯切应力强度条件式（e）比较，可得

$$[\tau] \leqslant \frac{[\sigma]}{\sqrt{3}} = 0.577[\sigma] \approx 0.6[\sigma] \tag{g}$$

因此，韧性材料的许用切应力通常可取为

$$[\tau] = (0.5 \sim 0.6)[\sigma]$$

8.2 强度设计准则的工程应用

在上一节中，利用强度设计准则进行强度校核时，危险点的应力状态单元体是预先给出的，而实际工程强度设计问题中危险点以及其应力状态是需要我们去寻找判断并进行分析的。本节的任务就是将前面学习的内容有机地结合起来（包括对杆件全面的内力分析、危险截面危险点的判断及应力计算、应力状态分析确定主应力、选择合适的强度准则进行强度计算），解决复杂情况下的强度设计问题。

8.2.1 强度设计的步骤与内容

（1）强度设计的过程及步骤

① 杆件的受力分析（受力图）及其变形类型判断。

② 杆件内力分析及内力图绘制。绘制内力图的意义在于，可根据内力图确定杆件可能发生强度失效的横截面，这类横截面称为危险面。

③ 危险点的判断-危险点单元体的获取。除承受轴向拉、压载荷的杆件外，杆类构件横截面上的应力都是非均匀分布的。因此，在确定可能的危险面之后，还应根据各种内力分量引起的正应力与切应力分布，确定危险面上哪些点可能最先发生强度失效，这类点称为危险点。危险点确定后，根据横截面上应力的情况即可获得危险点的应力状态单元体。

④ 由应力状态分析确定危险点的三个主应力。

⑤ 结合材料性能，判断可能失效形式，选择相应的设计准则，进行强度计算。

（2）强度设计的内容

工程中，根据不同的条件，强度设计的内容主要有：

① 强度校核。当外力、杆件各部分尺寸以及材料的许用应力均为已知时，判定危险点的应力强度是否满足强度设计准则。

② 截面设计。当外力及材料的许用应力为已知时，根据设计准则设计杆件横截面尺寸。

③ 确定许可载荷。当杆件的横截面尺寸以及材料的许用应力已知时，确定构件或结构所能承受的最大载荷。

④ 选择材料。当杆件的横截面尺寸及所受外力为已知时，根据既经济又安全的原则以及其他工程要求，选择合适的材料。

8.2.2 复杂弯曲时的强度设计

一般情形下，弯曲时，杆件的各个截面上剪力和弯矩是不相等的，有可能在一个或几个截面上出现弯矩最大值或剪力最大值；也有可能在同一个截面上，剪力和弯矩虽然不是最大值，但数值都比较大，这些截面都是可能的危险面。此外，可能的危险点，除最大正应力和最大切应力作用点外，还可能是较大的正应力和较大的切应力共同作用的点。下面举例说明。

【例题 8-5】 小型压力机的铸铁框架如图 8-4（a）所示。已知材料的许用拉应力 $[\sigma_t] = 40\text{MPa}$，许用压应力 $[\sigma_c] = 100\text{MPa}$，立柱 m—m 截面尺寸如图 8-4（b）所示，单

位为 mm，截面面积 $A=15\times10^{-3}\text{m}^2$，截面形心坐标 $z_0=7.5\text{cm}$，截面对形心主惯性轴 y 的主惯性矩 $I_y=5130\text{cm}^4$。试按立柱的强度确定压力机的最大许用压力 F。

解：（1）分析立柱的内力和变形

像立柱这样的受力情况称为偏心拉伸，此时立柱产生拉伸和弯曲两种变形。

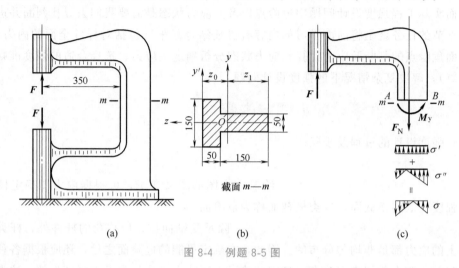

（a）　　　　　　　　　　（b）　　　　　　　　　　（c）

图 8-4　例题 8-5 图

根据任意截面 m—m 以上部分的静平衡［图 8-4（c）］，容易得出截面 m—m 上的轴力 F_N 和弯矩 M_y 分别为

$$F_N=F,\quad M_y=[(35+7.5)\times10^{-2}\text{m}]F=(42.5\times10^{-2}\text{m})F$$

（2）应力计算，确定横截面上的危险点

横截面上与轴力 F_N 对应的应力是均布的拉应力，假设 F 的单位为 N，则

$$\sigma'=\frac{F_N}{A}=\frac{F}{15\times10^{-3}\text{m}^2}$$

与弯矩 M_y 对应的正应力按线性分布，最大拉应力和压应力分别是

$$\sigma''_{t\max}=\frac{M_yz_0}{I_y}=\frac{(42.5\times10^{-2}\text{m})F\times7.5\times10^{-2}\text{m}}{5310\times10^{-8}\text{m}^4}$$

$$\sigma''_{c\max}=\frac{M_yz_1}{I_y}=\frac{(42.5\times10^{-2}\text{m})F\times(20-7.5)\times10^{-2}\text{m}}{5310\times10^{-8}\text{m}^4}$$

从图 8-4（c）看出，叠加以上两种应力后，在截面内侧边缘上（A 点）发生最大拉应力，且

$$\sigma_{t\max}=\sigma'+\sigma''_{t\max}$$

在截面的外侧边缘上（B 点）发生最大压应力，且

$$|\sigma_{c\max}|=|\sigma'-\sigma''_{c\max}|$$

（3）确定许可载荷

由抗拉强度条件 $\sigma_{t\max}<[\sigma_t]$，得

$$F\leqslant60\text{kN}$$

由抗压强度条件 $\sigma_{c\max}<[\sigma_c]$，得

$$F \leqslant 107.1\text{kN}$$

综上所述，为使立柱同时满足抗拉和抗压强度条件，压力 F 不得超过 60kN。

【**例题 8-6**】 图 8-5 所示的简支梁，由 20a 普通热轧工字钢制成。若已知工字钢材料的许用应力 $[\sigma] = 160\text{MPa}$，$l = 2.5\text{m}$。试求梁的许可载荷 $[F_P]$。

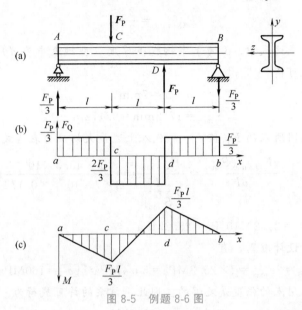

图 8-5 例题 8-6 图

解： 因为在细长梁中，正应力对强度的影响是主要的，所以本例中先按最大正应力作用点的强度计算许可载荷，然后，再对最大切应力作用点进行强度校核。

(1) 按最大正应力作用点的强度计算许可载荷

首先，画出梁的剪力图和弯矩图分别如图 8-5（b）、（c）所示。由弯矩图可以看出，C、D 两处截面上的弯矩最大，故为危险面，其上的弯矩值为

$$|M|_{\max} = \frac{F_P l}{3}$$

由型钢表查得 20a 普通热轧工字钢的弯曲截面系数（表中为 W_x）为

$$W = 237\text{cm}^3 = 237 \times 10^{-6}\,\text{m}^3$$

于是由

$$\sigma_{\max} = \frac{|M|_{\max}}{W} \leqslant [\sigma]$$

得

$$\frac{\dfrac{F_P l}{3}}{237 \times 10^{-6}\,\text{m}^3} \leqslant 160 \times 10^6\,\text{Pa}$$

由此解得

$$F_P \leqslant \frac{237 \times 10^{-6} \times 160 \times 10^6 \times 3}{2.5}\text{N} = 45.5 \times 10^3\,\text{N} = 45.5\text{kN}$$

(2) 校核最大切应力点的强度

对于工字梁，梁内最大弯曲切应力

$$\tau_{max} = \frac{|F_Q|_{max} S^*_{max}}{\delta I} = \frac{|F_Q|_{max}}{\delta \dfrac{I}{S^*_{max}}}$$

由剪力图可得最大剪力

$$|F_Q|_{max} = \frac{2}{3} F_P$$

上述最大切应力表达式中，δ 为工字钢腹板厚度（型钢表中为 d）。对于 20a 普通热轧工字钢，查型钢表可得

$$\delta = d = 7\text{mm}$$
$$I/S^*_{max} = 17.2\text{mm} = 0.172\text{m}$$

将上述数值，连同所求的 F_P 值，一并代入上述最大切应力表达式中，得

$$\tau_{max} = \frac{|F_Q|_{max} S^*_{max}}{\delta I} = \frac{|F_Q|_{max}}{\delta \dfrac{I}{S^*_{max}}} = \frac{2 \times 45.5 \times 10^3}{3 \times 7 \times 10^{-3} \times 0.172}\text{Pa}$$

$$= 25.2 \times 10^6 \text{Pa} = 25.2\text{MPa}$$

根据最大切应力设计准则，有

$$\sigma_{r3} = 2\tau_{max} = 2 \times 25.2\text{MPa} = 50.4\text{MPa} \leqslant [\sigma] = 160\text{MPa}$$

故梁上最大切应力作用点的强度是足够的。因此，该梁的许可载荷为

$$[F_P] = 45.5\text{kN}$$

（3）正应力和剪应力都比较大的点强度校核

对于本例中的梁，从剪力图和弯矩图可以看出，在 C 以右和 D 以左的横截面上，弯矩和剪力均取最大值。在最大弯矩和最大剪力同时作用下，翼缘和腹板交界处的正应力和剪力都比较大，原则上应对这些点进行强度校核。

但是，对于轧制的型钢，翼缘和腹板交界处已经做了加宽设计，只要保证最大正应力和最大剪应力作用点的强度安全，翼缘与腹板交界处的强度就是安全的。所以对于型钢，一般都不需要对这类危险点做强度校核。

【例题 8-7】 组合工字形截面梁如图 8-6（a）所示。已知 $q = 40\text{kN/m}$，$F_P = 48\text{kN}$，钢材料的许用应力 $[\sigma] = 160\text{MPa}$。试根据最大切应力准则对梁的强度做安全校核。

解：与工字形钢相比，组合工字形截面梁校核的特点是，除校核横截面上最大正应力点和最大切应力点的强度外，翼缘和腹板交界处正应力和剪力都比较大的点也需要校核。为了进行全面的校核，需要确定梁内可能的危险点。分析过程如下：

（1）求梁的约束反力画剪力图和弯矩图

梁的内力图如图 8-6（b）所示。由内力图可知，A、B 截面剪力最大，D 截面弯矩最大，E、F 截面剪力、弯矩均较大。

（2）判断可能的危险点

为判定可能的危险点，可画出剪力和弯矩作用下，截面上应力的分布图，如图 8-6（c）所示。

结合内力图和应力分布图，可知：

① D 截面上弯矩最大（无剪力），截面上只有正应力，只需校核截面翼缘边上的第

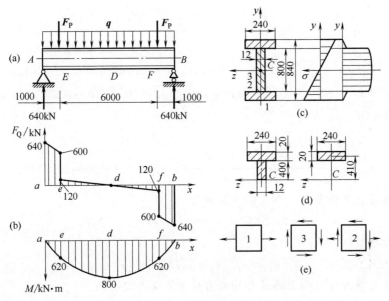

图 8-6　例题 8-7 图

1 点。

② $A(B)$ 截面上剪力最大（无弯矩），截面上只有切应力，只需校核截面中性轴上的第 3 点。

③ $E(F)$ 截面上剪力、弯矩均较大，截面上既有正应力，又有切应力，需校核截面上的 1、2、3 点。显然，由于 $E(F)$ 截面上的弯矩比 D 截面上的小，剪力也比 $A(B)$ 截面上的小，因此，在前面①、②项计算有保证情况下，只需校核该截面上翼缘与腹板交接处的第 2 点即可。

上述三类危险点的应力状态均示于图 8-6（e）中。

（3）校核梁内可能的危险点强度

① 横截面上的最大正应力作用点 1。

$$\sigma_{max} = \frac{M_z y_{max}}{I_z}$$

其中

$$M_{max} = 800 \text{kN} \cdot \text{m}$$

$$y_{max} = 420 \text{mm}$$

$$I_z = \left[\frac{240 \times 10^{-3} \times (840 \times 10^{-3})^3}{12} - \frac{(240-12) \times 10^{-3} \times (800 \times 10^{-3})^3}{12} \right] \text{m}^4$$

$$= 2.126 \times 10^{-3} \text{m}^4$$

于是，得

$$\sigma_{max} = \frac{800 \times 10^3 \times 420 \times 10^{-3}}{2.126 \times 10^{-3}} \text{Pa} = 158 \times 10^6 \text{Pa} = 158 \text{MPa} \leqslant [\sigma]$$

因此，截面 D 上的点 1 是安全的。

② 横截面上的最大切应力作用点 3。

$$\tau_{max}=\frac{\mid F_Q\mid_{max}S^*_{zmax}}{\delta I_z}$$

其中

$$F_{Qmax}=640kN, \quad \delta=12mm$$

$$S^*_{zmax}=[(240\times10^{-3}\times20\times10^{-3})\times410\times10^{-3}+12\times10^{-3}\times400\times10^{-3}\times200\times10^{-3}]m^3$$

$$=2.93\times10^{-3}m^3$$

于是，得

$$\tau_{max}=\frac{640\times10^3\times2.93\times10^{-3}}{12\times10^{-3}\times2.126\times10^{-3}}Pa=73.5\times10^6Pa=73.5MPa$$

该点为纯剪应力状态，三个主应力分别为

$$\sigma_1=73.5MPa, \quad \sigma_2=0, \quad \sigma_3=-73.5MPa$$

由最大切应力准则得

$$\sigma_{r3}=\sigma_1-\sigma_3=147MPa<[\sigma]$$

因此，最大剪力作用面上的最大切应力作用点也是安全的。

③ 横截面上正应力和切应力都比较大的点 2。

这一点在截面 E（或 F）上，该截面上的剪力和弯矩分别为

$$F_Q=600kN, \quad M=620kN\cdot m$$

该点的正应力为

$$\sigma=\frac{My}{I_y}=\frac{620\times10^3\times400\times10^{-3}}{2.126\times10^{-3}}Pa=116.7\times10^6Pa=116.7MPa$$

该点的切应力为

$$\tau=\frac{F_QS^*_z}{\delta I_z}$$

其中

$$S^*_z=[(240\times10^{-3}\times20\times10^{-3})\times410\times10^{-3}]m^3=1.968\times10^{-3}m^3$$

代入上式后得

$$\tau=\frac{F_QS^*_z}{\delta I_z}=\frac{600\times10^3\times1.968\times10^{-3}}{12\times10^{-3}\times2.126\times10^{-3}}Pa=46.3\times10^6Pa=46.3MPa$$

对于这种平面应力状态，利用例题 8-2 的结论式（8-13），有

$$\sigma_{r3}=\sqrt{\sigma^2+4\tau^2}=\sqrt{116.7^2\times10^{12}+4\times46.3^2\times10^{12}}Pa$$

$$=149.0\times10^6Pa=149MPa<[\sigma]$$

因此，点 2 也是安全的。

上述各项计算表明，组合梁在给定载荷作用下，强度是安全的。

8.2.3 弯矩和扭矩共同作用时圆轴的强度设计

在第 5 章曾指出，主要承受扭矩作用的杆件，称为轴。在工程实际中，这类轴上往往除承受扭矩外，还承受弯矩作用，属于弯曲和扭转组合变形的杆件。

如图 8-7（a）所示直径为 d 的圆截面轴 AB，在 B 端安装一个直径为 D 的圆轮，并在轮缘处沿切向作用一集中力 $\boldsymbol{F}$。对这类轴的强度分析过程如下：

（1）外力分析

取轴 AB 为研究对象，将力 $\boldsymbol{F}$ 向 B 截面形心简化，可得

横向力 $\qquad\qquad\qquad F_y = F$

扭力偶矩 $\qquad\qquad\qquad M_e = FD/2$

如图 8-7（b）所示，横向力使轴弯曲，扭力偶使轴扭转，故轴将发生弯扭组合变形。

（2）内力分析，确定危险截面

画轴的弯矩图和扭矩图如图 8-7（c）、（d）所示（剪力一般忽略不计）。由图中可知，其危险截面在固定端 A 处，该截面上弯矩、扭矩分别为

$$M = -Fl, \ M_x = M_e = FD/2$$

（3）应力分析，确定危险点

在弯矩和扭矩作用下，圆轴横截面上的应力分布如图 8-7（e）所示。由图中可知，危险点在上边缘 a 点或下边缘 b 点。危险点 a 的应力状态如图 8-7（f）所示。微元截面上的正应力和切应力分别为

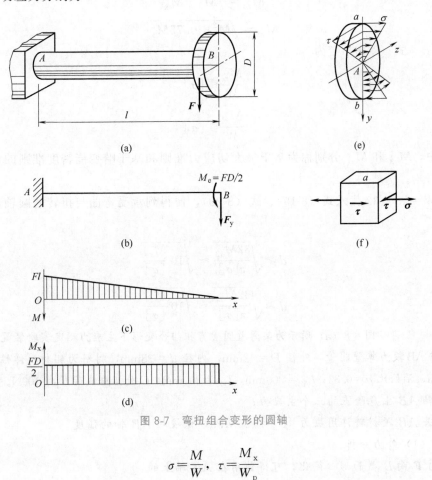

图 8-7 弯扭组合变形的圆轴

$$\sigma = \frac{M}{W}, \ \tau = \frac{M_x}{W_p}$$

其中

$$W = \frac{\pi d^3}{32}, \ W_p = \frac{\pi d^3}{16}$$

式中，d 为圆轴的直径。

这一应力状态与例题 8-2 中的应力状态相同，因为承受弯曲与扭转的圆轴一般由韧性材料制成，故可用最大切应力准则或畸变能密度准则作为强度设计的依据。于是，由例题 8-2 中的结论可得轴的强度条件为

$$\sigma_{r3} = \sqrt{\sigma^2 + 4\tau^2} \leqslant [\sigma]$$

$$\sigma_{r4} = \sqrt{\sigma^2 + 3\tau^2} \leqslant [\sigma]$$

将 σ 和 τ 的表达式代入上式，并考虑到 $W_p = 2W$，便得到

$$\frac{\sqrt{M^2 + M_x^2}}{W} \leqslant [\sigma] \tag{8-15}$$

$$\frac{\sqrt{M^2 + 0.75M_x^2}}{W} \leqslant [\sigma] \tag{8-16}$$

引入记号

$$M_{r3} = \sqrt{M^2 + M_x^2} \tag{8-17}$$

$$M_{r4} = \sqrt{M^2 + 0.75M_x^2} \tag{8-18}$$

式 (8-15)、式 (8-16) 变为

$$\frac{M_{r3}}{W} \leqslant [\sigma] \tag{8-19}$$

$$\frac{M_{r4}}{W} \leqslant [\sigma] \tag{8-20}$$

式中，M_{r3} 和 M_{r4} 分别称为基于最大切应力准则和基于畸变能密度准则的计算弯矩或相当弯矩。

将 $W = \pi d^3/32$ 代入式 (8-19)、式 (8-20)，便得到承受弯曲与扭转的圆轴直径设计公式

$$d \geqslant \sqrt[3]{\frac{32M_{r3}}{\pi[\sigma]}} \approx \sqrt[3]{10\frac{M_{r3}}{[\sigma]}} \tag{8-21}$$

$$d \geqslant \sqrt[3]{\frac{32M_{r4}}{\pi[\sigma]}} \approx \sqrt[3]{10\frac{M_{r4}}{[\sigma]}} \tag{8-22}$$

【例题 8-8】 图 8-8 （a）所示为某薄壁圆管弯扭组合变形下主应力测定实验装置的力学简图，其中 AB 段为薄壁圆管，外径 $D = 42\text{mm}$，内径 $d = 38\text{mm}$，材料为铝材，弹性模量 $E = 70.63\text{GPa}$，泊松比 $\mu = 0.33$，$l_{AB} = 300\text{mm}$，$l_{BC} = 300\text{mm}$，C 处铅垂载荷 $F_P = 100\text{N}$。求：

① 轴 AB 上危险点的三个主应力；

② 若 AB 段材料许用应力 $[\sigma] = 160\text{MPa}$，试校核 AB 轴的强度。

解：（1）外力分析

将力 F 向 B 截面形心简化，可得作用在 AB 轴上的

横向力 $\qquad F_P$

扭力偶矩 $\qquad M_e = F_P l_{BC}$

（2）画内力图，确定危险截面

AB 轴的内力图如图 8-8 （c）、（d）所示。由内力图可知，在轴的 A 截面上有最大的

弯矩和扭矩：

$$M = l_{AB}F_P = 0.3 \times 100 \text{N} \cdot \text{m} = 30 \text{N} \cdot \text{m}; \quad M_x = l_{BC}F_P = 0.3 \times 100 \text{N} \cdot \text{m} = 30 \text{N} \cdot \text{m}$$

（3）应力分析，确定危险点应力

$$\sigma_{max} = \frac{M \times 0.5D}{I} = \frac{30 \times 0.5 \times 42 \times 10^{-3} \times 64}{\pi(42^4 - 38^4) \times 10^{-12}} \text{Pa} = 12.5 \times 10^6 \text{Pa} = 12.5 \text{MPa}$$

$$\tau_{max} = \frac{M_x \times 0.5D}{I_p} = \frac{30 \times 0.5 \times 42 \times 10^{-3} \times 32}{\pi(42^4 - 38^4) \times 10^{-12}} \text{Pa} = 6.25 \times 10^6 \text{Pa} = 6.25 \text{MPa}$$

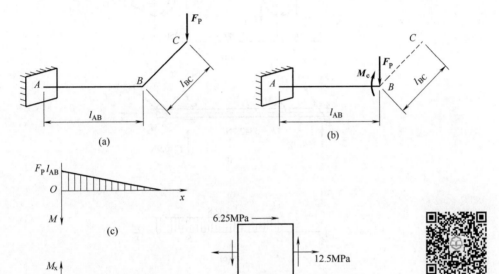

M8-1 弯扭组合
主应力电测装置

图 8-8 例题 8-8 图

（4）选用设计准则，进行强度校核

因为所用材料为铝材，故可选用畸变能密度准则。对于图 8-8（e）所示的应力状态，由式（8-14）可得

$$\sigma_{r4} = \sqrt{\sigma_{max}^2 + 3\tau_{max}^2} = \sqrt{12.5^2 + 3 \times 6.25^2} = 16.54 \text{MPa} < [\sigma]$$

故结构安全。

【例题 8-9】 如图 8-9（a）所示，直径为 60cm 的两个相同带轮，转速 $n = 100 \text{r/min}$ 时传递功率 $P = 7.36 \text{kW}$。C 轮上传动带是水平的，D 轮上传动带是铅垂的。已知传动带拉力 $F_{T2} = 1.5 \text{kN}$，$F_{T1} > F_{T2}$。若材料的许用应力 $[\sigma] = 100 \text{MPa}$，试按最大切应力准则选择轴的直径。带轮的自重略去不计。

解：（1）分析简化载荷，判断变形类型

将传动带拉力向轴中心简化，得轴的力学模型，如图 8-9（b）所示。其中，轴传递的转矩

$$M_e = (F_{T1} - F_{T2}) \times \frac{0.6}{2} \text{m} = 9549 \frac{P}{n} = 9549 \times \frac{7.36}{100} \text{N} \cdot \text{m} = 702.8 \text{N} \cdot \text{m}$$

解得 $\qquad F_{T1}=3842.7N$

故 $\qquad F_1=F_2=F_{T1}+F_{T2}=5342.7$ （N）

轴承受弯曲和扭转组合变形，且由于 $\boldsymbol{F}_1$ 与 $\boldsymbol{F}_2$ 不在同一平面内，梁将产生斜弯曲。

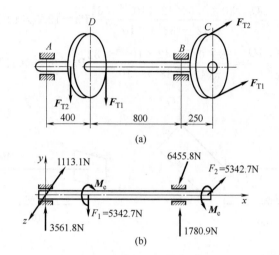

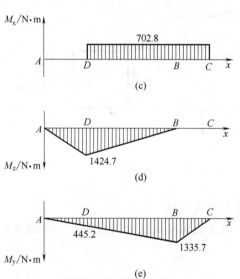

图 8-9　例题 8-9 图

（2）画内力图，确定危险截面及其上内力

作出轴的扭矩图、z 方向弯矩图、y 方向弯矩图，如图 8-9 （c）～（e）所示。显然 D 轮所在截面为危险截面，其上扭矩

$$M_x=702.8N \cdot m$$

合成弯矩

$$M=\sqrt{M_z^2+M_y^2}=\sqrt{1424.7^2+\left(1335.7\times\frac{40}{120}\right)^2}\text{N}\cdot\text{m}=1492.6\text{N}\cdot\text{m}$$

（3）强度计算

按最大切应力准则，由式（8-17），可得

$$M_{r3} = \sqrt{M^2 + M_x^2} = \sqrt{1492.6^2 + 702.8^2}\, \text{N} \cdot \text{m} = 1649.8\ (\text{N} \cdot \text{m})$$

将 M_{r3} 和 $[\sigma]$ 的值代入式（8-21），可得

$$d \geqslant \sqrt[3]{\frac{32 \times 1649.8}{\pi \times 100 \times 10^6}}\, \text{m} = 5.52 \times 10^{-2}\, \text{m} = 55.2\ (\text{mm})$$

故可取轴的直径为 56mm。

8.2.4　圆柱形薄壁容器的强度计算

在工程实际中，常常使用承受内压的薄壁圆筒，例如高压罐与冲压气瓶等。本节主要研究承压薄壁罐的强度计算。

前面已指出（参见例题 7-7），承受内压的薄壁容器（图 7-18），在忽略径向应力的情形下，其各点应力状态均为二向拉伸应力状态，σ_m、σ_t 都是主应力。于是，按照代数值大小顺序，三个主应力分别为

$$\left.\begin{aligned} \sigma_1 = \sigma_t &= \frac{pD}{2\delta} \\ \sigma_2 = \sigma_m &= \frac{pD}{4\delta} \\ \sigma_3 &= 0 \end{aligned}\right\} \tag{8-23}$$

考虑到薄壁容器由韧性材料制成，可采用屈服准则进行强度设计。若采用最大切应力准则，有

$$\sigma_1 - \sigma_3 = \frac{pD}{2\delta} - 0$$

由此得到壁厚的设计公式

$$\delta \geqslant \frac{pD}{2[\sigma]} + C \tag{8-24}$$

式中，C 为考虑加工、腐蚀等影响的附加壁厚量，可在相关的设计规范中查到。

【例题 8-10】　已知薄壁容器的平均直径 $D = 500\text{mm}$，承受的内压力 $p = 3.84\text{MPa}$，材料的许用应力 $[\sigma] = 160\text{MPa}$，附加壁厚为 1mm。试用最大切应力准则设计容器的壁厚。

解：根据式（8-24）有

$$\begin{aligned} \delta &\geqslant \frac{pD}{2[\sigma]} + C \\ &= \frac{3.84 \times 10^6\,\text{Pa} \times 500 \times 10^{-3}\,\text{m}}{2 \times 160 \times 10^6\,\text{Pa}} + 1 \times 10^{-3}\,\text{m} \\ &= 7 \times 10^{-3}\,\text{m} = 7\text{mm} \end{aligned}$$

其中 6mm 为理论壁厚，1mm 为附加壁厚。

8.3*　连接件的工程实用计算

工程结构或机械中，构件之间多采用铆钉、螺栓等连接件连接（图 8-10）。这些连接

件的主要变形形式是剪切和挤压。

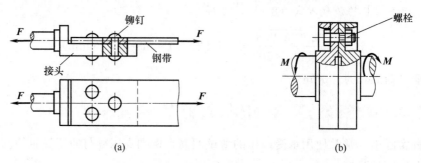

图 8-10　工程中的连接

　　连接件与被连接件在连接处的应力，都属于"加力点附近的局部应力"，实际的分布情况比较复杂，一般还会受到加工工艺的影响，要精确分析其应力比较困难，实际上也无必要。工程上通常采用实用的简化分析方法，其分析过程如下：①对连接件的受力与应力分布进行简化，从而计算出各部分的名义应力；②对同类连接件进行破坏实验，并采用同样计算方法，由破坏载荷确定连接件的极限应力；③根据上述结果，建立设计准则，作为连接件设计的依据。本节主要介绍基于上述思想的剪切和挤压变形的实用计算方法。

8.3.1　剪切变形实用计算

　　考察图 8-11（a）所示连接两块钢板的铆钉 CD，其受力如图 8-11（b）所示。此时铆钉上承受一对垂直于铆钉轴线的力，且这一对力等值、反向、作用线之间的距离很小。实验表明，当外力继续增大时，铆钉必将沿 $m—m$ 截面被剪断［图 8-11（c）］。这时剪切面上既有弯矩又有剪力，但弯矩极小，可忽略。取铆钉下部分为研究对象［图 8-11（d）］，利用平衡方程可得剪切面上的剪力

$$F_Q = F_P$$

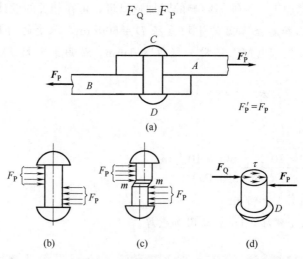

图 8-11　铆钉的剪切破坏

　　工程实用计算中，假定切应力在截面上均匀分布。于是，有

$$\tau = \frac{F_Q}{A} \tag{8-25}$$

式中，A 为铆钉剪切面面积；F_Q 为作用在剪切面上的剪力。

实用计算的设计准则为

$$\tau = \frac{F_Q}{A} \leqslant [\tau] \tag{8-26}$$

式中，$[\tau]$ 为连接件许用切应力，表达式为

$$[\tau] = \frac{\tau_b}{n_b} \tag{8-27}$$

式中，τ_b 是根据连接件实物或剪切模型实验得到的 F_{Qb} 值，再由式（8-25）算得的。常用材料的许用切应力 $[\tau]$ 可从有关设计规范中查到。

8.3.2 挤压变形实用计算

在外力作用下，铆钉与孔直接接触并相互挤压 [图 8-12 (a)]，挤压接触面上实际应力的分布情况如图 8-12 (b) 所示。工程实用计算中，通常假定挤压应力在有效挤压面上均匀分布。有效挤压面简称挤压面，它是指实际挤压面面积在垂直于总挤压力作用线平面上的投影，如图 8-12 (c) 所示。若连接件直径为 d，连接板厚为 δ，则有效挤压面面积 $A_{bs} = \delta d$。于是，挤压应力为

$$\sigma_{bs} = \frac{F_{Pc}}{A_{bs}} = \frac{F_{Pc}}{\delta d} \tag{8-28}$$

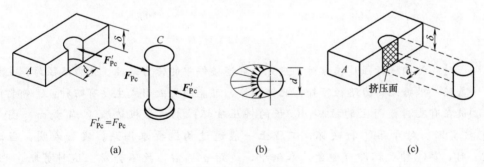

图 8-12 挤压与挤压面

挤压实用计算的强度设计准则为

$$\sigma_{bs} = \frac{F_{Pc}}{\delta d} \leqslant [\sigma_{bs}] \tag{8-29}$$

式中，F_{Pc} 为作用在连接件上的总挤压力；$[\sigma_{bs}]$ 为挤压许用应力。常用材料的 $[\sigma_{bs}]$ 值也可在相关设计规范中查到。

【例题 8-11*】 某铆接件如图 8-13 (a) 所示，已知铆钉直径 $d = 30\text{mm}$，板宽 $b = 200\text{mm}$，中间两块主板厚 $t_1 = 20\text{mm}$，上下两块盖板厚 $t_2 = 12\text{mm}$，板的许用应力 $[\sigma] = 160\text{MPa}$，铆钉许用切应力 $[\tau] = 120\text{MPa}$，板的挤压许用应力 $[\sigma_{bs}] = 314\text{MPa}$。若主板所受拉力 $F_P = 400\text{kN}$，试校核该连接结构的强度。

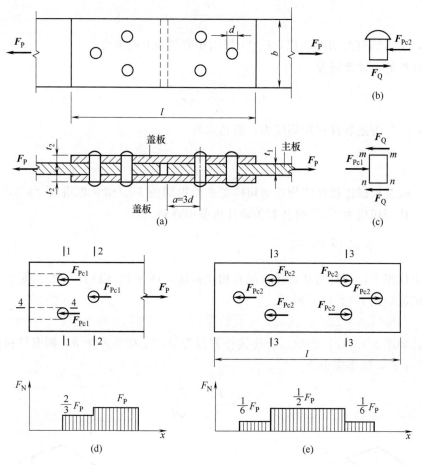

图 8-13　例题 8-11 图

解: 对此结构进行强度校核时,应先了解连接件中的传力路径。传力路径为:主板—铆钉—盖板。根据此传力路径可知,此铆接件,可能的失效形式主要有四种:①铆钉的剪断;②板在有孔洞截面上的拉断;③板的挤压破坏;④板沿板边缘 4—4 截面[图 8-13(d)]被剪断。对于第④种破坏,工程上一般通过构造要求满足。实验表明,当边距 $a \geqslant 2d$ 时,第④种破坏即可避免。本例中,边距 $a = 3d$,故不会发生这种剪断。此外,铆钉中也存在挤压,但由于板与铆钉上的挤压应力相同,而铆钉的挤压许用应力一般大于板的挤压许用应力,故只需校核板的挤压强度。

(1) 校核铆钉的剪切强度

左右两块主板分别通过三个铆钉与盖板铆接[图 8-13(d)],故每个铆钉的中段与主板之间的挤压力

$$F_{Pc1} = \frac{F_P}{3}$$

因每个铆钉与 3 块板相接,形成 m—m 和 n—n 两个剪切面[图 8-13(c)],故称为**双剪切**。截取铆钉中段为研究对象[图 8-13(c)],即得每个剪切面上的剪力

$$F_Q = \frac{F_{Pc1}}{2} = \frac{F_P}{6}$$

则对每一个铆钉：

$$\tau = \frac{F_Q}{A} = \frac{\dfrac{F_P}{6}}{\dfrac{\pi d^2}{4}} = \frac{4 \times 400 \times 10^3}{6 \times \pi \times 30^2 \times 10^{-6}} \text{Pa} = 94.3 \text{MPa} < [\tau] = 120 \text{MPa}$$

故铆钉的剪切强度是安全的。

（2）校核板的强度

① 校核铆钉与板之间的挤压强度。

铆钉与主板之间的挤压应力

$$\sigma_{bs1} = \frac{F_{Pc1}}{A_{bs1}} = \frac{\dfrac{F_P}{3}}{dt_1} = \frac{400 \times 10^3}{3 \times 30 \times 20 \times 10^{-6}} \text{Pa} = 222.2 \text{MPa} < [\sigma_{bs}] = 314 \text{MPa}$$

截取铆钉上（下）段为研究对象 [图 8-13 (b)]，可得每个铆钉的上（下）段与盖板之间的挤压力

$$F_{Pc2} = F_Q = \frac{F_P}{6}$$

铆钉与盖板之间的挤压应力

$$\sigma_{bs2} = \frac{F_{Pc2}}{A_{bs2}} = \frac{\dfrac{F_P}{6}}{dt_2} = \frac{400 \times 10^3}{6 \times 30 \times 12 \times 10^{-6}} \text{Pa} = 185.2 \text{MPa} < [\sigma] = 314 \text{MPa}$$

故板的挤压强度也是安全的。

② 校核板的抗拉强度。

取右主板为研究对象，作其轴力图 [图 8-13 (d)]，并考虑到其截面的削弱情况，可能的危险截面有两个，需分别计算。

主板左边第一排孔所在的 1—1 截面上的拉应力

$$\sigma_1 = \frac{F_{N1}}{A_1} = \frac{\dfrac{2F_P}{3}}{(b - 2d)t_1} = \frac{2 \times 400 \times 10^3}{3 \times (200 - 2 \times 30) \times 20 \times 10^{-6}} \text{Pa} = 95.2 \text{MPa}$$

主板左边第二排孔所在的 2—2 截面上的拉应力

$$\sigma_2 = \frac{F_{N2}}{A_2} = \frac{F_P}{(b - d)t_1} = \frac{400 \times 10^3}{(200 - 30) \times 20 \times 10^{-6}} \text{Pa} = 117.6 \text{MPa}$$

取盖板为研究对象，作出其轴力图 [图 8-13 (e)]，显然其危险截面为中间两排孔所在的 3—3 截面，该截面上的拉应力

$$\sigma_3 = \frac{F_{N3}}{A_3} = \frac{\dfrac{F_P}{2}}{(b - 2d)t_2} = \frac{400 \times 10^3}{2 \times (200 - 2 \times 30) \times 12 \times 10^{-6}} \text{Pa} = 119.0 \text{MPa}$$

根据上述计算结果可知，板的最大拉应力位于盖板的中间两排孔所在截面上，则有

$$\sigma_{max} = \sigma_3 = 119.0 \text{MPa} < [\sigma] = 160 \text{MPa}$$

故板的抗拉强度也是安全的。

（3）结论

综上所述，整个铆接件的强度都是安全的。

CAE技术简介及其在工程领域中的应用

材料力学是大学工学本科的一门核心课程，主要介绍基于牛顿体系的、经典传统的工程力学问题的计算分析方法。随着科技的进步和发展，特别是计算机的普及和高速化、智能化，目前广泛使用基于现代能量法的有限元计算方法对工程问题进行力学计算、分析和研究，并结合计算机的优势衍生出众多的有限元计算软件，称为 CAE（Computer Aided Engineering）技术。CAE 的含义是计算机辅助工程结构分析，使用 CAE 技术的主要软件有 ANSYS、ABAQUS 等。有限元工程计算分析方法，结合计算机的迭代速度优势，不仅将材料力学从只能分析相对简单的线弹性问题发展到分析复杂的非线性问题，并且从力学的分析扩展到电磁学、生物学等各个学科领域，实现了多物理场的耦合计算。采用 CAE 中的有限元计算软件，可模拟任意几何形状；通过已有的各种类型的材料模型库，可以模拟各种工程材料的性能，包括金属、橡胶、高分子材料、复合材料、钢筋混凝土、可压缩超弹性泡沫材料、土壤、岩石等；可以计算大量结构力学问题，模拟例如热传导、质量扩散、热电耦合分析、声学分析、岩土力学分析及压电介质等分析，在核工业、铁道、石油化工、航空航天、机械制造、能源、汽车交通、国防军工、电子、土木工程、造船、生物医学、轻工、地矿、水利、日用家电等领域有着广泛的应用。

目前我国广泛使用的 ANSYS 有限元计算软件，功能强大，操作简单方便，是国际最流行的有限元分析软件之一，在历年的 FEA 评比中多次名列第一。中国 100 多所理工院校采用 ANSYS 软件进行有限元分析或者作为标准教学软件。

各类不同的有限元软件分析具有相同的典型步骤：

（1）前处理

设立某个具体问题的文件名；

选择单元类型；

设置材料属性；

建立几何模型与有限元网格模型。

（2）求解

施加约束和载荷；

选择计算方法和计算参数。

（3）后处理

显示计算云图；

进行计算结果分析。

以对某主轴实体结构进行强度分析为例，利用 ANSYS 软件进行分析。图 8-14 为某主轴的有限元模型（前处理得到的结果）。图 8-15 为后处理得到的主轴等效应力云图。

从应力云图上可清晰看出轴上各处应力的大小，根据这些结果，就能很好地判定轴是

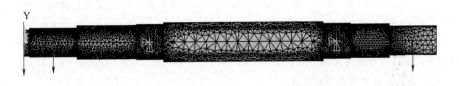

图 8-14 主轴的 CAE 力学模型

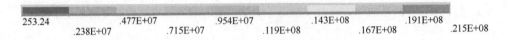

253.24				.477E+07		.954E+07			.143E+08			.191E+08		
	.238E+07		.715E+07			.119E+08				.167E+08				.215E+08

图 8-15 主轴的等效应力云图

否安全或者以此为依据进行轴截面尺寸的调整（后处理分析）。

应用 CAE 有限元技术时，有限元网格划分得越细，单元尺寸越小，单元数量越多，计算结果就能够越接近真实值。而传统的手工力学计算由于本身的特点和缺陷，往往只能得到研究对象过于简化的近似求解，对复杂问题，无论是从计算难度、计算时间，还是计算精确性上，都显得更为弱势。所以利用以 ANSYS 软件为主的 CAE 技术计算，将大量的计算工作交给高速计算机去完成，使人的精力主要集中在模型的合理性简化、计算方法和参数选择以及结果的分析上，大大地提高了计算效率，改善了产品设计的经济性和安全性。

深入学习和研究 CAE 有限元技术，有利于促进材料力学中基本概念和分析方法的理解，有利于提高分析工程问题的能力。

复习思考题

8-1 为什么要提出强度理论？强度理论可分为几类？

8-2 什么是计算应力或相当应力？其含义是什么？

8-3 用叠加法计算组合变形杆件的内力和应力时，其限制条件是什么？为什么必须满足这些条件？

8-4 什么是弯曲与拉伸（压缩）组合变形？什么是弯曲与扭转组合变形？偏心拉伸（压缩）属于哪种组合变形？

8-5 偏心压缩时，是否可使横截面上的应力都成为压应力？

8-6 为什么弯曲与扭转组合变形的强度计算不能用代数叠加？

8-7 当杆件处于弯曲与拉伸（压缩）组合变形时，杆件横截面上的正应力是如何分布的？如何计算最大正应力？

8-8 圆轴发生弯曲与扭转组合变形时，横截面上存在哪些内力？危险点处于什么样的应力状态？强度条件中为何未计入弯曲剪应力？

8-9 外力为什么要向截面形心简化？

8-10 何谓挤压？挤压与轴向压缩有何区别？

8-11 在进行连接件的强度计算时，应如何确定剪切面和挤压面？

8-12 剪切强度条件与挤压强度条件是怎样建立的？

 习 题

8-1 对于建立材料在一般应力状态下的失效判据与设计准则，试选择如下合适的论述。

A. 逐一进行实验，确定极限应力

B. 无需进行实验，只需关于失效原因的假说

C. 需要进行某些实验，无需关于失效原因的假说

D. 假设失效的共同原因，根据简单试验结果

正确答案是＿＿＿＿＿＿。

8-2 对于图 8-16 所示的应力状态（$\sigma_x < \sigma_y$），若为脆性材料，试分析失效可能发生在＿＿＿＿＿＿＿。

A. 平行于 y 轴的平面

B. 平行于 xOz 轴的平面

C. 平行于 yOz 坐标面的平面

D. 平行于 xOy 坐标面的平面

正确答案是＿＿＿＿＿＿。

8-3 对于图 8-16 所示的应力状态，若 $\sigma_x = \sigma_y$，且为韧性材料，试根据最大切应力准则，分析失效可能发生在＿＿＿＿＿＿。

A. 平行于 y 轴、其法线与 x 轴的夹角为 45°的平面，或平行于 x 轴、其法线与 y 轴的夹角为 45°的平面内

B. 仅为平行于 y 轴、其法线与 z 轴的夹角为 45°的平面

C. 仅为平行于 z 轴、其法线与 x 轴的夹角为 45°的平面

D. 仅为平行于 x 轴、其法线与 y 轴的夹角为 45°的平面

8-4 承受内压的两端封闭的圆柱形薄壁容器，由脆性材料制成。试分析因压力过大表面出现裂纹时，裂纹的可能方向是＿＿＿＿＿＿。

A. 沿圆柱纵向

B. 沿与圆柱纵向成 45°角的方向

C. 沿圆柱环向

D. 沿与圆柱纵向成 30°角的方向

8-5 铸铁水管冬天结冰时会因冰膨胀而被胀裂，管内的冰却不会破坏。这是因为＿＿＿＿＿＿。

A. 冰的强度较铸铁高

B. 冰处于三向受压应力状态

C. 冰的温度较铸铁高

D. 冰的应力等于零

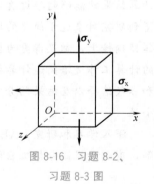

图 8-16 习题 8-2、
习题 8-3 图

8-6 厚壁玻璃杯因沸水倒入而发生破裂，裂纹起始于_____。

A. 内壁

B. 外壁

C. 壁厚中间

D. 内、外壁（同时）

8-7 已知构件中危险点的应力状态如图 8-17 所示，试选择合适的设计准则对以下两种情形作强度校核：

① 构件材料为 Q235 钢，$[\sigma]=160\text{MPa}$；应力状态中 $\sigma_x=30\text{MPa}$，$\sigma_y=150\text{MPa}$，$\sigma_z=0$，$\tau_{xy}=0$。

② 构件材料为灰铸铁，$[\sigma]=30\text{MPa}$；应力状态中 $\sigma_x=28\text{MPa}$，$\sigma_y=-15\text{MPa}$，$\sigma_z=18\text{MPa}$，$\tau_{xy}=0$。

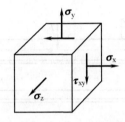

图 8-17 习题 8-7 图

8-8 图 8-18 所示的平面应力状态，各应力分量可能有以下几种组合，试按最大切应力准则和畸变能密度准则，分别计算各种组合时的计算应力。

① $\sigma_x=40\text{MPa}$，$\sigma_y=0\text{MPa}$，$\tau_{xy}=60\text{MPa}$；

② $\sigma_x=0\text{MPa}$，$\sigma_y=-80\text{MPa}$，$\tau_{xy}=-40\text{MPa}$；

③ $\sigma_x=-30\text{MPa}$，$\sigma_y=40\text{MPa}$，$\tau_{xy}=0$；

④ $\sigma_x=0$，$\sigma_y=0$，$\tau_{xy}=50\text{MPa}$。

8-9 铝合金制成的零件上，危险点的平面应力状态如图 8-19 所示。已知材料的屈服应力 $\sigma_s=250\text{MPa}$，试按下列准则，分别确定其安全因数：

① 最大切应力准则；

② 畸变能密度准则。

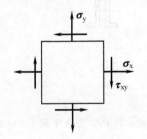

图 8-18 习题 8-8 图

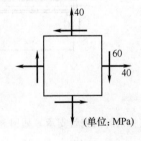

图 8-19 习题 8-9 图

8-10 如图 8-20 所示，内径 $D=500\text{mm}$、壁厚 $\delta=10\text{mm}$ 的薄壁容器承受内压 p。现用电测法测得其环向线应变 $\varepsilon_A=3.5\times10^{-4}$，轴向线应变 $\varepsilon_B=1\times10^{-4}$。已知材料的弹性模量 $E=200\text{GPa}$，泊松比 $\nu=0.25$。试求：① 筒壁的轴向应力、周向应力以及内压力；②若材料的许用应力 $[\sigma]=80\text{MPa}$，试用畸变能密度准则校核该容器的强度。

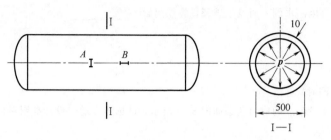

图 8-20 习题 8-10 图

8-11　14 工字钢悬臂梁受力如图 8-21 所示。已知 $l=0.4\text{m}$，$F_1=5\text{kN}$，$F_2=2\text{kN}$，试求危险截面上的最大正应力。

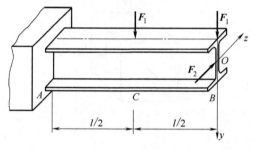

图 8-21 习题 8-11 图

8-12　图 8-22 所示起重架的最大起吊重量（包括行走小车等）$F=40\text{kN}$，横梁 AC 由两根 18 槽钢组成，材料为 Q235 钢，许用应力 $[\sigma]=120\text{MPa}$。试校核横梁的强度。

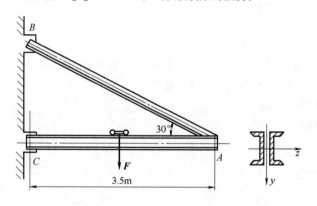

图 8-22 习题 8-12 图

8-13　某标语牌由钢管支承，如图 8-23 所示。标语牌自重 $W=150\text{N}$，受水平风力 $F=120\text{N}$ 作用；钢管的外径 $D=50\text{mm}$，内径 $d=45\text{mm}$，许用应力 $[\sigma]=70\text{MPa}$。试按最大切应力准则校核钢管的强度。

8-14　图 8-24 所示的钢板受力 $P=100\text{kN}$。试求局部挖空处 A—A 截面的最大正应力 $\sigma_{\max}$ 值，并画出其正应力分布图。若缺口移至板宽的中央位置，且使 $\sigma_{\max}$ 保持不变，则挖空宽度可为多少？

8-15　如图 8-25 所示，已知电动机的功率 $P=7.2\text{kW}$，转速 $n=572\text{r/min}$；带轮直径 $D=250\text{mm}$；主轴的外伸部分长度 $l=120\text{mm}$，直径 $d=40\text{mm}$；材料的许用应力 $[\sigma]=60\text{MPa}$。若不计带轮自重，试用最大切应力准则校核主轴的强度。

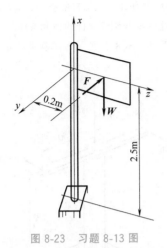

图 8-23 习题 8-13 图

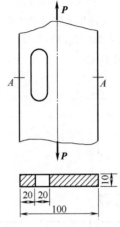

图 8-24 习题 8-14 图

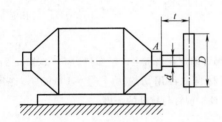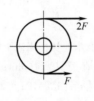

图 8-25 习题 8-15 图

8-16 如图 8-26 所示，直径为 60cm 的两个相同带轮，转速 $n=200$r/min 时传递功率 $P=15$kW；轮 C 上传动带是水平的，轮 D 上传动带是铅垂的。已知传动带松边拉力 $F_{T2}=1.5$kN（$F_{T2}<F_{T1}$），材料的许用应力 $[\sigma]=80$MPa。若不计带轮自重，试按最大切应力准则设计轴的直径。

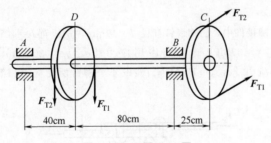

图 8-26 习题 8-16 图

8-17 槽形截面外伸梁，受力与中性轴（z 轴）位置如图 8-27 所示，已知，$I_z=2.136\times10^7\text{mm}^2$。梁的材料为铸铁，其拉伸许用应力 $[\sigma_t]=45$MPa，抗压许用应力 $[\sigma_c]=120$MPa。试校核该梁是否安全。

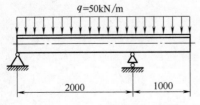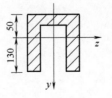

图 8-27 习题 8-17 图

8-18 图 8-28 所示的圆截面钢杆，承受轴向力 F 与转矩 M_e 的作用。已知杆的直径为 d，材料的许用应力为 $[\sigma]$，试画出危险点单元体的应力状态图，并按畸变能密度准则建立杆的强度条件。

8-19 直杆 AB 与直径 $d=40\text{mm}$ 的圆柱焊成一体，结构受力如图 8-29 所示。试确定点 a 和点 b 的应力状态，并计算 σ_{r3}。

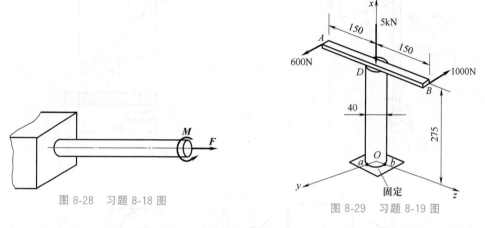

图 8-28 习题 8-18 图 　　　　　　图 8-29 习题 8-19 图

8-20 如图 8-30 所示，拉杆用四个铆钉固定在格板上。已知拉力 $F=80\text{kN}$；拉杆的宽度 $b=80\text{mm}$，厚度 $\delta=10\text{mm}$；铆钉直径 $d=16\text{mm}$；材料的许用切应力 $[\tau]=100\text{MPa}$，许用挤压应力 $[\sigma_{bs}]=320\text{MPa}$，许用拉应力 $[\sigma]=120\text{MPa}$。试校核铆钉与拉杆的强度。

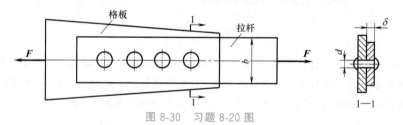

图 8-30 习题 8-20 图

8-21 图 8-31 所示的铆接件中，已知铆钉直径 $d=19\text{mm}$，钢板宽 $b=127\text{mm}$，厚度 $\delta=12.7\text{mm}$；铆钉的许用切应力 $[\tau]=137\text{MPa}$，挤压许用应力 $[\sigma_{bs}]=320\text{MPa}$；钢板的拉伸许用应力 $[\sigma]=98.0\text{MPa}$，挤压许用应力 $[\sigma_{bs}]=196\text{MPa}$。假设 4 个铆钉所受剪力相等，试求此连接件的许可载荷。

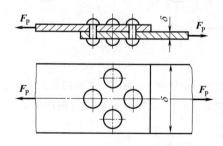

图 8-31 习题 8-21 图

第 **9** 章

变形分析与刚度设计

📖 **学习导语**

前面几章，重点分析了结构的强度问题，本章将利用在强度分析中得到的有关变形的结论，进一步分析扭转和弯曲变形；并在此基础上，进行拉压杆、扭转轴和梁的刚度设计和简单超静定问题分析。

■ 9.1 拉压杆与扭转轴的刚度设计

9.1.1 拉压杆的刚度设计简介

由式（3-6）可知，为避免产生过度轴向变形，轴向载荷作用下的拉压杆不应做得过于细长。对于桁架、柱间支撑等钢结构工程中的拉压杆，其刚度设计并不是直接控制杆件的轴向变形量，而是通过引入一个反映杆件长度、约束条件和形状等因素的物理量 λ（称为长细比，参见 10-9 式），然后将其控制在一个许可范围内，即有：

$$\lambda \leqslant [\lambda] \tag{9-1}$$

$[\lambda]$ 为拉杆或压杆的允许长细比，其取值可在相关规范和设计手册中查到。例如对于直接承受动力荷载作用的桁架中的拉杆 $[\lambda]=250$，对于桁架中的压杆 $[\lambda]=150$，由此可见，相对拉杆，压杆的允许长细比控制的更严格一些，这是因为压杆还需考虑稳定性的缘故。压杆的稳定性问题将在第 10 章中展开详细讨论。

9.1.2 圆轴扭转时的刚度设计

(1) 圆轴扭转时的变形

圆轴受到扭矩作用时的变形是用两个横截面间绕轴线的相对转角来度量的，称为扭转角，用 φ 表示。

根据式（5-4），相距为 $\mathrm{d}x$ 的两个横截面间的相对扭转角为

$$\mathrm{d}\varphi = \frac{M_{\mathrm{x}}}{GI_{\mathrm{p}}}\mathrm{d}x$$

沿轴线 x 方向积分，可得到相距为 l 的两横截面间的相对扭转角

$$\varphi = \int_l \mathrm{d}\varphi = \int_l \frac{M_x}{GI_p}\mathrm{d}x$$

对于长为 l，扭矩 M_x 为常量的等截面圆轴，两端面的相对扭转角为

$$\varphi = \frac{M_x l}{GI_p} \tag{9-2}$$

式中，GI_p 称为**圆轴的扭转刚度**，它与圆轴的横截面形式（实心圆或圆环）、尺寸及材料有关。在国际单位制中，扭转角 φ 的单位为 rad。

对于各段扭矩不等或截面尺寸不等的圆轴，应根据式（9-1）分段计算各段的相对扭转角，然后再求其代数和，即

$$\varphi = \sum_{i=1}^n \frac{M_{xi} l_i}{GI_{pi}} \tag{9-3}$$

（2）圆轴扭转时的刚度设计

为减小含轴类零件的机械设备在工作时的振动，保证设备具有足够的加工精度，对这类轴除了进行强度设计外，还要进行刚度设计。工程上常采用的方法是将这类轴的最大单位长度相对扭转角 θ_{max} 限定在一个允许的范围内，即有

$$\theta_{max} \leqslant [\theta] \tag{9-4}$$

上式称为**扭转圆轴的刚度条件**，式中最大单位长度相对扭转角为

$$\theta_{max} = \left[\frac{\mathrm{d}\varphi}{\mathrm{d}x}\right]_{max} = \left[\frac{M_x}{GI_p}\right]_{max} \tag{9-5}$$

$[\theta]$ 为工程许用单位长度相对扭转角，其取值可在相关规范和设计手册中查到。例如，对于精密机械设备的轴，$[\theta]=0.25\sim0.50(°)/\mathrm{m}$；对于一般传动轴，$[\theta]=0.50\sim1.00(°)/\mathrm{m}$；对于精度要求不高的传动轴，$[\theta]=1.00\sim2.50(°)/\mathrm{m}$。

在国际单位制中，单位长度相对扭转角 $\mathrm{d}\varphi/\mathrm{d}x$ 的单位为 $\mathrm{rad/m}$，而 $[\theta]$ 的单位一般为 $(°)/\mathrm{m}$。因此，刚度设计时要注意左右两边单位的换算与一致性。

例如，若左右两边都统一用单位 $(°)/\mathrm{m}$，则需把式（9-5）中的弧度换算成度，得

$$\theta_{max} = \frac{M_{xmax}}{GI_p} \times \frac{180°}{\pi} \leqslant [\theta] \tag{9-6}$$

【例题 9-1】 图 9-1 所示为某汽车的主传动轴，由 4 号钢的电焊钢管制成，钢管外径 $D=76\mathrm{mm}$，壁厚 $\delta=2.5\mathrm{mm}$，轴传递的转矩 $M_e=1.5\mathrm{kN\cdot m}$，材料的许用切应力 $[\tau]=90\mathrm{MPa}$，切变模量 $G=80\mathrm{GPa}$，轴的许可扭角 $[\theta]=2(°)/\mathrm{m}$。试校核轴的强度和刚度。

解：（1）确定轴承受的最大扭矩

汽车传动轴是等截面的，轴上最大扭矩等于轴传递的转矩：

$$M_{xmax} = M_e = 1.5\mathrm{kN\cdot m}$$

（2）确定轴截面的几何性质

轴的内、外径之比

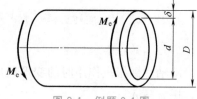

图 9-1 例题 9-1 图

$$\alpha = \frac{d}{D} = \frac{D-2\delta}{D} = \frac{76-5}{76} = 0.934$$

则

$$I_p = \frac{\pi D^4 (1-\alpha^4)}{32} = \frac{\pi \times 76^4 \times (1-0.934^4)}{32} = 7.83 \times 10^5 \, (\text{mm}^4)$$

$$W_p = \frac{I_p}{D/2} = \frac{7.83 \times 10^5 \times 2}{76} = 2.06 \times 10^4 \, (\text{mm}^3)$$

（3）轴的强度和刚度校核

由强度条件得

$$\tau_{\max} = \frac{M_{x\max}}{W_p} = \frac{1.5 \times 10^3}{2.06 \times 10^4 \times 10^{-9}} = 72.8 \times 10^6 \, \text{Pa} = 72.8 \, \text{MPa} < [\tau]$$

由刚度条件得

$$\varphi_{\max} = \frac{M_{x\max}}{GI_p} \times \frac{180°}{\pi} = \frac{1.5 \times 10^3}{80 \times 10^9 \times 7.83 \times 10^5 \times 10^{-12}} \times \frac{180°}{\pi} = 1.37 \, (°)/\text{m} < [\varphi']$$

故结构安全。

【例题 9-2】 如图 9-2（a）所示的等直杆，已知直径 $d = 40\text{mm}$，$a = 400\text{mm}$，材料的剪切弹性模量 $G = 80\text{GPa}$，$\varphi_{DB} = 1°$。试求：

① AD 杆的最大切应力；

② 扭转角 φ_{CA}。

解：（1）画轴的扭矩图，确定轴上的最大扭矩值

采用力系简化法，求横截面上扭矩从右向左画扭矩图如图 9-2（b）所示。从扭矩图上可看出 AB 段扭矩最大，为

$$M_{x\max} = 3M_e$$

由于外力偶矩 M_e 未知，需由已知条件求得。注意到

$$\varphi_{DB} = \varphi_{CB} + \varphi_{DC} = 1°$$

则

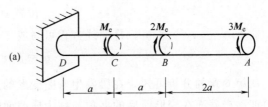

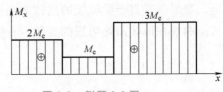

图 9-2 例题 9-2 图

$$\left(\frac{M_e a}{GI_p} + \frac{2M_e a}{GI_p} \right) \times \frac{180°}{\pi} = 1°$$

$$M_e = \frac{\pi}{180°} \times \frac{GI_p}{3a} = \frac{\pi}{180°} \times \frac{80 \times 10^9 \times \pi \times 40^4 \times 10^{-12}}{3 \times 400 \times 10^{-3} \times 32} = 292 \, (\text{N} \cdot \text{m})$$

（2）计算 AD 杆的最大切应力

$$\tau_{\max} = \frac{M_{x\max}}{W_p} = \frac{3 \times 292 \times 16}{\pi \times 40^3 \times 10^{-9}} = 69.7 \times 10^6 \, \text{Pa} = 69.7 \, \text{MPa}$$

（3）计算扭转角 φ_{CA}

$$\varphi_{CA} = \varphi_{BA} + \varphi_{CB} = \left(\frac{3M_e \times 2a}{GI_p} + \frac{M_e a}{GI_p} \right) \times \frac{180°}{\pi} = \frac{7 \times 292 \times 400 \times 10^{-3} \times 32}{80 \times 10^9 \times 3.14 \times 40^4 \times 10^{-12}} \times \frac{180°}{\pi} = 2.33°$$

（4）思考

若刚度条件 $[\varphi'] = 3 \, (°)/\text{m}$，试校核其刚度。

$$\varphi'_{\max} = \frac{3M_e}{GI_p} \times \frac{180°}{\pi} = \frac{3 \times 292 \times 32}{80 \times 10^9 \times 3.14 \times 40^4 \times 10^{-12}} \times \frac{180°}{\pi} = 2.5 \, (°)/\text{m} < [\varphi']$$

故刚度满足要求。

9.2 关于梁变形的基本概念

9.2.1 梁变形的基本概念

如图 9-3 所示的悬臂梁 AB，以变形前梁轴线为 x 轴，垂直向下为 w 轴建立 x-w 坐标系，当梁受到在坐标平面作用的外力时，将在该平面内发生弯曲变形。此时，梁轴线 AB 由直线弯成一条连续光滑的曲线 AB'，这条曲线称为梁的挠度曲线，简称挠曲线。

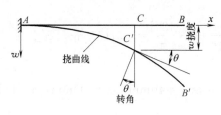

图 9-3　梁的弯曲变形

梁任一横截面形心 C（即轴线上的点）在垂直于 x 轴方向的线位移，称为该截面的挠度，用 w 表示。显然，横截面的位置不同，则梁的挠度不同。因此，梁的挠度是关于横截面形心位置 x 的函数。在图 9-3 所示的 x-w 坐标系中，挠度向下为正，向上为负，挠曲线方程可写成

$$w = f(x) \tag{9-7}$$

从第 6 章的分析可知，在梁发生弯曲变形的过程中，梁的横截面会绕其中性轴转过一个角度，横截面在变形前后的夹角，称为横截面的转角，用 θ 表示。根据梁弯曲时的平面假定，变形前垂直于梁轴线的横截面变形后依然垂直于梁轴线可知，横截面的转角等于 x 轴与挠曲线在该截面处切线的夹角。在图 9-3 所示的 x-w 坐标系下，有

$$\tan\theta = \frac{\mathrm{d}w}{\mathrm{d}x}$$

在小变形条件下，转角 θ 很小，故 $\tan\theta \approx \theta$，则上式可表示为

$$\theta = \frac{\mathrm{d}w}{\mathrm{d}x} \tag{9-8}$$

转角的正负号规定如下：自 x 轴转至切线方向，顺时针转为正，逆时针转为负。

挠度和转角是度量梁弯曲变形的两个基本物理量。此外，梁的横截面还将产生沿 x 方向的位移，由于此位移远小于该横截面处的挠度，根据小变形假设，故此位移在后面的分析中不予考虑。

9.2.2 梁变形分析的工程意义

对于工程中发生弯曲变形的构件，如果变形过程中的挠度或转角过大，可能会出现一些问题。例如，跨越江河湖泊的桥梁，如果挠度变形过大，不仅会使在桥梁上行驶的汽车爬坡困难，也会使车上的乘客缺乏安全感和舒适感；又如机械传动机构中的齿轮轴，若在两齿轮的啮合处产生过大的挠度和转角，将会影响齿轮的啮合，使机械在运转过程中产生很大的噪声，影响机器的正常工作和使用寿命。因此，必须对梁的变形进行分析并加以控制。

此外，梁的变形分析也是解决静不定梁问题和研究压杆稳定性问题的基础。

9.3 挠曲线的近似微分方程及其积分

从第 6 章推导纯弯曲正应力公式的过程中可知，梁在 xy 平面发生弯曲变形时，梁中性层的曲率表达式为

$$\frac{1}{\rho} = \frac{M}{EI}$$

横力弯曲时，M 和 ρ 都是 x 的函数。对于工程中常见的细长梁，可忽略剪力对梁位移的影响，则

$$\frac{1}{\rho(x)} = \frac{M(x)}{EI} \tag{a}$$

由高等数学得到的平面曲线的曲率表达式为

$$\frac{1}{\rho(x)} = \pm \frac{\dfrac{\mathrm{d}^2 w}{\mathrm{d}x^2}}{\left[1 + \left(\dfrac{\mathrm{d}w}{\mathrm{d}x}\right)^2\right]^{\frac{3}{2}}} \tag{b}$$

联立式（a）和式（b），得

$$\frac{\dfrac{\mathrm{d}^2 w}{\mathrm{d}x^2}}{\left[1 + \left(\dfrac{\mathrm{d}w}{\mathrm{d}x}\right)^2\right]^{\frac{3}{2}}} = \pm \frac{M(x)}{EI} \tag{9-9}$$

梁的转角 $\theta = \dfrac{\mathrm{d}w}{\mathrm{d}x}$ 很小，$\left(\dfrac{\mathrm{d}w}{\mathrm{d}x}\right)^2$ 与 1 相比十分微小，可以忽略不计，故上式可近似为

$$\frac{\mathrm{d}^2 w}{\mathrm{d}x^2} = \pm \frac{M(x)}{EI} \tag{9-10}$$

上式称为**挠度近似微分方程**。式中正负号与坐标轴的建立有关，若 w 坐标取向上为正，如图 9-4（a）所示，当弯矩大于零时，挠曲线向下凸，在此坐标系下 w 有最小值，由高数知识可知，挠度的二阶导大于零，则式（9-10）中取正号；若 w 坐标取向下为正，如图 9-4（b）所示，此时弯矩依然大于零，挠曲线形状未变，向下凸，但在此坐标系下，w 有最大值，由高数知识可知，挠度的二阶导小于零，则式（9-10）中取负号。本书采用图 9-4（b）所示的坐标系，即有

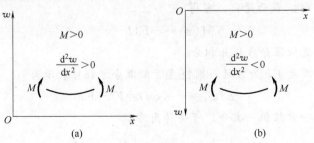

图 9-4 不同坐标系对挠度二阶导取值的影响

$$\frac{\mathrm{d}^2 w}{\mathrm{d}x^2} = -\frac{M(x)}{EI} \tag{9-11}$$

通过求解上述微分方程，即可得到梁的挠度方程和转角方程，从而求出梁轴线上任意点处的挠度和转角。

将挠度微分方程式（9-11）积分一次，得转角方程

$$\theta = \frac{\mathrm{d}w}{\mathrm{d}x} = -\int \frac{M(x)}{EI} \mathrm{d}x + C$$

对上述微分方程再积一次分，得挠度方程

$$w = \int \left(-\int \frac{M(x)}{EI} \mathrm{d}x \right) \mathrm{d}x + Cx + D$$

式中，C、D 为积分常数，由梁的位移**边界条件**和**连续条件**确定。

梁的位移边界条件是指梁弯曲变形时，约束对梁挠度和转角所施加的限制条件。例如，对图 9-5（a）所示的简支梁，在 A 处为固定铰支座，在 B 处为辊轴支座，其边界条件分别为 $w_A = 0$，$w_B = 0$；对图 9-5（b）所示的悬臂梁，A 处为固定端约束，其边界条件为 $w_A = 0$，$\theta_A = 0$。

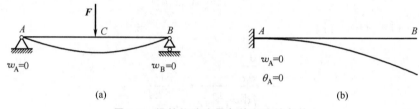

图 9-5　梁的位移边界条件和连续条件

位移连续条件是指，梁在弹性范围内加载，其轴线将弯曲成一条连续光滑曲线。因此，对于同一根梁，在梁轴线的任意点处，有唯一的挠度和转角。例如在图 9-5（a）中，在集中力作用点 C 处，虽然左右两边的弯矩方程不同，但其左右两侧的挠度、转角对应相等，即 $w_{C左} = w_{C右}$，$\theta_{C左} = \theta_{C右}$，这就是连续性条件。

【例题 9-3】　如图 9-6 所示一抗弯刚度为常数 EI 的悬臂梁，在自由端受一集中力 F 作用。试求梁的挠度方程和转角方程，并确定其最大挠度 $w_{\max}$ 和最大转角 $\theta_{\max}$。

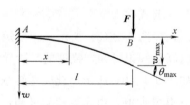

图 9-6　例题 9-3 图

解：（1）列梁的弯矩方程

由梁的受力情况可知只有一个弯矩方程。由力系简化法，将右边的力向 x 截面简化，可得

$$M(x) = -F(l-x) \tag{a}$$

（2）建立挠度近似微分方程并积分

由于梁的抗弯刚度 EI 为常数，则挠度近似微分方程可表示为

$$EIw'' = -M(x) = Fl - Fx \tag{b}$$

对挠度近似微分方程积一次分，可得转角方程

$$EIw' = Flx - \frac{Fx^2}{2} + C \tag{c}$$

再积一次分，可得挠度方程

$$EIw = \frac{Flx^2}{2} - \frac{Fx^3}{6} + Cx + D \tag{d}$$

（3）利用边界条件确定积分常数

对于悬臂梁，有边界条件

$$x = 0, w = 0$$
$$x = 0, w' = 0$$

将边界条件代入式（c）、式（d）两式中，可得 $C = 0$，$D = 0$。

（4）确定梁的转角方程和挠度方程

将求得的待定常数值代入式（c）、式（d）两式，可得转角方程和挠度方程分别为

$$\theta = \frac{Fx}{2EI}(2l - x)$$

$$w = \frac{Fx^2}{6EI}(3l - x)$$

（5）计算最大挠度和转角

θ_{max} 和 w_{max} 都发生在自由端截面处，将 $x = l$ 分别代入转角方程和挠度方程可得

$$\theta_{max} = \theta \big|_{x=l} = \frac{Fl^2}{EI} - \frac{Fl^2}{2EI} = \frac{Fl^2}{2EI}（方向为顺时针）$$

$$w_{max} = w \big|_{x=l} = \frac{Fl^3}{3EI}（方向向下）$$

【例题 9-4】 如图 9-7 所示一抗弯刚度为常数 EI 的简支梁，在 D 点处受一集中力 **F** 的作用。试求此梁的挠度方程和转角方程，并求其最大挠度和最大转角。

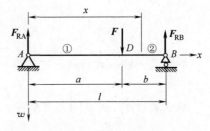

图 9-7 例题 9-4 图

解：（1）求梁的约束反力，列弯矩方程

由平衡方程可得

$$F_{RA} = F\frac{b}{l}, F_{RB} = F\frac{a}{l}$$

根据梁的受力情况，分成 AD 和 DB 两段建立弯矩方程，有

$$AD\ 段：\quad M_1 = F_{RA}x = F\frac{b}{l}x \quad (0 \leqslant x \leqslant a) \tag{a}$$

$$DB\ 段：\quad M_2 = F\frac{b}{l}x - F(x - a) \quad (a \leqslant x \leqslant l) \tag{b}$$

（2）建立挠度微分方程并积分

对 AD 段（$0 \leqslant x \leqslant a$），挠度微分方程为

$$EIw_1'' = -M_1 = -F\frac{b}{l}x \tag{c}$$

积分一次，得转角方程

$$EIw_1' = -F\frac{b}{l} \times \frac{x^2}{2} + C_1 \tag{d}$$

再积一次分，得挠度方程

$$EIw_1 = -F\frac{b}{l} \times \frac{x^3}{6} + C_1 x + D_1 \tag{e}$$

同理，对 DB 段 $(a \leqslant x \leqslant l)$，挠度微分方程为

$$EIw''_2 = -M_2 = -F\frac{b}{l}x + F(x-a) \tag{f}$$

转角方程为

$$EIw'_2 = -F\frac{b}{l} \times \frac{x^2}{2} + \frac{F(x-a)^2}{2} + C_2 \tag{g}$$

挠度方程为

$$EIw_2 = -F\frac{b}{l} \times \frac{x^3}{6} + \frac{F(x-a)^3}{6} + C_2 x + D_2 \tag{h}$$

（3）利用连续性条件和边界条件确定积分常数

D 点的连续条件为

$$x = a, \qquad w'_1 = w'_2 \tag{i}$$

$$x = a, \qquad w_1 = w_2 \tag{j}$$

联立式 (i)、式 (d)、式 (g)，可解得

$$C_1 = C_2$$

联立式 (j)、式 (e)、式 (h)，可解得

$$D_1 = D_2$$

边界条件为

$$在 x = 0 \ 处, w_1 = 0 \tag{k}$$

$$在 x = l \ 处, w_2 = 0 \tag{l}$$

联立式 (k)、式 (e)，可解得

$$D_1 = D_2 = 0$$

联立式 (l)、式 (h)，可解得

$$C_1 = C_2 = \frac{Fb}{6l}(l^2 - b^2)$$

（4）确定挠度方程和转角方程

将求得的积分常数代入式 (d)、式 (e)、式 (g)、式 (h)，可得各段转角和挠度方程如下：对 AD 段 $(0 \leqslant x \leqslant a)$

$$\theta_1 = w'_1 = \frac{Fb}{6lEI}(l^2 - b^2 - 3x^2)$$

$$w_1 = \frac{Fbx}{6lEI}(l^2 - b^2 - x^2)$$

对 DB 段 $(a \leqslant x \leqslant l)$

$$\theta_2 = w'_2 = \frac{Fb}{2lEI}\left[\frac{l}{b}(x-a)^2 - x^2 + \frac{1}{3}(l^2 - b^2)\right]$$

$$w_2 = \frac{Fb}{6lEI}\left[\frac{l}{b}(x-a)^3 - x^3 + (l^2 - b^2)x\right]$$

为方便工程计算，人们已经将常见静定梁在简单荷载作用下的挠度和转角方程以及一些特定点的挠度和转角算出，并形成表格，见表 9-1。

9. 4 小变形条件下梁弯曲变形的叠加法

9. 4. 1 叠加原理简介

考察图 9-8 所示的悬臂梁，刚度 EI 为常数，在自由端同时承受集中力 $\boldsymbol{F}$ 和集中力偶 $\boldsymbol{M}_e$ 作用，利用力系简化法，可得梁的弯矩方程为

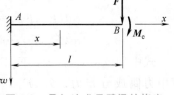

图 9-8 叠加法求悬臂梁的挠度

$$M(x) = -F(l-x) - M_e$$

代入挠度微分方程，有

$$EIw'' = -M(x) = M_e + Fl - Fx$$

将上式积分，可得

$$EIw' = (Fl + M_e)x - \frac{Fx^2}{2} + C \tag{a}$$

$$EIw = \frac{(Fl + M_e)x^2}{2} - \frac{Fx^3}{6} + Cx + D \tag{b}$$

将边界条件 $x=0$，$w'=0$，$x=0$，$w=0$，代入式（a）、式（b），可求得

$$C = 0, D = 0$$

将积分常数代入式（b），可得

$$w = \frac{Fx^2}{6EI}(3l - x) + \frac{M_e}{2EI}x^2 \tag{c}$$

上式表明，挠度与载荷 F 和 M_e 成线性齐次关系。

上述问题还可以换一种方法分析。

由例题 9-3 中的计算结果可知，集中力 $\boldsymbol{F}$ 单独作用在此悬臂梁的自由端时，有

$$w(F) = \frac{Fx^2}{6EI}(3l - x)$$

利用 9.3 节介绍的方法，不难求得集中力偶 $\boldsymbol{M}_e$ 单独作用在此悬臂梁自由端时的挠度方程为

$$w(M_e) = \frac{M_e}{2EI}x^2$$

二者之和为

$$w = w(F) + w(M_e) = \frac{Fx^2}{6EI}(3l - x) + \frac{M_e}{2EI}x^2$$

所得结果与 $\boldsymbol{F}$ 和 $\boldsymbol{M}_e$ 同时作用时的解答相同。

由此可见，当因变量与自变量呈线性齐次关系时，几个载荷同时作用产生的效果，等于各载荷单独作用产生的效果总和，称为**叠加原理**。在线弹性范围内，当变形很小时，杆件的内力、应力和变形，一般均与载荷成正比，即为线性关系，故可以运用叠加原理。

9. 4. 2 弯曲变形的叠加法和对称性的利用

当有多个载荷作用于梁上时，用积分法求变形变得比较烦琐，此时用叠加法比较

方便。

从表 9-1 中可以看出，在小变形条件下，梁的挠度方程和转角方程是关于梁所受载荷的线性函数，因此可以利用叠加原理。即有，梁在几种荷载同时作用下的变形等于每一种荷载单独作用下变形的代数和，这就是弯曲变形的叠加法。用代数式可表示为

$$\theta(F_1, F_2, \cdots, F_n) = \theta_1(F_1) + \theta_2(F_2) + \cdots + \theta_n(F_n)$$

$$w(F_1, F_2, \cdots, F_n) = w_1(F_1) + w_2(F_2) + \cdots + w_n(F_n)$$

式中，F_1，F_2，$\cdots$，F_n 为作用在梁上的力，这个力是广义上的力，可以是集中力、集中力偶或分布力；$\theta_1(F_1)$，$\theta_2(F_2)$，$\cdots$，$\theta_n(F_n)$ 为单独荷载作用下的转角，$w_1(F_1)$，$w_2(F_2)$，$\cdots$，$w_n(F_n)$ 为单独荷载作用下的挠度，均可在表 9-1 中查出；$\theta(F_1, F_2, \cdots, F_n)$，$w(F_1, F_2, \cdots, F_n)$ 为梁在几种载荷共同作用下的挠度和转角。

工程中很多结构是对称的，作用在对称结构上的力可以划分为对称力和反对称力两类。如果对称轴两边的力大小相等，绕对称轴对折后作用点和作用线均重合且指向相同，则称为正对称的力（或简称对称力）。若对称轴两边的力大小相等，绕对称轴对折后作用点和作用线均重合但指向相反，则称为反对称的力。对称结构在对称荷载作用下，其内力和位移都具有对称的性质；在反对称荷载作用下，其内力和位移都具有反对称的性质。正确地判断和应用对称和反对称的这些性质，可以不经过计算，就确定某些未知量，从而使分析和计算过程大大简化。这一点，在叠加法计算梁的挠度和转角时尤其重要，参见例题 9-6。

表 9-1　梁的挠度与转角公式

载荷类型	转角	最大挠度	挠度方程
(1)悬臂梁集中载荷作用在自由端			
	$\theta_B = \dfrac{F_P l^2}{2EI}$	$w_{\max} = \dfrac{F_P l^3}{3EI}$	$w(x) = \dfrac{F_P x^2}{6EI}(3l - x)$
(2)悬臂梁弯曲力偶作用在自由端			
	$\theta_B = \dfrac{Ml}{EI}$	$w_{\max} = \dfrac{Ml^2}{2EI}$	$w(x) = \dfrac{Mx^2}{2EI}$
(3)悬臂梁均匀分布载荷作用在梁上			
	$\theta_B = \dfrac{ql^3}{6EI}$	$w_{\max} = \dfrac{ql^4}{8EI}$	$w(x) = \dfrac{qx^2}{24EI}(x^2 + 6l^2 - 4lx)$

载荷类型	转角	最大挠度	挠度方程
(4)简支梁集中载荷作用在任意位置			

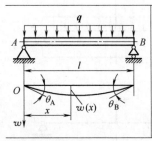

| | $\theta_A = \dfrac{F_P b(l^2 - b^2)}{6lEI}$ $\theta_B = -\dfrac{F_P ab(2l-b)}{6lEI}$ | $w_{max} = \dfrac{F_P b(l^2-b^2)^{3/2}}{9\sqrt{3}\,lEI}$ $\left(在\ x = \sqrt{\dfrac{l^2-b^2}{3}}\ 处\right)$ | $w_1(x) = \dfrac{F_P bx}{6lEI}(l^2 - x^2 - b^2)$ $(0 \leqslant x \leqslant a)$ $w_2(x) = \dfrac{F_P b}{6lEI}\left[\dfrac{l}{b}(x-a)^3 + (l^2-b^2)x - x^3\right]$ $(a \leqslant x \leqslant l)$ |

| (5)简支梁均匀分布载荷作用在梁上 | | | |

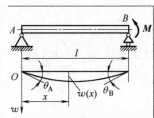

| | $\theta_A = -\theta_B = \dfrac{ql^3}{24EI}$ | $w_{max} = \dfrac{5ql^4}{384EI}$ | $w(x) = \dfrac{qx}{24EI}(l^3 - 2lx^2 + x^3)$ |

| (6)简支梁弯曲力偶作用在梁的一端 | | | |

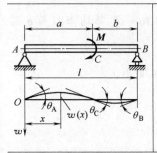

| | $\theta_A = \dfrac{Ml}{6EI}$ $\theta_B = -\dfrac{Ml}{3EI}$ | $w_{max} = \dfrac{Ml^2}{9\sqrt{3}\,EI}$ $\left(在\ x = \dfrac{1}{\sqrt{3}}\ 处\right)$ | $w(x) = \dfrac{Mlx}{6EI}\left(1 - \dfrac{x^2}{l^2}\right)$ |

| (7)简支梁弯曲力偶作用在两支承间任意位置 | | | |

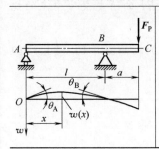

| | $\theta_A = -\dfrac{M}{6EIl}(l^2 - 3b^2)$ $\theta_B = -\dfrac{M}{6EIl}(l^2 - 3a^2)$ $\theta_C = \dfrac{M}{6EIl}(3a^2 + 3b^2 - l^2)$ | $w_{max1} = -\dfrac{M(l^2-3b^2)^{3/2}}{9\sqrt{3}\,EIl}$ $\left(在\ x = \dfrac{1}{\sqrt{3}}\sqrt{l^2-3b^2}\ 处\right)$ $w_{max2} = \dfrac{M(l^2-3a^2)^{3/2}}{9\sqrt{3}\,EIl}$ $\left(在\ x = \dfrac{1}{\sqrt{3}}\sqrt{l^2-3a^2}\ 处\right)$ | $w_1(x) = -\dfrac{Mx}{6EIl}(l^2 - 3b^2 - x^2)$ $(0 \leqslant x \leqslant a)$ $w_2(x) = \dfrac{M(l-x)}{6EIl}\left[l^2 - 3a^2 - (l-x)^2\right]$ $(a \leqslant x \leqslant l)$ |

| (8)外伸梁集中载荷作用在外伸臂端点 | | | |

| | $\theta_A = -\dfrac{F_P al}{6EI}$ $\theta_B = \dfrac{F_P al}{3EI}$ $\theta_C = \dfrac{F_P a(2l+3a)}{6EI}$ | $w_{max1} = -\dfrac{F_P al^2}{9\sqrt{3}\,EI}$ $(在\ x = l/\sqrt{3}\ 处)$ $w_{max2} = \dfrac{F_P a^2}{3EI}(a+l)$ $(在自由端)$ | $w_1(x) = -\dfrac{F_P ax}{6EIl}(l^2 - x^2)$ $(0 \leqslant x \leqslant l)$ $w_2(x) = \dfrac{F_P(l-x)}{6EI}\left[(x-l)^2 + a(1-3x)\right]$ $(l \leqslant x \leqslant l+a)$ |

材料力学

载荷类型	转角	最大挠度	挠度方程
(9)外伸梁均匀分布载荷作用在外伸臂上			

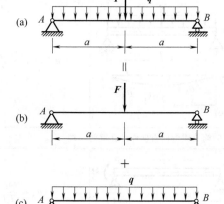

| | $\theta_A = -\dfrac{qla^2}{12EI}$ $\theta_B = \dfrac{qla^2}{6EI}$ | $w_{\text{max}1} = -\dfrac{ql^3a^2}{18\sqrt{3}EI}$ (在 $x=l/\sqrt{3}$ 处) $w_{\text{max}2} = \dfrac{qa^3}{24EI}(3a+4l)$ (在自由端) | $w_1(x) = -\dfrac{qa^2x}{12EIl}(l^2-x^2)$ $(0\leqslant x \leqslant l)$ $w_2(x) = \dfrac{q(x-l)}{24EI}[2a^2(3x-l)+(x-l)^2(x-l-4a)]$ $(l \leqslant x \leqslant l+a)$ |

【例题9-5】 如图9-9（a）所示的简支梁，同时承受集中载荷 F 与均布载荷 q 作用。设弯曲刚度 EI 为常数，试用叠加法计算横截面 A 的转角和 C 点的挠度。

解：梁在集中载荷 F 与均布载荷 q 共同作用下的变形等于每一种荷载单独作用下变形的代数和。

由表9-1和图9-9（b）查得集中载荷 F 作用下指定位置处的变形为

$$\theta_A(F)=\frac{Fa^2}{4EI} \qquad w_C(F)=\frac{Fa^3}{6EI}$$

由表9-1和图9-9（c）查得均布载荷 q 作用下指定位置处的变形为

$$\theta_A(q)=\frac{qa^3}{3EI} \qquad w_C(q)=\frac{5qa^4}{24EI}$$

图9-9 例题9-5图

运用叠加法，将相同位置处的同一种变形相加，可得在集中载荷 F 与均布载荷 q 作用下截面 A 的转角为

$$\theta_A=\theta_A(F)+\theta_A(q)=\frac{a^2}{12EI}(3F+4qa)（方向为顺时针）$$

C 点的挠度为

$$w_C=\frac{5qa^4}{24EI}+\frac{Fa^3}{6EI}（方向向下）$$

【例题9-6】 试利用叠加法，求图9-10（a）所示抗弯刚度为 EI 的简支梁跨中点的挠度 w_C 和两端截面的转角 θ_A、θ_B。

解：这种情况可视为正对称荷载与反对称荷载两种情况的叠加，如图9-10（b）、（c）所示。

正对称荷载作用下，如图9-10（b）所示，查表9-1可得

$$w_{C1}=\frac{5(q/2)l^4}{384EI}=\frac{5ql^4}{768EI}$$

$$-\theta_{B1}=\theta_{A1}=\frac{(q/2)l^3}{24EI}=\frac{ql^3}{48EI}$$

反对称荷载作用下，如图 9-10（c）所示，由分析可知，在跨中 C 截面处，挠度 w_C 等于零，弯矩也等于零，但转角不等于零。可以认为 C 处类似一个铰接约束，因此，可将 AC 段和 BC 段分别视为受均布线荷载作用且长度为 $l/2$ 的简支梁。

查表 9-1 可得

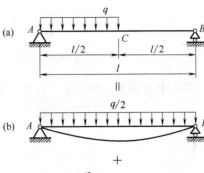

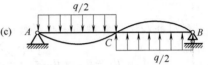

图 9-10　例题 9-6 图

$$w_{C2}=0$$

$$\theta_{A2}=\theta_{B2}=\frac{(q/2)(l/2)^3}{24EI}=\frac{ql^3}{384EI}$$

将相应的位移进行叠加，即得

$$w_C=w_{C1}+w_{C2}=\frac{5ql^4}{768EI}(\text{方向向下})$$

$$\theta_A=\theta_{A1}+\theta_{A2}=\frac{ql^3}{48EI}+\frac{ql^3}{384EI}=\frac{3ql^3}{128EI}(\text{方向为顺时针})$$

$$\theta_B=\theta_{B1}+\theta_{B2}=-\frac{ql^3}{48EI}+\frac{ql^3}{384EI}=-\frac{7ql^3}{384EI}(\text{方向为逆时针})$$

【例题 9-7】　图 9-11（a）所示的悬臂梁，同时承受集中载荷 F_P 与集中力偶 M_e 作用，且 $M_e=F_P l$。设弯曲刚度 EI 为常数，求 B 点的挠度和转角。

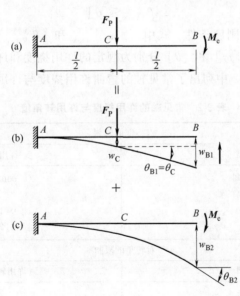

图 9-11　例题 9-7 图

解：B 点的挠度和转角可分解为图 9-11（b）、（c）所示两种情况下的叠加。

在集中载荷 F 作用下，如图 9-11（b）所示，AC 段发生弯曲变形；CB 段不受力，不发生弯曲变形，保持为直线，但会随着截面 C 的位移而发生位移。由表 9-1 及图示几何关系可得

$$\theta_{B1} = \theta_C = \frac{F_P l^2}{8EI}$$

$$w_{B1} = w_C + \theta_C \frac{l}{2} = \frac{F_P l^3}{24EI} + \frac{F_P l^2}{8EI} \times \frac{l}{2} = \frac{5F_P l^3}{48EI}$$

在集中力偶 M_e 作用下，如图 9-11（c）所示，直接查表 9-1 可得

$$\theta_{B2} = \frac{F_P l^2}{EI}$$

$$w_{B2} = \frac{F_P l^3}{2EI}$$

利用叠加法，将梁同一位置处的变形叠加，可得

$$\theta_B = \theta_{B1} + \theta_{B2} = \frac{F_P l^2}{8EI} + \frac{F_P l^2}{EI} = \frac{9F_P l^2}{8EI} \quad （转向为顺时针）$$

$$w_B = w_{B1} + w_{B2} = \frac{5F_P l^3}{48EI} + \frac{F_P l^3}{2EI} = \frac{29F_P l^3}{48EI} （方向向下）$$

9.5　梁的刚度设计

前面已经指出，为使机械或工程结构中的梁正常工作，不仅应满足强度条件，也应满足刚度要求。工程上通常规定梁的最大挠度或/和最大转角不能超过相应许用值，即

$$|w|_{max} \leqslant [w] \tag{9-12}$$

$$|\theta|_{max} \leqslant [\theta] \tag{9-13}$$

上述二式均称为梁的刚度条件。式中，$|w|_{max}$ 和 $|\theta|_{max}$ 分别为梁中绝对值最大挠度和绝对值最大转角；$[w]$ 和 $[\theta]$ 分别为规定的许用挠度和许用转角，其取值一般由相关工程规范给定。表 9-2 中列出了常见轴的弯曲许用挠度与许用转角值。

表 9-2　常见轴的许用挠度与许用转角值

对挠度的限制	
轴的类型	许用挠度[w]
一般传动轴	$(0.0003 \sim 0.0005)l$
刚度要求较高的轴	$0.0002l$
齿轮轴	$(0.01 \sim 0.03)m$
蜗轮轴	$(0.02 \sim 0.05)m$
对转角的限制	
轴的类型	许用转角[θ]/rad
滑动轴承	0.001
向心球承	0.005
向心球面	0.005
圆柱滚子轴承	0.0025
圆锥滚子轴承	0.0016
安装齿轮的轴	0.001

注：表中 m 为齿轮模数。

【例题 9-8】 图 9-12 所示的钢制圆轴，左端受力 $\boldsymbol{F}_{\mathrm{P}}$，其他尺寸如图所示。已知 $F_{\mathrm{P}} = 25\mathrm{kN}$，$a = 1\mathrm{m}$，$l = 1.5\mathrm{m}$，$E = 206\mathrm{GPa}$，轴承 B 处的许用转角 $[\theta] = 0.5°$。试根据刚度要求确定该轴的直径 d。

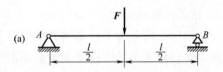

图 9-12　例题 9-8 图

解：为保证 AC 轴上 A 处的齿轮啮合，使机器正常工作，需控制轴承 B 处的转角。

（1）由表 9-1 确定 B 处的转角

由表 9-1 可知承受集中载荷的外伸梁在 B 处的转角为

$$\theta_{\mathrm{B}} = -\frac{F_{\mathrm{P}}la}{3EI}$$

（2）根据刚度条件确定轴的直径

根据已知条件，有

$$|\theta_{\mathrm{B}}| \leqslant [\theta]$$

计算过程中要注意，θ_{B} 的单位为 rad（弧度），而 $[\theta]$ 的单位为（°）（度），需考虑左右两边单位的统一，即有

$$\theta_{\mathrm{B}} = \frac{F_{\mathrm{P}}la}{3EI} \times \frac{180°}{\pi} \leqslant 0.5°$$

将数据代入后，得

$$d \geqslant \sqrt[4]{\frac{64 \times 25 \times 1 \times 1.5 \times 180 \times 10^{3}}{3 \times \pi^{2} \times 206 \times 0.5 \times 10^{9}}}\mathrm{m} = 109.1 \times 10^{-3}\mathrm{m} = 109.1\mathrm{mm}$$

故可得 $d = 110\mathrm{mm}$

【例题 9-9】 如图 9-13（a）所示，由工字钢制成的简支梁，在跨度中点承受集中力 F。已知 $F = 50\mathrm{kN}$，跨度 $l = 4\mathrm{m}$，许用应力 $[\sigma] = 180\mathrm{MPa}$，许用挠度 $[w] = \dfrac{l}{350}$，弹性模量 $E = 200\mathrm{GPa}$。若不计梁的自重，试选择工字钢型号。

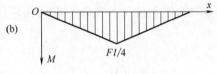

图 9-13　例题 9-9 图

解：为确保梁正常工作，既要保证强度安全，也要保证刚度安全。在确定工字钢型号时，可按强度和刚度条件分别选择工字钢型号，最后选二者中截面尺寸较大的；也可按强度（或刚度）初选截面，再校核刚度（或强度）。由于一般按刚度确定的截面尺寸较大，本例按刚度条件初选截面，再用选定的截面校核强度。

（1）按刚度条件初步选定工字钢型号

梁跨中挠度最大，查表 9-1 得

$$|w|_{\max} = \frac{Fl^{3}}{48EI_{z}}$$

根据梁的刚度条件，有

$$|w|_{\max} = \frac{Fl^{3}}{48EI_{z}} \leqslant [w] = \frac{l}{350}$$

则梁横截面的惯性矩

$$I_z \geqslant \frac{350Fl^2}{48E} = \frac{350 \times (50 \times 10^3\,\text{N}) \times (4\text{m})^2}{48 \times (200 \times 10^9)\,\text{Pa}} = 2.92 \times 10^{-5}\,\text{m}^4$$

查工字型钢表可知，22a 工字钢，$I_z = 3.40 \times 10^{-5}\,\text{m}^4$，满足刚度要求，故可初选 22a 工字钢。

（2）根据初选型钢校核梁的强度

梁的弯矩图如图 9-13（b）所示，其最大弯矩为

$$M_{max} = \frac{Fl}{4} = \frac{(50 \times 10^3\,\text{N}) \times (4\text{m})}{4} = 5 \times 10^4\,\text{N} \cdot \text{m}$$

根据梁的强度设计准则，有

$$\frac{M_{max}}{W_z} \leqslant [\sigma]$$

对 22a 工字钢，查型钢表得 $W_z = 3.09 \times 10^{-4}\,\text{m}^3$，代入上式得

$$\frac{M_{max}}{W_z} = \frac{5 \times 10^4\,\text{N} \cdot \text{m}}{3.09 \times 10^{-4}\,\text{m}} = 161.8 \times 10^6\,\text{Pa} = 161.8\,\text{MPa} < [\sigma] = 180\,\text{MPa}$$

强度安全，故可选 22a 工字钢。

9.6 简单超静定问题

9.6.1 多余约束与超静定问题

前面讨论的问题中，用平衡方程就可以解出构件上的全部未知力（包括约束力与内力），这类问题称为静定问题。

但有时工程上为了提高构件的强度与刚度，或由于构造的需要，需给静定结构再添加约束。这种约束不是维持平衡所必需的约束，称为多余约束；与多余约束相对应的约束反力，称为多余约束力。由于多余约束力的存在，使得构件上的未知力个数多于独立平衡方程数目，因此仅仅由平衡方程无法求得全部未知力，这种结构称为静不定结构或超静定结构。

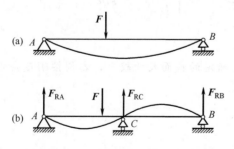

图 9-14　多余约束与超静定结构

超静定结构中，未知力的个数与独立平衡方程数目的差，即多余约束的数目，称为超静定次数。如图 9-14（a）所示的简支梁，为控制梁跨中的挠度，在 C 处添加一辊轴支座［图 9-14（b）］，这样，未知力个数为 3 个，独立平衡方程为 2 个，未知力的个数与独立平衡方程数目之差为 1，故图 9-14（b）所示的梁为一次超静定梁。

9.6.2 超静定问题的求解

由于多余约束的存在，一方面，使问题由静力学可解变为静力学不可解；另一方面，由于多余约束对结构位移或变形有着确定的限制，而位移或变形又是与力相联系的，这又

为求解超静定问题提供了条件。

因此，求解超静定问题，除与静定问题一样，要建立平衡方程外，还必须获得补充方程，才能求解全部未知力。根据上述分析，补充方程建立的一般过程如下：

① 判断静不定次数，确定所需补充方程个数；

② 根据多余约束对结构位移或变形的限制，建立几何方程，也称为变形协调方程；

③ 由力与位移或变形之间的物理关系，建立物理方程（或称本构方程）；

④ 联立几何方程和物理方程，获得补充方程。

补充方程获得后，联立前面的平衡方程，就可求解全部约束反力；然后就可以像静定结构一样，进行内力、应力等问题的分析和计算。

9.6.3 拉压杆和扭转轴的超静定问题

对于拉压杆和扭转轴的超静定问题求解，一个共同点是其物理方程可以直接由杆件的变形计算公式获得，下面分别举例说明。

【例题 9-10】 如图 9-15（a）所示，1、2、3 三杆用铰链连接于 A 点。$l_1 = l_2 = l$，$A_1 = A_2 = A$，$E_1 = E_2 = E$；3 杆的长度为 l_3，横截面积为 A_3，弹性模量为 E_3。试求在沿铅垂方向的外力 $\boldsymbol{F}$ 作用下各杆的轴力。

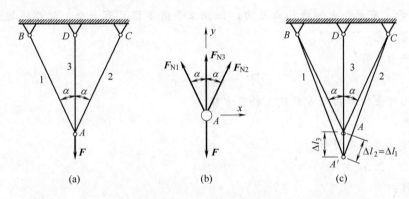

图 9-15 例题 9-10 图

解：以节点 A 为研究对象，受力如图 9-15（b）所示。从图中可看出，3 根杆的轴力和已知力 $\boldsymbol{F}$ 构成汇交于 A 点的平面汇交力系，独立平衡方程有两个，但未知力有 3 个，故此问题是一次超静定问题；为求解各杆轴力，除平衡方程外，还需补充一个方程。

（1）列平衡方程

$$\sum F_x = 0, F_{N1} = F_{N2} \tag{1}$$

$$\sum F_y = 0, F_{N1}\cos\alpha + F_{N2}\cos\alpha + F_{N3} - F = 0 \tag{2}$$

（2）由变形几何方程和物理方程获得补充方程

由于问题在几何、物理及受力方面都是对称的，因此变形后 A 点将沿铅垂方向下移。变形协调条件是变形后三杆仍铰接在一起，如图 9-15（c）所示，即有

变形几何方程为

$$\Delta l_1 = \Delta l_3 \cos\alpha$$

物理方程为

$$\Delta l_1 = \frac{F_{N1} l_1}{E_1 A_1} = \frac{F_{N1} l}{EA}$$

$$\Delta l_3 = \frac{F_{N3} l \cos\alpha}{E_3 A_3}$$

将物理方程代入变形几何方程，可得补充方程

$$F_{N1} = F_{N3} \frac{EA}{E_3 A_3} \cos^2\alpha \tag{3}$$

（3）联立平衡方程与补充方程求解

联立平衡方程式（1）、式（2）与补充方程式（3）求解，可得

$$F_{N3} = \frac{F}{1 + 2 \dfrac{EA}{E_3 A_3} \cos^3\alpha}$$

$$F_{N1} = F_{N2} = \frac{F}{2\cos\alpha + \dfrac{E_3 A_3}{EA\cos^2\alpha}}$$

【例题 9-11】 作图 9-16 所示杆件的轴力图（$F_P = F'_P$）。

解：为作杆件的轴力图，需先求 AB 杆的约束反力。以 AB 杆为研究对象，受力如图 9-16（b）所示。有两个未知的约束反力，但独立平衡方程只有一个，故此问题为一次超静定问题，需补充一个方程。

（1）列平衡方程

$$\sum F_x = 0, \quad F_A = F_B \tag{1}$$

（2）由几何条件和物理方程建立补充方程

几何条件：

由 A、B 两端固定可知

$$\sum \Delta l_i = 0$$

物理方程：

AC 段：

$$\Delta l_1 = \frac{-F_A l}{EA}$$

CD 段：

$$\Delta l_2 = \frac{(F_P - F_A) l}{EA}$$

DB 段：

$$\Delta l_2 = \frac{-F_B l}{EA}$$

将物理方程代入几何方程，得补充方程

$$\sum \Delta l_i = \frac{-F_A l + (F_P - F_A) l - F_B l}{EA} = 0 \tag{2}$$

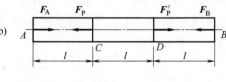

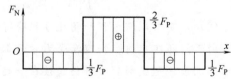

图 9-16 例题 9-11 图

将方程式（1）将代入式（2），得

$$F_A = \frac{1}{3}F_P(\rightarrow)$$

$$F_B = \frac{1}{3}F_P(\leftarrow)$$

（3）轴力图的绘制

根据所得外力，可计算轴上各段的内力：

$$F_{AC} = -\frac{1}{3}F_P, F_{CD} = \frac{2}{3}F_P, F_{DB} = -\frac{1}{3}F_P$$

根据内力计算结果，绘制轴力图如图 9-16（c）所示。

【例题 9-12】 作图 9-17 所示杆件的扭矩图。

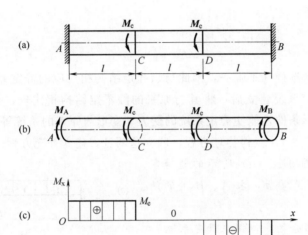

图 9-17　例题 9-12 图

解：①去掉约束，代之以约束反力偶矩，如图 9-17（b）所示。列平衡方程有

$$\sum M_x = 0, M_A + M_B - 2M_e = 0 \tag{1}$$

由于未知力偶有两个，平衡方程只有一个，故这是一次超静定问题，需建立一个补充方程。

②由变形几何方程和物理方程建立补充方程。

变形协调条件为

$$\varphi_{AB} = \varphi_{AC} + \varphi_{CD} + \varphi_{DB} = 0$$

即 B 截面相对于固定端 A 的相对扭转角等于零。

设轴的扭转刚度为 GI_p，则物理关系为

$$\varphi_{AC} = \frac{M_A l}{GI_p}$$

$$\varphi_{CD} = \frac{(M_A - M_e)l}{GI_p}$$

$$\varphi_{DB} = \frac{-M_B l}{GI_p}$$

将物理关系式代入变形协调条件，得补充方程

$$2M_A - M_B - M_e = 0 \qquad (2)$$

解得

$$M_A = M_e$$
$$M_B = M_e$$

③扭矩图的绘制。约束力偶求出后，即可求得三段轴上的内力。根据内力值绘制扭矩图，如图 9-17（c）所示。

9.6.4 梁的超静定问题

对于弯曲梁，其变形和力的关系（物理方程）一般通过查表 9-1 获得。为方便查表，求解梁的超静定问题时，需要先获得超静定梁与表 9-1 中静定梁相对应的静定系统。静定系统的建立过程如下：

① 选择合适的多余约束，将其除去；

② 在解除约束处代以多余约束力，建立静定系统。

由于多余约束的选择并不唯一，因此与超静定结构相对应的静定系统也不是唯一的，参见例题 9-13。静定系统建立后，将其与原来的静不定结构相比较，分析多余约束处应当满足什么样的变形条件才能使静定系统的受力和变形与原来的系统等效，据此写出变形协调条件；然后查表 9-1，获得物理方程，联立这两者，建立补充方程。

【例题 9-13】 图 9-18（a）所示的超静定梁，设抗弯刚度 EI 为常数，求 A、B 处的约束反力。

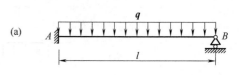

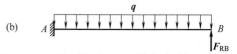

解：（1）解除多余约束，建立静定系统

将可动铰链支座看作多余约束，解除多余约束代之以约束反力 F_{RB} 得到原超静定梁的静定系统，如图 9-18（b）所示。

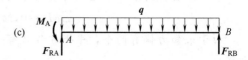

（2）由变形协调方程和物理方程建立补充方程

超静定梁在多余约束处的约束条件为

$$w_B = 0$$

变形几何方程为

$$w_B = w_B(q) + w_B(F_{RB}) = 0$$

梁在分布载荷 q 和约束反力 F_{RB} 单独作用下 B 处的挠度查表 9-1 可得

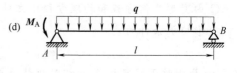

图 9-18 例题 9-13 图

$$w_B(q) = \frac{ql^4}{8EI}$$

$$w_B(F_{RB}) = -\frac{F_{RB}l^3}{3EI}$$

上述两式反映了梁受力与变形的关系，此即物理方程。

将物理方程代入变形几何方程，得补充方程

$$\frac{ql^4}{8EI} - \frac{F_{RB}l^3}{3EI} = 0$$

由该式解得

$$F_{RB} = \frac{3}{8}ql$$

（3）其他约束反力的求解

求出 B 处的约束反力以后，即可由平衡方程求出 A 处的约束反力。

$$F_{RA} = \frac{5}{8}ql \qquad M_A = \frac{1}{8}ql^2$$

方向如图 9-18（c）所示。

（4）讨论与思考

静定系统的选择不是唯一的，本例还可取支座 A 处阻止梁转动的约束为多余约束，代以与其相应的多余反力偶 $\boldsymbol{M}_A$ 得静定系统，如图 9-18（d）所示。此时，变形协调条件为

$$\theta_A = \theta_A(q) + \theta_A(M_A) = 0$$

查表 9-1 后将其结果代入上式可得补充方程

$$\frac{ql^3}{24EI} - \frac{M_A l}{3EI} = 0 \Rightarrow M_A = \frac{1}{8}ql$$

进而由平衡方程可求得

$$F_{RB} = \frac{3}{8}ql, F_{RA} = \frac{5}{8}ql$$

【例题 9-14】 图 9-19（a）所示的两端固定梁，承受载荷 $\boldsymbol{F}$ 作用。设弯曲刚度 EI 为常值，试计算梁的支反力。

解：此梁共有六个约束反力，如图 9-19（b）所示，但独立平衡方程仅三个，故为三次静不定问题。注意到小变形的条件下，杆件轴线位移很小，梁两端的轴向支反力 F_{Ax} 与 F_{Bx} 也极小，可忽略不计。于是，剩下四个未知约束反力、两个独立平衡方程，建立两个补充方程即可求解。

（1）解除多余约束，建立静定系统

以固定端 A 与 B 处限制梁截面转动的约束为多余约束，并以力偶矩 $\boldsymbol{M}_A$ 与 $\boldsymbol{M}_B$ 代替其作用，则静定系统如图 9-19（c）所示。

（2）由变形协调方程和物理方程建立补充方程

变形协调条件为横截面 A 与 B 的转角为零，即

$$\theta_A = 0 \tag{a}$$
$$\theta_B = 0 \tag{b}$$

利用叠加法，得静定系统截面 A 与 B 的转角分别为

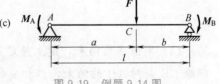

图 9-19 例题 9-14 图

$$\theta_A = \theta_A(F) + \theta_A(M_A) + \theta_A(M_B) = \frac{Fab(l+b)}{6EIl} - \frac{M_A l}{3EI} - \frac{M_B l}{6EI} \qquad (c)$$

$$\theta_B = \theta_B(F) + \theta_B(M_A) + \theta_B(M_B) = -\frac{Fab(l+a)}{6EIl} + \frac{M_A l}{6EI} + \frac{M_B l}{3EI} \qquad (d)$$

将式（c）与式（d）分别代入式（a）与式（b），得补充方程为

$$\frac{Fab(l+b)}{6EIl} - \frac{M_A l}{3EI} - \frac{M_B l}{6EI} = 0$$

$$-\frac{Fab(l+a)}{6EIl} + \frac{M_A l}{6EI} + \frac{M_B l}{3EI} = 0$$

联立求解上式方程组，得

$$M_A = \frac{Fab^2}{l^2}, M_B = \frac{Fa^2 b}{l^2}$$

（3）其他约束反力的求解

多余约束力偶矩确定后，由平衡方程可求得 A 端与 B 端的铅垂支反力分别为

$$F_{Ay} = \frac{Fb^2(l+2a)}{l^3}, F_{By} = \frac{Fa^2(l+2b)}{l^3}$$

各约束反力的实际方向如图 9-19（b）所示。

（4）讨论

静定系统还有什么选法？

【例题 9-15】 如图 9-20（a）所示，受均布载荷 q 作用的钢梁 AB 一端固定，另一端用钢拉杆 BC 系住。钢梁的抗弯刚度为 EI，钢拉杆的抗拉刚度为 EA，尺寸 h、l 均为已知，试求钢拉杆 BC 的内力。

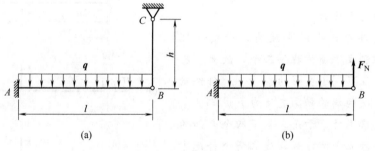

图 9-20　例题 9-15 图

解：（1）解除多余约束，建立静定系统

解除 CB 杆对 AB 的约束，以相应的约束力 $\boldsymbol{F}_N$ 代替 CB 杆对 AB 杆的作用，得到原超静定梁 AB 的静定系统，如图 9-20（b）所示。由于只有一个多余约束，故这是一次超静定问题。

（2）由变形协调方程和物理方程建立补充方程

变形协调条件为梁 AB 端点 B 的挠度等于拉杆 BC 的轴向伸长，即

$$|w_B| = \Delta l_{BC}$$

物理方程为

$$\Delta l_{BC} = \frac{F_N h}{EA}$$

用叠加法计算 w_B，$|w_B| = |w_B(q) + w_B(F_N)| = \dfrac{ql^4}{8EI} - \dfrac{F_N l^3}{3EI}$

将物理方程代入变形协调方程，得补充方程

$$\frac{ql^4}{8EI} - \frac{F_N l^3}{3EI} = \frac{F_N h}{EA}$$

求解上述补充方程，即得钢拉杆 BC 的内力

$$F_N = \frac{3Aql^4}{8(Al^3 + 3hI)}$$

9.7 提高梁刚度的措施

影响梁弯曲变形的因素不仅与梁的支座条件和载荷有关，而且还与梁的材料、截面尺寸、形状和梁的跨度有关。所以要提高弯曲刚度，就应该从以上因素入手。下面列举工程上常用的几种方式。

(1) 增大梁的抗弯刚度 EI

梁的抗弯刚度 EI 反映了梁抵抗变形的能力，在同样载荷情况下，EI 值越大，变形越小，梁的刚度越好。提高 EI 的办法，一种是选用弹性模量比较大的材料。因为各种钢材的弹性模量 E 大致相同，所以为提高弯曲刚度而采用高强度钢材，达不到效果，也不经济。另一种方法是在相同面积的情况下，尽可能通过截面的合理布置来增加截面惯性矩。如采用的工字形、箱形截面，这样比同面积的矩形截面有更大的惯性矩。

(2) 改变载荷作用方式

改变载荷的作用方式，也可减小弯曲变形，例如将集中力改成分布力。以简支梁为例，查表 9-1 可知，在跨度中点作用集中力 F_P 时，最大挠度为：$w_{max} = \dfrac{F_P l^3}{48EI}$。如将集中力 F_P 代以均布载荷，且使 $ql = F_P$，则最大挠度 $w_{max} = \dfrac{5F_P l^3}{384EI}$，仅为前者的 62.5%，变形大大减小。可见改变载荷作用方式，也可以达到减小弯曲变形的效果。

(3) 减小梁的跨度或增加支承约束

在工作条件许可的情况下，尽量减小梁的跨度是提高弯曲刚度的有效措施。例如桥式起重机的钢梁通常采用两端外伸的结构（图 9-21），就是为了缩短跨长而减小梁的最大挠度值。同时，由于梁外伸部分的自重作用，将使梁的 AB 跨产生向上的挠度，从而使

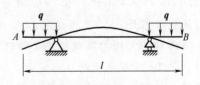

图 9-21 减小梁跨度的措施

AB 跨向下的挠度能够被抵消一部分，有所减小。此外，增加梁的支座也可以减小梁的挠度。例如图 9-18（a）所示的超静定结构，B 端的支座有效地减小了悬臂梁的挠度。

港珠澳大桥

现如今的世界桥梁界有着这样一句话：世界桥梁建设 20 世纪 70 年代以前看欧美，90 年代看日本，21 世纪看中国。

衡量桥梁技术和建设能力的主要标志是桥梁的主跨长度。跨径越大，技术难度越大。1990 年至今，中国建设的桥梁中 400m 以上跨度的超过 150 座，而且不少桥梁获得世界级奖项和记录，创造了诸多世界之最。可以说，中国桥梁建设占据着世界桥梁建设的"半壁江山"。

图 9-22　港珠澳大桥

图 9-22 为连接香港、广东珠海和澳门的港珠澳大桥。大桥于 2009 年 12 月 15 日动工建设，2017 年 7 月 7 日实现主体工程全线贯通，2018 年 2 月 6 日完成主体工程验收，同年 10 月 24 日上午 9 时开通运营。通车后，驾车由香港到珠海、澳门从 3h 缩短至约 45min。这对提升珠江三角洲地区的综合竞争力，保持港澳的长期繁荣稳定，打造粤港澳大湾区具有重要战略意义。

港珠澳大桥东起香港国际机场附近的香港口岸人工岛，向西横跨南海伶仃洋水域接珠海和澳门人工岛，止于珠海洪湾立交；大桥全长 55km，其中主桥 29.6km（其中包含 22.9km 的桥梁工程和 6.7km 的海底隧道），设计速度 100km/h；设计使用寿命 120 年，可抵御 8 级地震、16 级台风、30 万吨撞击以及珠江口 300 年一遇的洪潮。

港珠澳大桥的路线经过了伶仃洋海域中最繁忙的主航道，目前达到 10 万吨级通航等级，远期 30 万吨油轮可以通行。如果建造桥梁，必然是跨径很大、净空很高、桥塔耸立的悬索桥梁。但同时该处临近香港国际机场，航空领域的建筑物高度限定使得该区域无法实现大跨径、高塔结构物。

斜拉桥具有跨越能力大、造型优美、抗风性能好以及施工快捷方便、经济效益好等优点，往往是跨海大型桥梁优选的桥型之一。结合桥梁建设的经济性、美观性等诸多因素以及通航等级要求，港珠澳大桥主桥的三座通航孔桥全部采用斜拉索桥，由多条 8～23t、

1860MPa 的超高强度平行钢丝巨型斜拉缆索从约 3000t 自重主塔处张拉承受约 7000t 重的梁面；整座大桥具有跨径大、桥塔高、结构稳定性强等特点。

截至 2018 年 10 月，它是世界上里程最长、沉管隧道最长、寿命最长、钢结构最大、施工难度最大、技术含量最高、科学专利和投资金额最多的跨海大桥。大桥工程的技术及设备规模创造了多项世界记录，该桥被誉为桥梁界的"珠穆朗玛峰"，被英媒《卫报》称为"现代世界七大奇迹"之一。然而，这些成就背后凝聚的是无数科研工作者的智慧与劳动者的汗水，他们通过科研攻关克服了诸多现实难题，硬是从艰难的荆棘中劈开了一条坦途。正是他们这样一代又一代人的付出，中国桥梁完成了从追赶到领跑世界的华丽转身。

"中国桥梁"，已然成为中国制造的一张亮丽名片和彰显综合国力的重要符号。

 复习思考题

9-1 何谓扭转角？如何计算扭转角？

9-2 什么是扭转圆轴的刚度条件？应用该条件时应注意什么？

9-3 什么是梁的挠曲线？什么是梁的挠度和转角？它们之间有何关联？

9-4 挠度与转角的正负号是如何规定的？该规定与坐标系的选择是否有关？

9-5 试写出梁的挠曲线近似微分方程，并解释式中各量的含义。

9-6 用积分法求梁变形时，试说明其中积分常数的确定方法。

9-7 何谓位移边界条件？试写出铰支座和固定端支座处的位移边界条件表达式。

9-8 何谓位移连续条件？试写出单跨梁任一截面处的位移连续条件表达式。

9-9 叠加法的应用条件是什么？如何利用叠加法计算梁在指定截面处的挠度和转角？

9-10 什么是梁的刚度条件？如何进行梁的刚度计算？

9-11 何谓超静定结构？何谓超静定次数？如何确定超静定次数？

9-12 什么是超静定梁？与静定梁相比，超静定梁有哪些优点？

9-13 何谓多余约束？何谓多余未知力？什么是原超静定梁的相当系统（静定系统）？

9-14 举世瞩目的第 29 届北京奥林匹克运动会上，具有"梦之队"之称的中国跳水队获得了跳水比赛 8 枚金牌中的 7 枚，囊括了 3m 跳板跳水的 4 枚金牌。Duraflex 的 Maxiflex Model B 跳水板是奥林匹克跳水比赛和国际级跳水比赛唯一指定使用的产品，如图 9-23 所示。试根据所学知识，建立分析跳板挠度的力学模型。

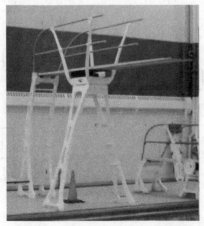

图 9-23 Maxiflex Model B 跳水板

9-15 解除多余约束的原则是什么？对于给定的超静定梁，其相当系统是否唯一？

9-16 试说明简单超静定梁的解法。

 习　题 ··

9-1 图 9-24 所示承受集中力的细长简支梁，在弯矩最大截面上沿加载方向开一小孔。若不考虑应力集中影响，关于小孔对梁强度和刚度的影响，有如下四种论述，试判断哪种是正确的。

A. 大大降低梁的强度和刚度

B. 对强度有较大影响，对刚度的影响很小，可以忽略不计

C. 对刚度有较大影响，对强度的影响很小，可以忽略不计

D. 对强度和刚度的影响都很小，都可以忽略不计

正确答案是_____。

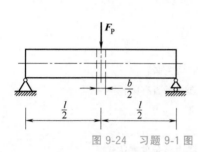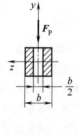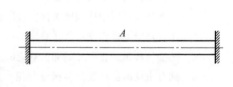

图 9-24 习题 9-1 图　　　　　　　　　　　　　　图 9-25 习题 9-2 图

9-2 图 9-25 所示的等截面直杆两端固定，无外力及初始应力作用。当温度升高时，关于杆内任意横截面上任意点的正应力和正应变有如下四种论述，试判断哪一种是正确的。

A. $\sigma \neq 0$, $\varepsilon \neq 0$ 　　　　　　　　　　　　B. $\sigma \neq 0$, $\varepsilon = 0$

C. $\sigma = 0$, $\varepsilon = 0$ 　　　　　　　　　　　　D. $\sigma = 0$, $\varepsilon \neq 0$

正确答案是_____。

9-3 某圆轴受扭如图 9-26 所示，其扭矩图有四种答案，试判断哪一种是正确的。

正确答案是_____。

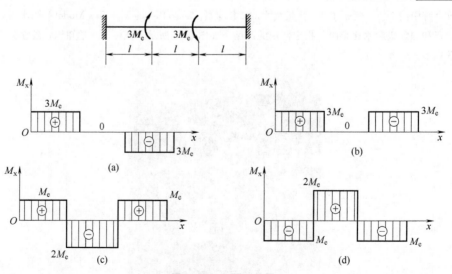

图 9-26 习题 9-3 图

9-4 如图 9-27 所示，某阶梯轴受外力偶矩作用，外力偶矩 $M_e=1kN \cdot m$；材料的许用扭转切应力 $[\tau]=80MPa$，切变模量 $G=80GPa$；轴的许用单位长度扭转角 $[\varphi']=0.5 (°)/m$。试确定该阶梯轴的直径 d_1 与 d_2。

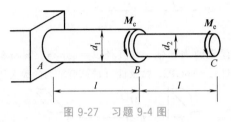

图 9-27 习题 9-4 图

9-5 某传动轴受图 9-28 所示的外力偶矩作用。若材料采用 45 钢，切变模量 $G=80GPa$，许用扭转切应力 $[\tau]=60MPa$，轴的许用单位长度扭转角 $[\varphi']=1 (°)/m$。试设计轴的直径，并计算 A、D 两截面间的相对扭转角 φ_{AD}。

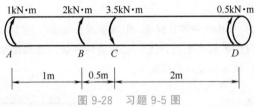

图 9-28 习题 9-5 图

9-6 写出图 9-29 所示各梁的位移边界条件。

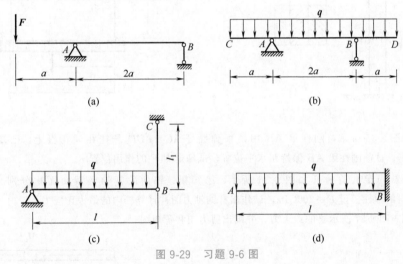

图 9-29 习题 9-6 图

9-7 用积分法建立图 9-30 所示简支梁的转角方程和挠曲线方程。设梁的抗弯刚度 EI 为常量。

9-8 试用叠加法求图 9-31 所示各梁中截面 A 的挠度和截面 B 的转角。图中 q、a、EI 等为已知。

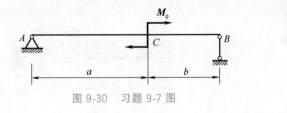

图 9-30 习题 9-7 图

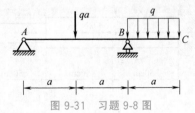

图 9-31 习题 9-8 图

9-9 求图 9-32 所示梁的支反力，F、EI、l 已知。

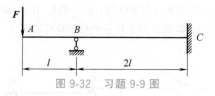

图 9-32　习题 9-9 图

9-10　图 9-33 所示两端固定的钢圆轴，其直径 $d=60\text{mm}$。该轴在截面 C 处受一外力偶 $M=5\text{kN·m}$ 的作用，已知切变模量 $G=80\text{GPa}$，试求截面 C 两侧轴内的最大切应力和截面 C 的扭转角。

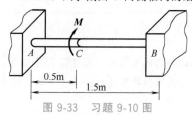

图 9-33　习题 9-10 图

9-11　图 9-34 所示的组合柱由钢和铸铁制成，其横截面为宽 $2b$、高 $2b$ 的正方形，钢和铸铁各占一半（$b\times2b$）。载荷 F_P 通过刚性板加到组合柱上。已知钢和铸铁的弹性模量分别为 200GPa、100GPa。今欲使刚性板保持水平位置，试求加力点的位置 x。

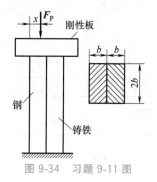

图 9-34　习题 9-11 图

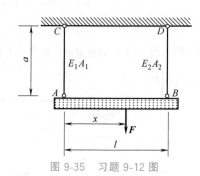

图 9-35　习题 9-12 图

9-12　如图 9-35 所示，刚性梁 AB 用两根弹性杆 AC 和 BD 悬挂在天花板上。已知 F、l、a、E_1A_1 和 E_2A_2。欲使刚性梁 AB 保持在水平位置，试确定力 F 的作用位置 x。

9-13　两端固定的阶梯杆如图 9-36 所示，已知粗、细两段杆的横截面面积分别为 400mm^2、200mm^2，材料的弹性模量 $E=200\text{GPa}$，试作出杆的轴力图并计算杆内的最大正应力。

9-14　试求图 9-37 所示梁的约束力，并画出剪力图和弯矩图。

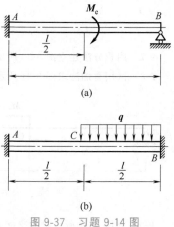

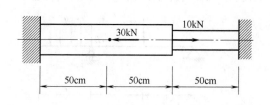

图 9-36　习题 9-13 图

图 9-37　习题 9-14 图

9-15　梁 AB 和 BC 在 B 处用铰链连接，A、C 两端固定，两梁的弯曲刚度均为 EI，受力及各部分尺寸见图 9-38。$F_P = 40kN$，$q = 20kN/m$。试画出梁的剪力图与弯矩图。

9-16　某房屋建筑中的一等截面梁可简化为受均布载荷作用的双跨梁，如图 9-39 所示，试作梁的弯矩图，并确定最大弯矩 $|M|_{max}$。设梁的抗弯刚度 EI 为常量。

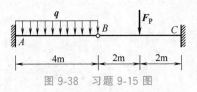

图 9-38　习题 9-15 图

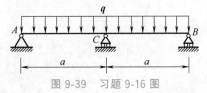

图 9-39　习题 9-16 图

9-17　某静定组合梁如图 9-40 所示，试求集中载荷 F 的作用点 O 的挠度。设梁的抗弯刚度 EI 为常量。

9-18　一简支房梁受力如图 9-41 所示，为避免梁下天花板上的灰泥可能开裂，要求梁的最大挠度不超过 $l/360$。已知材料的弹性模量 $E = 10GPa$，试确定梁截面惯性矩的许可值。

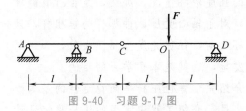

图 9-40　习题 9-17 图

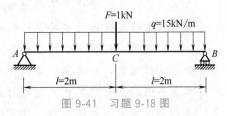

图 9-41　习题 9-18 图

9-19　图 9-42 所示一端外伸的轴在飞轮重量作用下发生变形，已知飞轮重 $W = 25kN$，轴材料的 $E = 210GPa$，轴承 B 处的许用转角 $[\theta] = 0.6°$。试设计轴的直径。

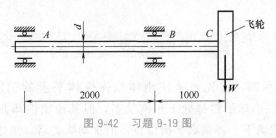

图 9-42　习题 9-19 图

9-20　图 9-43 所示的结构梁，已知 EI、a、F，求 C、D 两点的挠度和转角（提示：注意对称性的应用）。

9-21　试用叠加法求图 9-44 所示悬臂梁自由端 B 点的挠度和转角以及梁中点 C 的挠度。

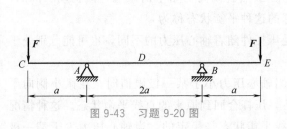

图 9-43　习题 9-20 图

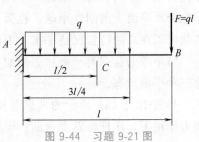

图 9-44　习题 9-21 图

第 **10** 章

压杆稳定

📖 **学习导语**

在第 3 章，我们研究了不同材料轴心受压时的强度破坏情况。那么，是否所有的轴心受压构件都将发生强度破坏呢？实验结果表明，对于轴心受压试件那样的短粗杆，只会发生强度破坏，但对于细长杆，在发生强度破坏之前，往往先发生屈曲失效，如何解释和分析这种现象，并采取措施预防这种失效的发生，这就是本章学习的目的。

本章将围绕压杆稳定性问题进行叙述，首先介绍关于弹性压杆平衡稳定性的基本概念，然后介绍确定临界压力的方法及压杆的分类，最后介绍工程中常用的压杆稳定设计方法。

10.1 稳定平衡与不稳定平衡

研究压杆稳定性问题，首先要关注刚体或弹性体平衡的稳定和不稳定问题。如图 10-1 所示的三个刚性小球虽然都处于平衡状态，但其稳定性却并不相同。图 10-1 （a）所示的小球，在微小扰动下，将偏离平衡位置；但扰动除去后，依然能回到初始的平衡位置。因此，这种平衡状态是稳定的。

图 10-1 （c）所示的小球，在微小扰动下，将偏离此平衡位置；扰动去除后，再也回不到初始的平衡状态。因此，小球的这种平衡状态是不稳定的。而图 10-1 （b）所示静止于光滑水平面上的刚性小球，在微小扰动下，虽然会偏离初始平衡位置，但扰动去除后，依然可以在新的位置保持平衡。因此，小球的这种平衡状态称为随遇平衡状态。

与小球的这三类平衡状态类似，轴心受压杆件随着轴心压力的不同，也可能分别处于这三种平衡状态。

如图 10-2 （a）所示的理想细长直杆，当轴心压力小于某一极限值时，在微小侧向干扰力作用下，压杆将发生弯曲；干扰除去后，压杆会回到原来的直线平衡状态。这种情况与 10-1 （a）中的小球类似，此时压杆的直线平衡状态是稳定的。当轴心压力大于某一极限值时［图 10-2 （c）］，压杆仍可能具有直线的平衡状态，但一旦受到外界干扰力的作用，就会发生急剧的弯曲变形，即使去除干扰，压杆也不能再回到原来的直线平衡位置，而是达到新的弯曲平衡状态，故此时压杆的直线平衡状态是不稳定的。处于不稳定平衡状态的压杆，在外界扰动下，从直线平衡状态转变为弯曲平衡状态的过程，称为丧失稳定，又称为屈曲。上述压力的极限值称为临界压力或临界载荷，记为 F_{cr}。当轴心压力等于临界压力时，压杆从稳定的平衡状态过渡到不稳定平衡状态 [图 10-2（b）]。由此可见，压杆稳定性问题研究的关键就是确定临界压力。一旦确定了临界压力，就可以设法避免杆件处于不稳定平衡状态，从而确保结构的安全。

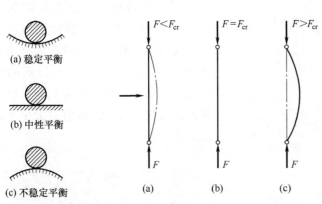

图 10-1　平衡的三种状态　　图 10-2　轴心受压杆平衡的三种状态　　图 10-3　细长杆的轴心受压屈曲实验

　　细长压杆的临界载荷，可以通过图 10-3 所示的专业实验设备测定，也可通过理论分析获得。理论的计算公式，最早是由著名数学家欧拉于 1744 年提出的，但由于当时科学技术发展水平的限制，一直未得到人们的重视。直到工程上接连不断出现诸如铁路桥梁的毁坏（图 10-4）、屋盖倒塌（图 10-5）等严重事故，究其原因，都是由于大跨度压杆失稳所致，且这种破坏具有突然性，欧拉提出的理论才得到重视应用并进一步发展。

(a) 用悬臂法架设中跨桥梁

(b) 一堆废铁

图 10-4　加拿大魁北克桥

　　近年来，随着轻质高强材料的发展，和科学制造技术的进步，尤其是我国钢产量已连续多年居世界第一，出现了大量标志性的、有巨大社会影响力的钢结构工程。例如：图 10-6 为坐落于粤港澳大湾区的深圳国际会展中心，是目前全球最大会展中心，它的建成，将为"一带一路"工程谱写新的篇章。图 10-7 为首都北京大兴国际机场，为 4F 级国际机场、大型国际枢纽机场，是国家发展的新动力源。这些大型的钢结构工程都有一个共同的

图 10-5　坠毁后的美国 Hartford 体育馆网架结构

特点，就是跨度大，稳定性问题突出，因此，稳定性理论分析尤为重要。

当然，工程中的失稳形式，除轴心受压杆件的这种失稳形式外，还有一些其他形式的失稳。例如图 10-8（a）所示的轴心受压薄壁圆管，如圆管厚度太薄，当压力达到临界值时，会出现局部褶皱；图 10-8（b）所示的圆柱形薄壁容器，当外压达到临界值时，圆形横截面会突然变为椭圆形；又如图 10-8（c）所示的狭长矩形截面梁或工字梁在最大抗弯平面内弯曲时，会因载荷达到临界值而发生侧向弯曲或扭转等。

图 10-6　深圳国际会展中心

图 10-7　北京大兴国际机场

(a)

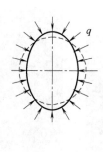

(b)

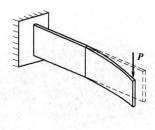

(c)

图 10-8　其他失稳形式

10.2　细长杆临界压力的欧拉公式

10.2.1　两端铰支细长压杆的临界压力

考察图 10-9 所示轴心受压的理想直杆，在微小干扰下，变为图 10-9（b）所示的微弯

平衡状态。忽略剪切变形和轴向变形的影响，取微弯平衡状态下的局部 [图 10-9 (c)] 为研究对象，由平衡条件可得

$$M(x) = F_{\mathrm{P}} w(x) \qquad \text{(a)}$$

由小挠度微分方程

$$M(x) = -EI \frac{\mathrm{d}^2 w}{\mathrm{d}x^2} \qquad \text{(b)}$$

联立上面两式，得压杆在微弯状态下的平衡微分方程

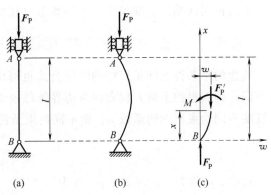

图 10-9　两端铰支的细长压杆

$$\frac{\mathrm{d}^2 w}{\mathrm{d}x^2} + k^2 w = 0 \qquad \text{(10-1)}$$

其中

$$k^2 = \frac{F_{\mathrm{P}}}{EI} \qquad \text{(10-2)}$$

方程式 (10-1) 的通解为

$$w = A \sin kx + B \cos kx \qquad \text{(10-3)}$$

式中，A、B 为待定常数，可利用杆件的边界条件确定。对于两端铰支的杆件，有

$$w(0) = 0, w(l) = 0$$

由式 (10-3) 得到

$$\left. \begin{array}{l} 0 \times A + B = 0 \\ A \sin kl + B \cos kl = 0 \end{array} \right\} \qquad \text{(c)}$$

由此可解得

$$B = 0, \quad A \sin kl = 0$$

若 $A = 0$，则 $w \equiv 0$，意味着杆件处于直线平衡状态。这与压杆处于微弯状态的前提矛盾，故待定常数 A 不能为零，则必须是

$$\sin kl = 0 \qquad \text{(10-4)}$$

于是，有

$$kl = n\pi (n = 1, 2, \cdots)$$

将 k 代入式 (10-2)，可得

$$F_{\mathrm{Pcr}} = \frac{n^2 \pi^2 EI}{l^2} \qquad \text{(10-5)}$$

上述一系列轴心压力的取值中，于工程有意义的是保持杆件稳定平衡的最小非零轴心压力，取 $n = 1$，有

$$F_{\mathrm{Pcr}} = \frac{\pi^2 EI}{l^2} \qquad \text{(10-6)}$$

这就是两端铰支细长压杆的临界压力计算公式，称为欧拉公式。

式中，E 为压杆材料的弹性模量；I 为压杆横截面的形心主惯性矩。如果压杆两端是球铰链，则压杆在各个方向上的约束都相同，I 取压杆横截面的最小形心主惯性矩。

再将 $B = 0$、k 值代入式 (10-3)，并取 $n = 1$，可得

$$w(x) = A \sin \frac{\pi x}{l} \qquad \text{(10-7)}$$

上式说明两端铰支细长压杆临界状态时挠曲线为一半波正弦曲线。

10.2.2 其他约束条件下细长压杆的欧拉公式

其他约束条件下细长压杆的欧拉公式也可由 10.2.1 小节中的推导方法获得，只是约束不同，则获得的平衡方程和约束边界条件也不同，因此获得的欧拉公式亦有所不同。引入反映不同约束影响的系数 μ，则不同约束条件下细长压杆的欧拉公式可统一表示为

$$F_{cr} = \frac{\pi^2 EI}{(\mu l)^2} \tag{10-8}$$

式中，μ 称为长度系数；μl 称为有效长度，是各种约束条件下，细长压杆失稳时，挠曲线中相当于半波正弦曲线的一段长度。在有效长度两端，弯矩为零，与两端铰接时类似。图 10-10 是工程中几种常见的长度系数与有效长度的取值。由图中可见，当杆件两端为固定约束时，长度系数为 0.5；当杆件一端为固定约束时，长度系数为 2。说明杆件两端约束越强，则长度系数越小，杆件临界载荷越大，越不易失稳。

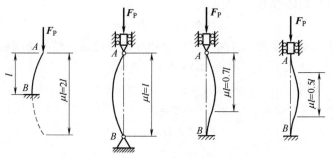

图 10-10　不同约束条件下的有效长度

【例题 10-1】　如图 10-11 所示，两端铰支、用 Q235 钢制成的细长压杆，已知 $b=8$mm，$h=20$mm，$l=1$m，$E=210$GPa。试计算压杆临界力。

解：压杆两端铰支，故长度因数 $\mu=1$。压杆截面的最小形心主惯性矩为

$$I_{min} = I_y = \frac{hb^3}{12} = \frac{20 \times 8^3}{12} = 853 (mm^4)$$

则

$$F_{cr} = \frac{\pi^2 EI_y}{(\mu l)^2} = \frac{\pi^2 \times 210 \times 10^9 \times 853 \times 10^{-12}}{(1 \times 1)^2} N = 1.77 kN$$

讨论：Q235 钢的屈服极限 $\sigma_s = 235$MPa，试按强度观点计算该压杆的屈服荷载。

$$F_s = A\sigma_s = bh\sigma_s = 8 \times 20 \times 235 N = 37600 N = 37.6 kN$$

则

$$F_{cr} : F_s = 1 : 21.4$$

由此可见，细长压杆的稳定性问题若按强度问题处理是要出事故的。

【例题 10-2】　材料相同、直径相等的细杆如图 10-12 所示，试问在图示平面内哪根杆能够承受的压力最大？哪根杆承受的压力最小？若 $E=200$GPa，$d=120$mm，

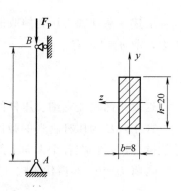

图 10-11　例题 10-1 图

试求各杆在图示平面内的临界力。

解：（1）判断各杆能承受的压力大小

对于图 10-12 所示的三根压杆，由于材料和横截面直径相同，由欧拉公式可知，其临界力 F_{cr} 与相当长度 μl 的平方成反比。三根压杆的相当长度计算如下：

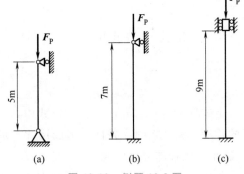

$$(\mu l)_a = 1 \times 5\text{m} = 5\text{m}$$
$$(\mu l)_b = 0.7 \times 7\text{m} = 4.9\text{m}$$
$$(\mu l)_c = 0.5 \times 9\text{m} = 4.5\text{m}$$

因为 $(\mu l)_a > (\mu l)_b > (\mu l)_c$

图 10-12　例题 10-2 图

所以，图 10-12（c）所示的压杆能够承受的压力最大；图 10-12（a）所示的压杆能承受的压力最小。

（2）计算各杆的临界力

由欧拉公式计算各杆的临界力，分别为

$$(F_{cr})_a = \frac{\pi^2 EI}{(\mu l)_a^2} = \frac{\pi^3 \times 200 \times 10^9 \times 0.12^4}{5^2 \times 64}\text{N} = 803.7\text{kN}$$

$$(F_{cr})_b = \frac{\pi^2 EI}{(\mu l)_b^2} = \frac{\pi^3 \times 200 \times 10^9 \times 0.12^4}{4.9^2 \times 64}\text{N} = 836.8\text{kN}$$

$$(F_{cr})_c = \frac{\pi^2 EI}{(\mu l)_c^2} = \frac{\pi^3 \times 200 \times 10^9 \times 0.12^4}{4.5^2 \times 64}\text{N} = 992.2\text{kN}$$

10.3　临界应力与临界应力总图

由压缩实验可知，对于压缩试件那样的短粗杆，只发生强度破坏，不需考虑稳定性问题；但对于例题 10-1 所示的细长杆件，由计算可知，必须考虑稳定性问题。那么，对于任意给定的轴心受压杆件，能否预先判定是否需要考虑稳定性问题呢？显然不能仅凭杆件的几何尺寸而定，有没有一个量化的判定标准呢？本节从欧拉公式的适用范围出发，来探讨这一问题。

10.3.1　欧拉临界应力及其适用范围

（1）临界应力与长细比

将临界压力公式（10-8）除以压杆的横截面面积 A，得到临界应力 σ_{cr} 的表达式：

$$\sigma_{cr} = \frac{F_{cr}}{A} = \frac{\pi^2 EI}{(\mu l)^2 A} \tag{a}$$

将横截面的惯性半径 $i = \sqrt{\dfrac{I}{A}}$ 代入上式，则

$$\sigma_{cr} = \frac{F_{cr}}{A} = \frac{\pi^2 EI}{(\mu l)^2 A} = \frac{\pi^2 E}{(\mu l)^2}i^2 = \frac{\pi^2 E}{(\mu l/i)^2} \tag{b}$$

令

$$\lambda = \frac{\mu l}{i} \qquad (10\text{-}9)$$

则式（b）又可表示为

$$\sigma_{cr} = \frac{\pi^2 E}{\lambda^2} \qquad (10\text{-}10)$$

上式称为欧拉临界应力公式。式中，λ 称为压杆的柔度或长细比，它集中地反映了压杆的长度 l 和杆端约束条件、截面尺寸与形状等因素对临界应力的影响。λ 越大，相应的 σ_{cr} 越小，压杆越容易失稳。

若压杆在不同平面内失稳时的支承约束条件不同，应分别计算在各平面内失稳时的长细比 λ，并按长细比较大者计算压杆的临界应力 σ_{cr}。

(2) 欧拉公式的适用范围

在推导欧拉公式的过程中，用到了弯曲变形的近似微分方程，而杆件小变形，满足胡克定律又是该微分方程成立的前提，因此，只有欧拉临界应力小于比例极限 σ_p 时，公式 (10-8) 和式 (10-10) 才是正确的，即要求

$$\sigma_{cr} = \frac{\pi^2 E}{\lambda^2} \leqslant \sigma_p \quad \text{或} \quad \lambda \geqslant \sqrt{\frac{\pi^2 E}{\sigma_p}}$$

令

$$\lambda_p = \sqrt{\frac{\pi^2 E}{\sigma_p}}$$

λ_p 是一个与压杆材料有关的常数。例如，对于 Q235 钢，可取 $E = 206\text{GPa}$，$\sigma_p = 200\text{MPa}$，得

$$\lambda_p = \pi \sqrt{\frac{E}{\sigma_p}} = \pi \sqrt{\frac{206 \times 10^9}{200 \times 10^6}} \approx 100$$

即 $\lambda \geqslant \lambda_p$，为欧拉公式的适用范围。满足条件 $\lambda \geqslant \lambda_p$ 的压杆，称为大柔度压杆或细长杆。

10.3.2 临界应力的经验公式及其适用范围

对于 $\lambda < \lambda_p$ 的杆件，应力超过材料比例极限，但杆件仍然可能发生失稳，属于非弹性稳定问题。此时计算临界应力不能应用欧拉公式，通常采用经验公式进行计算。工程中常用的是直线经验公式，其表达式为

$$\sigma_{cr} = a - b\lambda \qquad (10\text{-}11)$$

式中，a 和 b 是与材料有关的常数，MPa。工程中常用材料的 a 和 b 值见表 10-1。

表 10-1 常用工程材料的 a 和 b 数值

材料	a/MPa	b/MPa
Q235 钢（$\sigma_s = 235\text{MPa}$，$\sigma_b \geqslant 372\text{MPa}$）	304	1.12
优质碳素钢（$\sigma_s = 306\text{MPa}$，$\sigma_b \geqslant 417\text{MPa}$）	461	2.568
硅钢（$\sigma_s = 353\text{MPa}$，$\sigma_b = 510\text{MPa}$）	578	3.744

材料	a/MPa	b/MPa
铬钼钢	9807	5.296
铸钢	332.2	1.454
强铝	373	2.15
木材	28.7	0.19

对于长细比很小的短杆，例如压缩实验用的试件，受压时发生的是强度破坏，因此由式（10-11）算出的应力最大只能等于屈服极限（韧性材料），即有

$$\sigma_{cr}=a-b\lambda\leqslant\sigma_s \quad \text{或} \quad \lambda\geqslant\frac{a-\sigma_s}{b}$$

令

$$\lambda_s=\frac{a-\sigma_s}{b}$$

λ_s 也是一个与压杆材料有关的常数。例如，对于 Q235 钢，可取 $\sigma_s=235\mathrm{MPa}$，$a=304\mathrm{MPa}$，$b=1.12\mathrm{MPa}$，得

$$\lambda_s=61.6$$

即 $\lambda_s\leqslant\lambda\leqslant\lambda_p$，为直线经验公式的适用范围。满足条件 $\lambda_s\leqslant\lambda\leqslant\lambda_p$ 的压杆，称为中柔度压杆或中长杆。

对于 $\lambda\leqslant\lambda_s$ 的压杆，称为小柔度杆或短粗杆，只发生强度破坏，按强度问题处理，即有

$$\sigma_{cr}=\frac{F}{A}\leqslant\sigma_s \tag{10-12}$$

对于脆性材料，需将上述各式中的 σ_s 用 σ_b 替代。

10.3.3 临界应力总图

以长细比 λ 为横坐标、临界应力 σ_{cr} 为纵坐标建立 $\lambda O\sigma_{cr}$ 坐标系。根据上述分析结果，将临界应力随长细比的变化情况在坐标系中用曲线表示，如图 10-13 所示，称为临界应力总图。

从图 10-13 中可以得出以下结论：

① 长细比越大，临界应力越小。

② 不同类型的杆件，临界应力计算公式不同。因此，在进行具体问题分析时，需先计算出长细比，判定杆件类型后，再选择适当的临界应力公式。

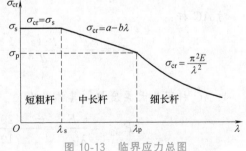

图 10-13　临界应力总图

此外，需要特别指出的是杆件的失稳，这一过程不是某个截面或几个截面的行为，而是压杆的一种整体变形行为。故局部截面的削弱（如个别截面上的铆钉孔等）对杆件的整体变形影响不大。因此在稳定计算中，仍然采用未经削弱时的横截面面积（称为"毛面积"）A 和惯性矩。对于式（10-12），因为是按强度问题考虑，故应使用削弱后的横截面

面积。

【例题 10-3】 图 10-14（a）所示平面结构中的两杆均为圆截面钢杆，已知两杆的直径 $d=60\text{mm}$，弹性模量 $E=200\text{GPa}$，压杆柔度的界限值 $\lambda_\text{p}=100$。试求该结构的临界载荷 F_Pcr。

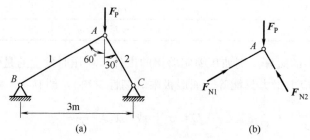

图 10-14　例题 10-3 图

解：（1）计算 AB、AC 杆的轴力

以节点 A 为研究对象 [图 10-14（b）]，由平衡方程可得两杆的轴力：

$$F_\text{N1}=F_\text{P}\cos 60°=\frac{1}{2}F_\text{P} \tag{a}$$

$$F_\text{N2}=F_\text{P}\sin 60°=\frac{\sqrt{3}}{2}F_\text{P} \tag{b}$$

（2）计算两杆的临界力

两杆两端均为铰支，故长度系数 $\mu_1=\mu_2=1$。

对 AB 杆：

$$\lambda_1=\frac{\mu_1 l_1}{i_1}=\frac{\mu_1 l_1}{\dfrac{d}{4}}=\frac{1\times 3000\times\cos 30°}{\dfrac{60}{4}}=173>\lambda_\text{p}$$

故 AB 杆为大柔度杆，其临界力

$$F_\text{cr1}=\frac{\pi^2 E}{\lambda_1^2}A=\frac{\pi^2\times 200\times 10^9}{173^2}\times\frac{\pi\times 60^2\times 10^{-6}}{4}\text{N}=186.5\text{kN} \tag{c}$$

对 AC 杆：

$$\lambda_2=\frac{\mu_2 l_2}{i_2}=\frac{\mu_2 l_2}{\dfrac{d}{4}}=\frac{1\times 3000\times\sin 30°}{\dfrac{60}{4}}=100>\lambda_\text{p}$$

故 AC 杆同为大柔度杆，其临界力

$$F_\text{cr2}=\frac{\pi^2 E}{\lambda_2^2}A=\frac{\pi^2\times 200\times 10^9}{100^2}\times\frac{\pi\times 60^2\times 10^{-6}}{4}\text{N}$$

$$=558.1\text{kN}$$

（3）确定结构的临界载荷

由 AB 杆确定临界载荷，有

$$F_\text{N1}=F_\text{P}\cos 60°=\frac{1}{2}F_\text{P}\leqslant F_\text{cr1}$$

$$F_\text{Pcr1}\leqslant 2F_\text{cr1}=373\text{kN}$$

由 AC 杆确定临界载荷，有

$$F_{N2} = F_P \sin 60° = \frac{\sqrt{3}}{2} F_P \leqslant F_{cr2}$$

$$F_{Pcr2} \leqslant \frac{2}{\sqrt{3}} F_{cr2} = 644\text{kN}$$

该结构为静定结构，其中一杆件失稳，则整个结构失稳。故结构的临界载荷应取两者中的较小值，即

$$F_{Pcr} = F_{Pcr1} = 373\text{kN}$$

（4）小结

临界压力计算过程中，要先判断压杆类型，只有 $\lambda \geqslant \lambda_p$ 时，才能采用欧拉公式计算临界荷载或临界应力。

【例题 10-4】 一压杆的弹性模量 $E = 210\text{GPa}$，$\lambda_p = 100$，$l = 4\text{m}$，$a = 0.12\text{m}$，$b = 0.2\text{m}$，在两形心惯性矩平面的约束情况如图 10-15 所示。求压杆的临界载荷。

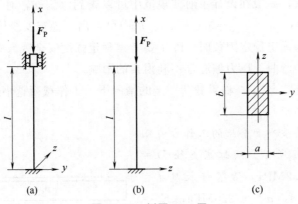

图 10-15 例题 10-4 图

解：（1）分别计算两平面内的长细比，确定压杆失稳平面

在 xy 平面 [图 10-15（a）]：

$$\mu_z l = 0.5l, \quad i_z = \sqrt{\frac{ba^3/12}{ab}} = \frac{a}{\sqrt{12}}, \quad \lambda_z = \frac{\mu_z l}{i_z} = \frac{\sqrt{12} \times 0.5 \times 4}{0.12} = 57.8$$

在 xz 平面 [图 10-15（b）]：

$$\mu_y l = 2l, \quad i_y = \sqrt{\frac{ab^3/12}{ab}} = \frac{b}{\sqrt{12}}, \quad \lambda_y = \frac{\mu_y l}{i_y} = \frac{\sqrt{12} \times 2 \times 4}{0.2} = 138.6$$

$\lambda_y > \lambda_z$，对于同一种材料，由临界应力总图可知，长细比大的临界应力小，故压杆将在 xz 平面内失稳。

（2）判断压杆类型

因为 $\lambda_y > \lambda_p$，故压杆为大柔度杆。

（3）计算临界荷载

$$F_{Pcr} = \frac{\pi^2 E}{\lambda_y^2} A = \frac{\pi^2 \times 210 \times 10^9 \times 0.12 \times 0.2}{138.6^2}\text{N} = 2587 \times 10^3\text{N} = 2587\text{kN}$$

（4）小结

对于压杆两端在各个平面的约束情况不同时，进行稳定性计算应先判定压杆的失稳平面。对于同一种材料，压杆将在长细比大的平面内失稳。故可通过比较压杆可能的失稳平面内的长细比，来判定压杆的失稳平面。

10.4 稳定性设计

10.4.1 稳定性设计的安全因数法

为保证受压杆件的稳定，并留有一定的安全裕度，采用安全因数法时，其稳定性设计条件如下：

$$n_w = \frac{F_{cr}}{F} \geqslant [n_{st}] \tag{10-13}$$

式中，n_w 为工作安全因数；F 为压杆的工作载荷；F_{cr} 为杆件的临界载荷；$[n_{st}]$ 为规定的稳定安全因数，一般在设计手册或规范中可以查到。例如，对于钢材，取 $[n_{st}] =$ 1.8～3.0；对于铸铁，取 $[n_{st}] = 5.0 \sim 5.5$。从中可看出，稳定安全因数一般要高于强度安全因数。这是因为确定稳定因数时，除了要考虑确定强度安全因数中的那些不可避免的因素外，还要考虑初弯曲、压力偏心等不利因素的影响。

式（10-13）表明，在压杆临界载荷一定的情况下，工作载荷越小，则 n_w 越大，压杆越安全。

【例题 10-5】 某型平面磨床的工作台液压驱动装置如图 10-16 所示。油缸塞直径 $D = 60mm$，油压 $p = 1.2MPa$。活塞杆长度 $l = 1m$，材料为 35 钢，$\sigma_p = 220MPa$，$E = 210GPa$，$[n_{st}] = 6$。试确定活塞杆的直径。

解： 由于本例活塞杆直径 d 未知，故不能先求出活塞杆的柔度 λ，也无法判定选择欧拉公式还是经验公式计算临界载荷。因此，只能

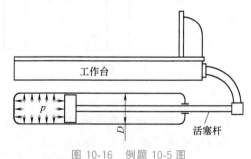

图 10-16 例题 10-5 图

用试算法。先假定压杆为细长杆，选用欧拉公式计算临界载荷，待直径确定后，再检验杆件是否为细长杆。若满足条件，则直径就确定了；若不满足，再选用经验公式进行试算。

（1）假定压杆为细长杆，初步确定压杆直径

活塞杆两端可视为铰支座，由欧拉公式可得

$$F_{cr} = \frac{\pi^2 EI}{(\mu l)^2} = \frac{\pi^2 \times (210 \times 10^9\,\mathrm{Pa}) \times \frac{\pi}{64} d^4}{(1 \times 1\mathrm{m})^2}$$

活塞杆承受的轴向压力为

$$F = \frac{\pi}{4} D^2 p = \frac{\pi}{4} (60 \times 10^{-3}\,\mathrm{m})^2 \times (1.2 \times 10^6\,\mathrm{Pa}) = 3391.2\mathrm{N}$$

则

$$n_w = \frac{F_{cr}}{F} = \frac{\pi^2 \times (210 \times 10^9 \text{Pa}) \times \frac{\pi}{64} d^4}{(1 \times 1\text{m})^2 \times 3391.2} \geqslant [n_{st}] = 6$$

$$d \geqslant 0.0212\text{m} = 21.2\text{mm}$$

故取 $d = 22$mm

（2）检验杆件是否为细长杆

活塞的柔度

$$\lambda = \frac{\mu l}{i} = \frac{4 \times 1 \times 1000\text{mm}}{22\text{mm}} = 182$$

对材料 35 钢

$$\lambda_p = \sqrt{\frac{\pi^2 E}{\sigma_p}} = \sqrt{\frac{\pi^2 \times 210 \times 10^9 \text{Pa}}{220 \times 10^6 \text{Pa}}} = 97$$

由于 $\lambda > \lambda_p$，因此杆件为细长杆，上述设计直径计算过程正确。

【例题 10-6】 图 10-17 所示的结构中，梁 AB 为 14 普通热轧工字钢，CD 为圆截面直杆，其直径 $d = 20$mm，二者材料均为 Q235 钢。该结构受力如图所示，A、C、D 三处均为球铰约束。

若已知 $F_P = 25$kN，$l_1 = 1.25$m，$l_2 = 0.45$m，$\sigma_s = 235$MPa；强度安全因素 $n_s = 1.45$，稳定安全因数 $[n_{st}] = 1.8$，轴心受压杆允许长细比 $[\lambda] = 150$，试校核该结构是否安全？

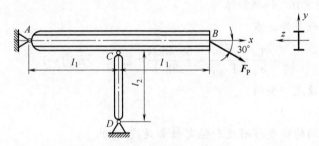

图 10-17 例题 10-6 图

解：（1）对结构进行受力分析

以梁 AB 为研究对象，对杆 AB 进行受力分析，可求得 CD 杆所受的压力为

$$F_{NCD} = 2F_P \sin30° = F_P = 25 \text{(kN)}$$

AB 为拉弯构件，其中 C 截面上弯矩最大，为危险截面，其弯矩和轴力分别为：

$$M_{max} = (F_P \sin30°)l_1 = (25\text{kN} \times 0.5) \times 1.25\text{m} = 15.63 \text{(kN·m)}$$

$$F_{Nx} = F_P \cos30° = 25\text{kN} \times \cos30° = 21.65 \text{(kN)}$$

根据上述计算结果可知，对于梁 AB，由于是拉弯构件，主要进行强度校核；对于 CD 杆，由于截面没有削弱，进行稳定性和刚度校核即可。

（2）梁 AB 的强度校核

查型钢表可得 14 普通热轧工字钢的

$$W_z = 102\text{cm}^3 = 102 \times 10^3 \text{mm}^3$$

$$A = 21.5\text{cm}^2 = 21.5 \times 10^2 \text{mm}^2$$

则

$$\sigma_{max}=\frac{M_{max}}{W_z}+\frac{F_{Nx}}{A}=\frac{15.63\times10^3\,N\cdot m}{102\times10^3\times10^{-9}\,m^3}+\frac{21.65\times10^3\,N}{21.5\times10^2\times10^{-6}\,m^2}=163.2\times10^6\,Pa=163.2MPa$$

Q235 钢的许用应力

$$[\sigma]=\frac{\sigma_s}{n_s}=\frac{235MPa}{1.45}=162.1MPa$$

σ_{max} 略大，但$(\sigma_{max}-[\sigma])\times100\%/[\sigma]=0.7\%<5\%$，工程上仍认为是安全的。

（3）校核压杆 CD 的稳定性和刚度

CD 杆惯性半径

$$i=\sqrt{\frac{I}{A}}=\frac{d}{4}=5(mm)$$

CD 杆两端为球铰，$\mu=1.0$，则

$$\lambda=\frac{\mu l}{i}=\frac{1.0\times0.45m}{5\times10^{-3}\,m}=90>\lambda_s=61.6,<\lambda_p=101$$

故压杆 CD 为中长杆，采用经验公式（10-11）计算临界力

$$F_{Pcr}=\sigma_{cr}A=(a-b\lambda)\frac{\pi d^2}{4}=(304-1.12\times90)\times10^6\,Pa\times\frac{\pi\times(20\times10^{-3}\,m)^2}{4}$$
$$=63.8\times10^3\,N=63.8kN$$

由压杆的稳定性条件，有

$$n_w=\frac{\sigma_{cr}}{\sigma_w}=\frac{F_{Pcr}}{F_{NCD}}=\frac{63.8kN}{25kN}=2.55>[n_{st}]=1.8$$

故压杆的稳定性是安全的。

且 $\lambda<[\lambda]=150$。

因此，整个结构的强度、刚度和稳定性都是安全的。

（4）讨论

若 CD 杆上开一小孔，情况如何？

10.4.2 稳定性设计的折减系数法

工程中经常采用的另一种稳定性设计方法是折减系数法。该方法通过引入一个小于1的系数 φ，使轴心受压杆件的稳定性条件与强度条件具有类似的形式，表示为

$$\sigma=\frac{F_N}{A}\leqslant\varphi[\sigma]$$

式中，φ 称为稳定系数或折减系数，可在相关规范中查到。由于 φ 与压杆材料、加工方法、截面形状和柔度等有关，查表过程涉及规范图表的内容较多，本书中不再举例。

10.5 提高压杆稳定性的措施

从获得临界应力总图的分析过程中可知，轴心受压杆件的临界应力与压杆的长度、约束条件、截面形状和材料等因素有关。因此，提高压杆稳定性的措施可以从这几个方面着手。

(1) 尽可能减小压杆长度

从长细比的计算公式中可以看出，杆件长度越小，则长细比越小，临界应力越大。因此，应尽可能地减小压杆长度。工程中，常采取构造措施的方式减小杆长，如图 10-18（a）所示两端铰接的轴心受压杆，若在中间加一支座，如图 10-18（b）所示，可使压杆的长度减小一半，大大增大其临界载荷。

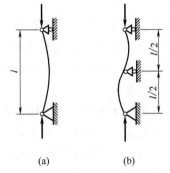

(2) 增强支座的刚性

比较图 10-10 所示压杆在不同约束情况下的长度因数可知，约束越强，压杆的长度因数 μ 就越小，临界载荷就越大。因此，如工程条件许可，应尽可能增强支座的刚性。

图 10-18 增加约束减小压杆长度

(3) 合理选择截面形状

通过选择合适的截面，尽可能增加压杆的惯性半径，可以减小压杆的长细比，增大临界载荷。但同时要注意，由于轴心受压杆件总是在临界载荷最小的平面内失稳，单纯地提高某一个方向面的临界载荷于提高压杆的整体稳定性是无意义的。因此，要尽可能地使压杆在可能的失稳平面内的临界载荷相等，实现"等稳定性设计"。例如，当压杆在各个方向面具有相同的约束时，应尽可能使压杆两个形心主轴平面内的惯性矩相等；当压杆在各个方向面的约束不等时，应尽可能使惯性矩较小的平面具有较强的约束，这样尽可能使压杆在不同失稳平面内具有相同的长细比。

(4) 合理选用材料

对于细长杆，由欧拉公式（10-8）可知，其临界载荷与材料的弹性模量成正比。因此选用弹性模量大的材料，可以提高细长杆的承载能力。对于中长杆和短粗杆，其临界载荷与材料的比例极限和屈服强度有关，一般选用高强度的材料可提高其承载能力。例如，选用高强度的优质钢材时，中长杆和短粗杆的临界载荷均大于选用低碳钢时的临界载荷。此时需注意的是，由于优质钢与低碳钢的 E 值相差不大，故对细长杆的承载能力影响不大。

力学与工程 ◀◀◀

新能源装备工程风力发电机简介

能源是社会经济发展的重要基础，长期以来大量使用石化能源使我国面临严重的资源环境问题。进入 21 世纪以来，人类已经逐步开始第三次能源大转型，即重点转向清洁可再生能源和新能源。随着科技的进步和广大人民对美好环境越来越高的要求，社会经济对清洁可再生能源及新能源的需求也日益迫切。发展新能源，可以减少对石油能源的依赖程度，降低温室气体排放，有效保护生态环境。

大力开发利用清洁可再生能源和新能源符合可持续发展战略，已经成为我国的基本国策；贯彻了习近平总书记提出的"绿水青山就是金山银山""还老百姓蓝天白云""坚决打赢蓝天保卫战"等生态文明方面的和谐发展理念，是中国梦的一部分。

近二十年来，新能源工程装备中的风力发电和太阳能光伏发电技术逐步成熟，不仅获得国家政策的大力支持，而且在我国得到了快速的应用。目前在成本造价方面能够实现平价上网，与传统能源相比具备了竞争优势，发展前景非常广阔。我国已经成为世界节能和利用新能源及清洁可再生能源的第一大国。

风力发电技术是与包括材料力学在内的工程力学类系列课程联系最为紧密的一种新能源装备工程。

风力发电机一般由风轮、发电机、调向器（尾翼）和塔架等构件组成。

风力发电机的塔架和基础是整个风机的支撑结构。

如图10-19所示为陆地风力发电场示意图；图10-20所示为海洋风力发电场示意图。

图 10-19　陆地风力发电场示意图

图 10-20　海洋风力发电场示意图

风力发电机的塔架是风力发电系统重要的受力支撑部件，承受的载荷情况比较复杂。塔架除了要支撑发电机机舱的重力、风轮的重力以及离心力外，还要承受风力机和塔架的风压以及风力机运行时各工况下产生的动载荷，这些因素都可能造成塔架的变形和失稳。

图 10-21　钢筋混凝土结构塔架

所以，研究设计塔架时需要满足足够的强度、刚度及稳定性要求，必须长期保证风力发电机组安全可靠运行。目前的风力发电机塔架主要有以下三种结构形式：

（1）钢筋混凝土结构塔架

早期的小型机组曾采用钢混结构的塔架（图10-21），可以在现场浇注或在做成预制件后运到现场组装。此种形式的塔架具有较大的刚度，可以有效地避免共振。但随着机组容量和塔架高度的增加，钢混结构塔架内在的问题日渐突出，在目前的大型机组中已经很少使用了。

（2）桁架结构塔架

桁架结构塔架（图10-22）与高压线塔相似，在早期小型风力发电机组中多有采用。桁架结构塔架的耗材少，便于运输，但需要连接的零部件多，现场施工周期较长，运行中还要求对连接部位进行定期检查。这种塔架近年逐渐被钢筒结构取代，其主要原因之一是不美观。但实际上，由于桁架结构塔架有一定透明性，从远距离看，对视觉的影响可能比具有强反光效果的钢筒结构更有优势。

（3）钢筒结构塔架

钢筒结构塔架（图 10-23）是目前大型风力发电机组采用的典型结构形式，从设计与制造、安装和维护等方面看，这种形式的塔架指标相对比较均衡。

图 10-22 桁架结构塔架

图 10-23 钢筒结构塔架

目前大型水平轴风机多采用塔筒结构，常用的锥形塔筒为分段形式，以便于运输。在大型风电机组塔架内部，需要设置安装和维修使用的扶梯。塔架的地基通常采用钢筋混凝土基础，通过地脚螺栓与塔架底部连接。

复习思考题

10-1 什么是压杆失稳？什么是压杆的临界力？

10-2 两端铰支细长压杆的临界力计算公式是如何建立的？应用该公式的条件是什么？

10-3 什么是长度系数？什么是有效长度？

10-4 为什么说欧拉公式有一定的应用范围？超过这一范围时如何求压杆的临界力？

10-5 什么是压杆柔度？压杆柔度与哪些因素有关？

10-6 如何判定大柔度杆、中柔度杆和小柔度杆？如何求它们的临界力？

10-7 什么是压杆的临界应力总图？如何绘制临界应力总图？

10-8 如何提高压杆的稳定性？

10-9 满足强度条件的等截面压杆是否满足稳定条件？满足稳定条件的等截面压杆是否满足强度条件？为什么？

10-10 由四根等边角钢组成一压杆，其组合截面的形状分别如图 10-24（a）、（b）所示。试问哪种组合截面压杆的承载能力高？为什么？

10-11 图 10-25 所示的三根细长压杆，除约束情况不同外，其他条件完全相同。试问哪根压杆的稳定性最好？哪根压杆的稳定性最差？

10-12 如果压杆在不同方向失稳时的杆端约束相同，对压杆截面的惯性矩如何要求最为有利？

10-13 提高压杆稳定性的措施有哪些？（至少列 4 条）

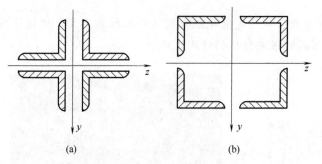

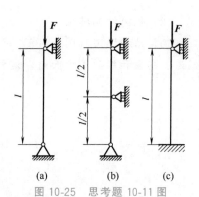

图 10-24　思考题 10-10 图　　　　　　图 10-25　思考题 10-11 图

 习　题

10-1　图 10-26 所示两端铰支压杆的截面为矩形。当其失稳时，_____。

A. 临界压力 $F_{cr} = \dfrac{\pi^2 E I_y}{l^2}$，挠曲轴位于 xy 面内

B. 临界压力 $F_{cr} = \dfrac{\pi^2 E I_y}{l^2}$，挠曲轴位于 xz 面内

C. 临界压力 $F_{cr} = \dfrac{\pi^2 E I_z}{l^2}$，挠曲轴位于 xy 面内

D. 临界压力 $F_{cr} = \dfrac{\pi^2 E I_z}{l^2}$，挠曲轴位于 xz 面内

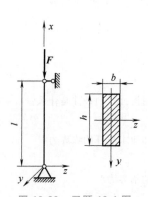

图 10-26　习题 10-1 图

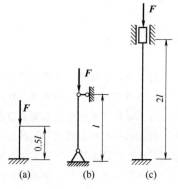

图 10-27　习题 10-2 图

10-2　图 10-27 所示的三根压杆，横截面面积及材料各不相同，但它们的_____相同。

A. 长度因数

B. 相当长度

C. 柔度

D. 临界压力

10-3　在下列有关压杆临界应力的结论中，_____是正确的。

A. 细长杆的 σ_{cr} 值与杆的材料无关

B. 中长杆的 σ_{cr} 值与杆的柔度无关

C. 中长杆的 σ_{cr} 值与杆的材料无关

D. 短粗杆的 σ_{cr} 值与杆的柔度无关

10-4 提高钢制大柔度压杆的承载能力有如下四种方法，试判断哪一种是最正确的。

A. 减小杆长，减小长度系数，使压杆沿横截面两形心主轴方向的柔度相等

B. 增加横截面面积，减小杆长

C. 增加惯性矩，减小杆长

D. 采用高强度钢

正确答案是_____。

10-5 图 10-28 所示的各杆横截面面积相等，在其他条件均相同的情况下，压杆采用图_____所示的截面形状，其稳定性最好。

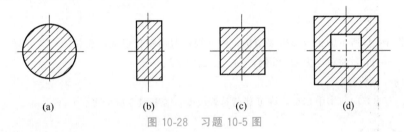

(a)　　　　(b)　　　　(c)　　　　(d)

图 10-28　习题 10-5 图

10-6 某型柴油机的挺杆长度 $l=25.7\mathrm{cm}$，圆形横截面的直径 $d=8\mathrm{mm}$，钢材的 $E=210\mathrm{GPa}$，$\sigma_p=240\mathrm{MPa}$。挺杆所受最大压力 $P=2\mathrm{kN}$。规定的稳定安全系数 $[n_{st}]=2\sim5$。试校核挺杆的稳定性。

10-7 图 10-29 所示的托架中圆截面 AB 杆的直径 $d=40\mathrm{mm}$，长度 $l=800\mathrm{mm}$，两端可视为铰支，材料为 Q235 钢，许用稳定安全因数 $[n_{st}]=2$，$a=304\mathrm{MPa}$，$b=1.12\mathrm{MPa}$，$\lambda_p=100$，$\lambda_s=60$。试求：①AB 杆的临界载荷 F_{cr}；②若已知工作载荷 $F=50\mathrm{kN}$，判定托架是否安全？

10-8 图 10-30 所示细长压杆的两端为球形铰支，弹性模量 $E=210\mathrm{GPa}$，试计算在如下三种情况下其临界力的大小。①圆形截面：$d=25\mathrm{mm}$，$l=1\mathrm{m}$；②矩形截面：$b=2h=40\mathrm{mm}$，$l=2\mathrm{m}$；③16 工字钢，$l=2\mathrm{m}$。

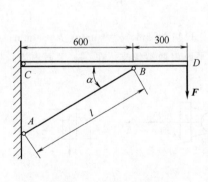

图 10-29　习题 10-7 图

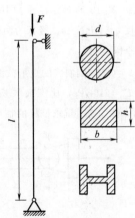

图 10-30　习题 10-8 图

10-9 图 10-31 所示一端固定、一端铰支的圆截面杆 AB，直径 $d=60\mathrm{mm}$。已知杆材料为 Q235 钢，$E=210\mathrm{GPa}$ 稳定安全因数 $[n_{st}]=2.5$。试求：①许可载荷。②为提高承载能力，在 AB 杆 C 处增加中间球铰链支承，把 AB 杆分成 AC、CB 两段，如图（b）所示。试问增加中间球铰链支承后，结构的承载能力是原结构的多少倍？

10-10 图 10-32 所示的结构，AB 为刚性梁，AD 杆直径为 $d_1=60\mathrm{mm}$，BC 杆直径为 $d_2=10\mathrm{mm}$，两杆均为 Q235 钢，$[\sigma]=160\mathrm{MPa}$，各连接处均为铰链。试求许用分布载荷 $[q]$。

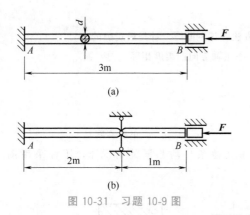

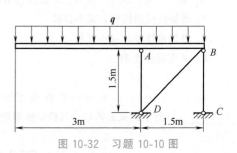

图 10-31 习题 10-9 图　　　　　　　　　　图 10-32 习题 10-10 图

10-11　图 10-33 所示的正方形桁架结构，由五根圆截面钢杆组成，连接处均为铰链，各杆直径均为 $d=40\text{mm}$，$a=1\text{m}$，材料均为 Q235 钢，$[n_{\text{st}}]=2$。试求：

① 结构的许可载荷；

② 若 F_{P} 力的方向与①中相反，许可载荷是否改变，若有改变应为多少？

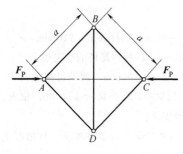

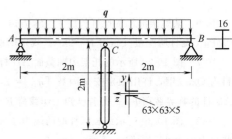

图 10-33　习题 10-11 图　　　　　　　　图 10-34　习题 10-12 图

10-12　图 10-34 所示的结构中，梁与柱的材料均为 Q235 钢，$E=210\text{GPa}$，$\sigma_{\text{s}}=235\text{MPa}$，均匀分布载荷集度 $q=40\text{kN/m}$。竖杆为两根 $63\text{mm}\times63\text{mm}\times5\text{mm}$ 等边角钢（连结成一整体）。试确定梁与柱的工作安全因数。

10-13　Q235 钢制成的矩形截面压杆如图 10-35 所示。已知 $l=2\text{m}$，$b=40\text{mm}$，$h=60\text{mm}$；材料的弹性模量 $E=210\text{GPa}$，比例极限 $\sigma_{\text{p}}=200\text{MPa}$；在 x-y 平面内两端铰支；在 x-z 平面内为长度因数 $\mu=0.7$ 的弹性固支。试求该杆的临界载荷。

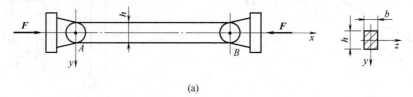

(a)

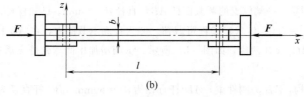

(b)

图 10-35　习题 10-13 图

10-14 某钢结构如图 10-36 所示，试求载荷 F 的许可值。已知材料的弹性模量 $E=205\text{GPa}$，屈服极限 $\sigma_s=275\text{MPa}$，压杆柔度界限值 $\lambda_p=90$，$\lambda_s=50$；规定的强度安全因数 $n=2$，稳定安全因数 $[n_{st}]=3$；横梁 AB 为 16 工字钢，压杆 BC 为直径等于 60mm 的圆截面杆。

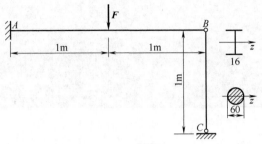

图 10-36 习题 10-14 图

10-15 已知图 10-37 所示千斤顶的最大起重量 $F=150\text{kN}$；丝杠根径 $d=60\text{mm}$，总长 $l=600\text{mm}$；衬套高度 $h=100\text{mm}$；丝杠用 Q235 钢制成。若规定的稳定安全因数 $[n_{st}]=3.5$，试校核该千斤顶的稳定性。

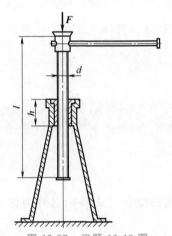

图 10-37 习题 10-15 图

第 **11** 章

能量法

📖 **学习导语**

　　本章基于外力功与内力功之间的相互关系，主要研究解决材料力学中位移的计算问题，即从能量概念的角度提供一种计算方法，用于求解物体的位移及受力情况，所以称为能量法。

　　本章的主要内容包括功能原理、杆件应变能的计算、互等定理、单位载荷法和图乘法，重点是图乘法。

11.1　功能原理和虚功原理

11.1.1　功能原理

　　在外力作用下，构件或结构的变形，必将引起外力作用点沿其作用方向的位移。因此，外力将做功，记为 W。

　　另一方面，弹性固体因变形储藏有变形的能量，这种能量称为应变能或变形能，记为 V_ε。

　　如果外力从零开始缓慢均匀地增加到最终值，变形过程中的每一瞬时构件或结构都处于平衡状态，则可不考虑加载过程中动能和其他能量的变化。根据机械能守恒定理，可知构件或结构的应变能 V_ε 在数值上等于外力所做的功 W，即

$$V_\varepsilon = W \tag{11-1}$$

　　上式简称为变形体的功能原理。

11.1.2*　虚功原理

　　功是力与相应位移的乘积。满足位移约束条件虚设的位移，称为虚位移；力在虚位移上所做的功，称为虚功。如图 11-2（b）所示，F 在 Δ' 上做的功即为虚功。B 点的位移 Δ' 即为虚位移。虚位移可能是由另外的载荷产生的变形引起的，又或者是由于梁上下侧面的温差造成的弯曲变形引起的。不管怎样，这里需强调的是虚位移是结构实际可能发生的微小位移，所以虚位移应与结构的约束相一致，并保持位移的连续性。

可以证明，当杆件处于平衡状态时，给此杆件一个虚位移（符合杆件的约束条件），那么外力系在虚位移上完成的虚功 W_e 与弹性体内力在相应的虚位移上完成的虚功 W_i 相等，即

$$W_e = W_i \tag{11-2}$$

上式称为虚功原理。虚功原理可以简洁地表述为，外力虚功等于内力虚功（其中，内力虚功通常又可称为变形虚功或者虚应变能）。

例如图 11-1（a）为承受均布载荷的悬臂梁，图 11-1（b）为同一悬臂梁，在 A 点受一个大小等于 1 的集中力（即所谓单位力）作用，处于平衡状态，若将图 11-1（a）中的悬臂梁的真实位移，作为图 11-1（b）中的悬臂梁的虚位移，则对图 11-1（b）中的悬臂梁有：

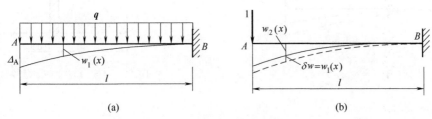

图 11-1 虚位移原理的应用

单位力（外力）的虚功为 $\qquad 1 \times \Delta_A$

单位力作用下的内力在虚位移上所做的功，忽略剪力所做的虚功，只考虑弯矩所做的虚功，有

$$\int_l \overline{M} d\theta$$

由虚位移原理得到

$$1 \times \Delta_A = \int_l \overline{M} d\theta \tag{11-3}$$

式中，Δ_A 为均布载荷作用下悬臂梁 A 点的挠度；$\overline{M}$ 为单位力系统中梁横截面上的弯矩；$d\theta$ 为均布载荷作用下，悬臂梁 AB 微段截面相互转过的角度。

由上面的分析可见，虚位移原理涉及小变形和平衡条件，与应力-应变关系无关。所以，变形体的虚功原理适用于一切结构（线性结构与非线性结构）和任何材料，是变形体力学的普遍原理。

11.2 力之功与应变能的计算

11.2.1 力之功——变力功与常力功

(1) 变力功

如图 11-2（a）所示的悬臂梁，作用在 B 点的集中力从零缓慢增大到固定值 F，其在 B 点产生的位移也从零增大到 Δ。在这一过程中，力所做的功为称变力功，则有

$$W = \int_0^\Delta F d\Delta \tag{11-4}$$

在线弹性范围内，F 与 Δ 成正比（图 11-2），则变力所做的功为

$$W = \frac{1}{2}F\Delta \tag{11-5}$$

此即图 11-3 中灰色三角形的面积。

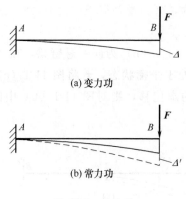

(a) 变力功

(b) 常力功

图 11-2　外力功

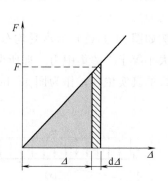

图 11-3　变力与位移的线性关系

(2) 常力功

如图 11-2（a）所示的悬臂梁，在加载完毕、发生弯曲变形后处于平衡状态，此时，力 F 保持不变。若由于某种外界因素使这一变形状态发生改变，梁将在原来变形的基础上再产生新的变形 [图 11-2（b）]，力 F 作用点将产生新的位移 Δ'。F 在 Δ' 上所做的功，称为常力功，有

$$W = F\Delta' \tag{11-6}$$

需要指出的是，上述功的表达式（11-5）、式（11-6）中，力和位移都是广义的。F 可以是一个力，也可以是一个力偶；当 F 是一个力时，对应的位移 Δ 是线位移，当 F 是一个力偶时，对应的位移 Δ 是角位移。

11.2.2　应变能的计算

材料力学中的研究对象主要是杆类构件。在线弹性的条件下，杆件应变能的计算方法及计算公式介绍如下。

(1) 轴向拉（压）杆的应变能

图 11-4（a）所示为从轴向拉（压）杆中截取的微段。根据胡克定律，在轴力 $F_N(x)$ 的作用下，该微段杆产生的轴向变形 $d(\Delta l)$ 为

$$d(\Delta l) = \frac{F_N(x)}{EA}dx$$

式中，EA 为杆的抗拉（压）刚度。

$F_N(x)$ 在 $d(\Delta l)$ 上做的功

$$dW = \frac{1}{2}F_N(x)d(\Delta l) = \frac{F_N^2(x)}{2EA}dx$$

由功能原理，即得到微段轴向拉（压）杆的应变能

$$dV_\varepsilon = dW = \frac{F_N^2(x)}{2EA}dx$$

所以，整根轴向拉（压）杆的应变能为

$$V_\varepsilon = \int_l \frac{F_N^2(x)}{2EA}dx \tag{11-7}$$

当 $\dfrac{F_N}{EA}$ 为常量时，式（11-7）成为

$$V_\varepsilon = \frac{F_N^2 l}{2EA} \tag{11-8}$$

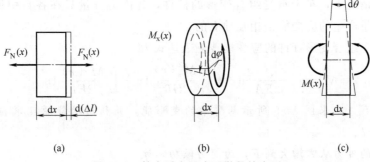

图 11-4　基本受力形式下微段的变形

(2) 扭转圆轴的应变能

同理，从扭转轴中截取微段［图 11-4（b）］进行分析，该微段杆产生的轴向变形为

$$d\varphi = \frac{M_x(x)}{GI_p}dx$$

$M_x(x)$ 在 $d\varphi$ 上做的功

$$dW = \frac{M_x^2(x)}{2GI_p}dx = dV_\varepsilon$$

故扭转圆轴的应变能为

$$V_\varepsilon = \int_l \frac{M_x^2(x)}{2GI_p}dx \tag{11-9}$$

式中，$M_x(x)$ 为轴 x 截面上的扭矩；GI_p 为轴的抗弯扭刚度。当 $\dfrac{M_x}{GI_p}$ 为常量时，式
（11-9）成为

$$V_\varepsilon = \frac{M_x^2 l}{2GI_p} \tag{11-10}$$

(3) 平面弯曲梁的应变能

对于工程中常见的细长梁，剪切变形产生的应变能相对很小，因此，只需考虑弯曲变形产生的应变能即可。从梁中截取微段［图 11-4（c）］进行分析，该微段杆产生的弯曲变形为

$$d\theta = \frac{M(x)}{EI}dx \tag{11-11}$$

$M(x)$ 在 $d\theta$ 上做的功

$$dW = \frac{M^2(x)}{2EI}dx = dV_\varepsilon$$

故平面弯曲梁的应变能为

$$V_\varepsilon = \int_l \frac{M^2(x)}{2EI}dx \tag{11-12}$$

式中，$M(x)$ 为梁 x 截面上的弯矩；EI 为梁的抗弯刚度。

由于钢架与梁类似，也是主要承受弯曲变形的结构，因此，上式也适用于钢架。

（4）组合变形杆应变能的普遍表达式

在小变形情况下，对于承受组合变形的杆件，各内力分量只在各自引起的变形上做功，即内力分量产生的应变能是相互独立的。

那么，计算组合变形杆件的应变能普遍表达式为

$$V_\varepsilon = \int_l \frac{F_N^2(x)}{2EA}dx + \int_l \frac{M_x^2(x)}{2GI_p}dx + \int_l \frac{M^2(x)}{2EI}dx \tag{11-13}$$

【例题 11-1】 试求图 11-5 所示悬臂梁的变形能，并利用功能原理求自由端 B 的挠度。已知 EI、l、F。

解：B 点的外力从零增大到 F，为变力做功，故

$$W = \frac{1}{2}Fw_B$$

建立坐标系，杆件任一截面处的弯矩为

$$M(x) = -Fx$$

杆件的变形能为

$$U = \int_l \frac{M^2(x)}{2EI}dx = \int_0^l \frac{(Fx)^2}{2EI}dx = \frac{F^2l^3}{6EI}$$

由 $U = W$，得

$$w_B = \frac{Fl^3}{3EI}(\downarrow)$$

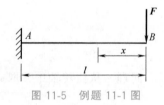

图 11-5 例题 11-1 图

【例题 11-2】 试求图 11-6 所示简支梁的变形能，并利用功能原理求 C 截面的挠度。已知 EI、l、F。

解：梁 AB 处的约束反力如图 11-6 所示，则杆件的应变能为

$$U = \int_l \frac{M^2(x)}{2EI}dx = \int_0^a \frac{\left(\frac{Fb}{l}x_1\right)^2}{2EI}dx_1 + \int_0^b \frac{\left(\frac{Fb}{l}x_2\right)^2}{2EI}dx_2$$

$$= \frac{F^2b^2}{2EIl^2} \times \frac{a^3}{3} + \frac{F^2a^2}{2EIl^2} \times \frac{b^3}{3}$$

$$= \frac{F^2a^2b^2}{6EIl}$$

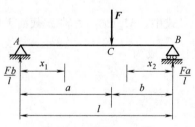

图 11-6 例题 11-2 图

变力所做的功为

$$W = \frac{1}{2}Fw_C$$

由 $U = W$，得

$$w_C = \frac{Fa^2b^2}{3EIl} \quad (\downarrow)$$

【例题 11-3*】 试求图 11-7 所示桁架中各杆的内力。设三杆的横截面面积相等，材料相同，且是线弹性的。

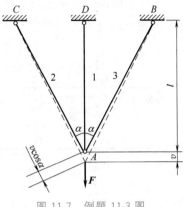

图 11-7 例题 11-3 图

解：类似题已在第 9 章中作为静不定问题分析过，下面采用虚位移原理进行分析求解。

① 设节点 A 有一垂直的虚位移 δ_v（图中未画出），则杆 1 因虚位移 δ_v 引起的伸长量是 $(\Delta l_1)^* = \delta_v$，杆 2 和杆 3 的伸长量是 $(\Delta l_2)^* = \delta_v\cos\alpha$，故

外力虚功为　　　　$F\delta_v$

内力虚功为 $F_{N1}\delta_v + 2F_{N2}\delta_v\cos\alpha$

由虚功原理有

$$F_{N1}\delta_v + 2F_{N2}\delta_v\cos\alpha = F\delta_v$$

整理可得

$$F_{N1} + 2F_{N2}\cos\alpha = F \tag{a}$$

式（a）事实上是节点 A 在竖直方向的平衡方程。所以，通过虚功原理得出的式（a）在本质上反映的是静力平衡方程。

② 假设 A 点有垂直位移 v，由变形协调条件可知 3 杆的伸长分别为

$$\Delta l_1 = v, \quad \Delta l_2 = \Delta l_3 = v\cos\alpha \tag{b}$$

由物理方程可得

$$\Delta l_1 = \frac{F_{N1}l}{EA}, \quad \Delta l_2 = \Delta l_3 = \frac{F_{N2}l/\cos\alpha}{EA} \tag{c}$$

联立式（b）、式（c）可得

$$F_{N1} = F_{N2}/\cos^2\alpha \tag{d}$$

将式（d）代入式（a），可解得

$$F_{N1} = \frac{F}{1+2\cos^3\alpha}, \quad F_{N2} = F_{N3} = \frac{F\cos^2\alpha}{1+2\cos^3\alpha}$$

由此可见，通过虚功原理得到式（a）以后，求解过程与第 9 章的分析过程完全相同。

11.3 互等定理

11.3.1 功的互等定理

对于线性弹性体，利用外力做功的概念，可以推导出功的互等定理。

图 11-8 所示为同一线性弹性体的两种受力状态，分别承受载荷 F_1 与 F_2 作用，其作用部位分别用点 1 与点 2 表示。图 11-8（a）所示受力状态下，载荷 F_1 作用引起的在点 1 的相应位移为 Δ_{11}，在点 2 沿载荷 F_2 作用方向的位移为 Δ_{21}。图 11-8（b）所示受力状态下，载荷 F_2 作用引起的在点 2 的相应位移为 Δ_{22}，在点 1 沿载荷 F_1 作用方向的位移为

Δ_{12}。这里位移符号 Δ_{ij} 中第一个下标 i 表示位移发生点，第二个下标 j 表示引起该位移的载荷作用点，下同。

图 11-9 所示为两种加载方式，图（a）为先加 F_1，后加 F_2；图（b）为先加 F_2，后加 F_1。现在研究外力所做之功。

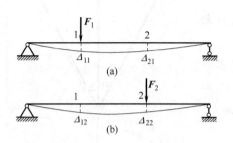

图 11-8 简支梁的两种受力状态

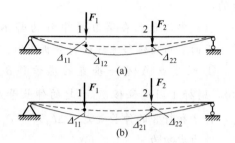

图 11-9 简支梁受力的两种加载方式

如图 11-9（a）所示，先加 F_1、后加 F_2 时，外力所做的功为

$$W_1 = \frac{F_1\Delta_{11}}{2} + \frac{F_2\Delta_{22}}{2} + F_1\Delta_{12} \tag{a}$$

反之，先加 F_2、后加 F_1 时〔图 11-9（b）〕，外力所做的功为

$$W_2 = \frac{F_2\Delta_{22}}{2} + \frac{F_1\Delta_{11}}{2} + F_2\Delta_{21} \tag{b}$$

对于线性弹性体，外力所做之功与加载次序无关，因此

$$W_1 = W_2$$

将式（a）与式（b）代入上式，得

$$F_1\Delta_{12} = F_2\Delta_{21} \tag{11-14}$$

上式表明，对于线性弹性体，F_1 在 F_2 引起的位移 Δ_{12} 上所做之功，等于 F_2 在 F_1 引起的位移 Δ_{21} 上所做之功，称为功的互等定理。

11.3.2 位移互等定理

在式（11-14）中，若 $F_1 = F_2$，则

$$\Delta_{12} = \Delta_{21} \tag{11-15}$$

上式表明，对于线弹性体，当 F_1 与 F_2 的数值相等时，F_2 在点 1 沿 F_1 方向引起的位移 Δ_{12}，等于 F_1 在点 2 沿 F_2 方向引起的位移 Δ_{21}，称为位移互等定理。

需要注意的是，以上所述力和位移都是广义的。故力系可以是力，也可以是力偶；位移可以是线位移，也可以是角位移。

图 11-10 所示为位移互等的实例。图 11-10（a）中，有 $\Delta_{ji} = \Delta_{ij}$；图 11-10（b）中，有 $\theta_{BA} = \theta_{AB}$；图 11-10（c）中，当 F 与 M 数值相等时，有 $\theta_{Ai} = \Delta_{iA}$。

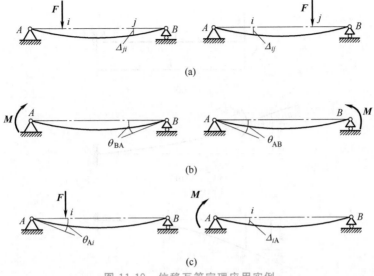

图 11-10 位移互等定理应用实例

【例题 11-4】 图 11-11 所示的简支梁 AB，已知 F 作用在 C 点时，B 点的转角为 $\dfrac{Fl^2}{16EI}$ ［图 11-11（a）］，求力偶 M 作用时，C 截面的挠度 ［图 11-10（b）］。

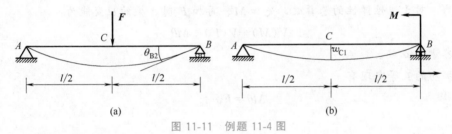

图 11-11 例题 11-4 图

解：由功的互等定理

$$Fw_{C1} = M\theta_{B2}$$

得

$$Fw_{C1} = M\frac{Fl^2}{16EI}$$

由此得

$$w_{C1} = \frac{Ml^2}{16EI} \quad (\downarrow)$$

【例题 11-5】 图 11-12（a）所示的悬臂梁，设其自由端只作用集中力 F 时，梁的应变能为 $V(F)$；自由端只作用弯曲力偶 M 时，梁的应变能为 $V(M)$。若同时施加 F 和 M 时，梁的应变能有以下四种答案，试判断哪几种是正确的。

A. $V(F)+V(M)$

B. $V(F)+V(M)+M\theta$ （θ 为 F 作用时自由端转角）

C. $V(F)+V(M)+\dfrac{1}{2}Fw_{\max}$（$w_{\max}$ 为 M 作用时自由端转角）

D. $V(F)+V(M)+\dfrac{1}{2}(M\theta+Fw_{\max})$

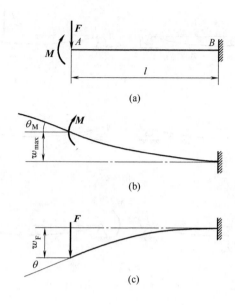

图 11-12　例题 11-5 图

解：正确答案是 B 和 D。

因为，对于线性弹性的悬臂梁，先加 **M**、再加 **F** 时，梁的应变能为

$$V(M) + V(F) + M\theta$$

故答案 B 正确。

根据功的互等定理有

$$M\theta = Fw_{\max}$$

故

$$V(F) + V(M) + \frac{1}{2}(M\theta + Fw_{\max}) = V(F) + V(M) + M\theta$$

因此答案 D 也正确。

11.4　单位载荷法

通过建立一个特别的单位力系统，从而确定线弹性材料构件或结构上的任意点沿着任意方向位移的方法，称为单位载荷法。单位载荷法的一般公式，可以根据功能原理获得。也可根据虚位移原理获得。下面主要介绍根据功能原理确定计算公式的过程。

考察图 11-13（a）中受集中力 F_1、F_2 作用的简支梁，为了确定点 C 处沿铅垂方向的位移 Δ，在图 11-13（b）所示同一简支梁的 C 点，沿所求位移方向施加一个大小等于 1 的力，即所谓的单位力，该力以及与其平衡的内力构成单位力系统。

图 11-13（a）中，简支梁在 F_1、F_2 作用下，任一截面 x 处的弯矩为 $M(x)$。此时，外力 F_1、F_2 所做的功等于梁内储存的应变能 V_ε，按式（11-12），有

$$V_\varepsilon = \int_l \frac{M^2(x)}{2EI}\mathrm{d}x \qquad\qquad (\mathrm{a})$$

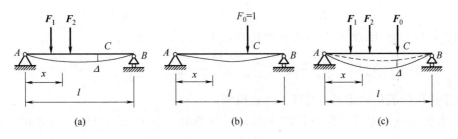

图 11-13 功能原理导出莫尔积分

同理，可写出图 11-13（b）中，在单位力 F_0 作用下梁内储存的应变能

$$\overline{V}_\varepsilon = \int_l \frac{\overline{M}^2(x)}{2EI}\mathrm{d}x \tag{b}$$

式中，$\overline{M}(x)$ 为单位力 F_0 作用下梁任一截面 x 处的弯矩。

图 11-13（c）中，假设先加单位力 F_0，后加集中力 F_1、F_2 共同作用于梁上。

先施加单位力 F_0 作用时，AB 梁将发生变形（图中虚线所示），此时单位力所做的功等于梁的变形能为 $\overline{V}_\varepsilon$。在此变形的位置上再施加集中力 F_1、F_2 作用时，梁 AB 将进一步变形，由虚线位置变到图中实线位置。在此过程中，F_1、F_2 所做的功与图 11-13（a）中的相同，大小依然为 V_ε。此外，由于梁上挠度的增加，单位力 F_0 将在新增的挠度 Δ 上再做功，大小为 $F_0\Delta$。故所有外力共同做的功为 $\overline{V}_\varepsilon + V_\varepsilon + F_0\Delta$。在最后变形位置，由叠加法可知，梁 x 截面上的弯矩为 $\overline{M}(x)+M(x)$，利用功能原理有

$$\overline{V}_\varepsilon + V_\varepsilon + F_0\Delta = \int_l \frac{\left[\overline{M}(x)+M(x)\right]^2}{2EI}\mathrm{d}x \tag{c}$$

用式（c）减去式（a）、式（b），并注意到 $F_0=1$，可得

$$\Delta = \int_l \frac{\overline{M}(x)M(x)}{EI}\mathrm{d}x \tag{d}$$

式（d）也可通过虚位移原理推得。此时，只需梁微段的变形公式（11-11）代入前面的式（11-3），即可获得。有兴趣的读者可自行验证。

式（d）是杆件横截面上只有弯矩一个内力分量的情形。

如果杆件横截面同时存在弯矩、扭矩和轴力，根据上述分析过程可以得到包含所有内力分量的积分表达式

$$\Delta = \int_l \frac{\overline{F}_N F_N}{EA}\mathrm{d}x + \int_l \frac{\overline{M}M}{EI}\mathrm{d}x + \int_l \frac{\overline{M}_x M_x}{GI_p}\mathrm{d}x \tag{11-16}$$

这就是确定结构上任意点、沿任意方向位移的莫尔积分，这种方法又称为莫尔法。

式（11-16）中，F_N、M、M_x 为所要求位移的结构在外载荷作用下杆件横截面上的轴力、弯矩和扭矩；$\overline{F}_N$、$\overline{M}$、$\overline{M}_x$ 为结构在单位力作用下杆件横截面上的轴力、弯矩和扭矩。

对于由两根及两根以上杆组成的系统，当各杆件内力分量为常量时，式（11-16）变为

$$\Delta = \sum_i \frac{\overline{F}_{Ni} F_{Ni}}{EA_i} \mathrm{d}x + \sum_i \frac{\overline{M}_i M_i}{EI_i} \mathrm{d}x + \sum_i \frac{\overline{M}_{xi} M_{xi}}{GI_p} \mathrm{d}x \tag{11-17}$$

当各杆内力分量沿杆件长度方向变化时，式（11-16）变为

$$\Delta = \sum_i \int_{l_i} \frac{\overline{F}_{Ni} F_{Ni}}{EA_i} \mathrm{d}x + \sum_i \int_{l_i} \frac{\overline{M}_i M_i}{EI_i} \mathrm{d}x + \sum_i \int_{l_i} \frac{\overline{M}_{xi} M_{xi}}{GI_p} \mathrm{d}x \tag{11-18}$$

关于单位荷载法的使用，有以下几点说明：

① 单位荷载法中的单位力是广义力，可以是力，也可以是力偶；与之相对应的位移也是广义的，既可以是线位移，也可以是角位移。当所求的位移为线位移时，单位力为集中力；当所求的位移为角位移时，单位力为集中力偶。单位力和单位力偶的数值均为 1。

若要求的是两点（或两截面）间的位移，则在两点（或两截面）处同时施加一对方向相反的单位力。

② 由式（d）可以看出，如果按莫尔积分求得的位移为正，则所求位移与所加单位载荷同向，反之则反向。

③ 单位荷载法的应用范围很广，不仅适合线性弹性杆或杆系，也适应于非线性弹性或非弹性杆或杆系。但在导出莫尔积分的过程中，利用了弹性变形 $\mathrm{d}\theta$、$\mathrm{d}\varphi$、$\mathrm{d}(\Delta l)$ 等与弯矩、扭矩、轴力的线弹性关系式，因此式（11-16）～式（11-18）仅适用于线弹性杆件或杆系。

【例题 11-6】 图 11-14（a）所示的悬臂梁 AB，EI、F、l 均已知，试用单位荷载法计算图示悬臂梁自由端 B 的挠度和转角。

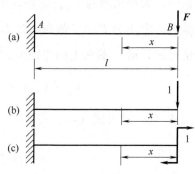

图 11-14 例题 11-6 图

解：（1）求自由端 B 的挠度

在原载荷作用下，杆件中的弯矩为

$$M(x) = -Fx$$

去掉主动力 F，在悬臂梁 B 截面沿 F 力方向加一单位力时，如图 11-14（b）所示，此时杆件中的弯矩为

$$\overline{M}(x) = -x$$

由莫尔积分可得

$$w_B = \int_l \frac{M(x)\overline{M}(x)}{EI} \mathrm{d}x = \int_0^l \frac{Fx^2}{EI} \mathrm{d}x = \frac{Fl^3}{3EI} \ (\downarrow)$$

结果为正，说明 B 截面挠度与单位力方向相同，向下。

（2）求自由端 B 的转角

去掉主动力 F，在悬臂梁 B 截面加一顺时针转动的单位力偶，如图 11-14（c）所示，此时杆件中的弯矩为

$$\overline{M}(x) = -1$$

同样，由莫尔积分可得

$$\theta_B = \int_l \frac{M(x)\overline{M}(x)}{EI} \mathrm{d}x = \int_0^l \frac{Fx}{EI} \mathrm{d}x = \frac{Fl^2}{2EI} \ (\text{顺时针})$$

结果也为正，说明 B 截面转角与单位力偶转向一致，也为顺时针。

11.5 等直杆莫尔积分的图乘法

在应用莫尔积分求梁的位移时，需计算下列形式的积分：

$$\Delta = \int_l \frac{\overline{M}(x)M(x)}{EI}dx$$

当杆件为等截面直杆时，EI 为常量，可以移至积分号外，故上述积分可表示为

$$\Delta = \frac{1}{EI}\int_l \overline{M}(x)M(x)dx \tag{a}$$

这时，单位力引起的弯矩图与载荷引起的弯矩图中，只要有一个为直线，另一个无论是何种形状，都可以采用下述图形相乘的方法（简称图乘法）计算莫尔积分。

如图 11-15 所示，假设某杆件 AB 由载荷引起的弯矩图（简称载荷弯矩图）为任意形状 [图 (a)]，单位力引起的弯矩图（简称单位力弯矩图）为一斜直线 [图 (b)]。该斜直线斜率为 α，与 x 轴的交点为 O。若取 O 为坐标原点，则单位荷载作用下的弯矩方程可表示为

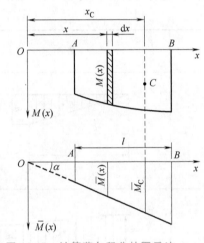

$$\overline{M}(x) = x\tan\alpha \ (x_A \leqslant x \leqslant x_A + l) \tag{b}$$

将式 (b) 代入式 (a)，莫尔积分式 (a) 可以写成

$$\Delta = \frac{1}{EI}\int_l \overline{M}(x)M(x)dx = \frac{\tan\alpha}{EI}\int_l xM(x)dx \tag{c}$$

式中，$\int_l xM(x)dx$ 是载荷弯矩图的面积对 M

图 11-15　计算莫尔积分的图乘法

坐标轴的静矩。若 $M(x)$ 图形心到 M 轴的距离记为 x_C，以 A_Ω 代表 $M(x)$ 图的面积，且规定 $M(x)$ 为正时，A_Ω 为正；$M(x)$ 为负时，A_Ω 为负，则

$$\int_l xM(x)dx = A_\Omega x_C \tag{d}$$

将式 (d) 代入式 (c)，得到

$$\Delta = \frac{1}{EI}\int_l \overline{M}(x)M(x)dx = \frac{1}{EI}A_\Omega \tan\alpha x_C = \frac{A_\Omega \overline{M_C}}{EI} \tag{11-19}$$

式中

$$\overline{M_C} = x_C \tan\alpha$$

为单位力弯矩图上与载荷弯矩图的形心处所对应的纵坐标值。

在使用式 (11-19) 计算杆件的位移时需注意以下几点：

① 载荷弯矩图面积 A_Ω 和 $\overline{M_C}$ 是有正负之分的。用图乘法计算位移时的正负号，取决于二者的正负号；当二者同号时位移取"+"，异号时位移取"−"。

② 当单位载荷引起的弯矩图斜率变化时，图形互乘时需要分段进行，即需保证每一段内的斜率是相同的。这时，式 (11-19) 变成

$$\Delta = \sum_{i=1}^{n} \frac{A_{\Omega i}\overline{M_{Ci}}}{EI}$$

式中，n 为 $\overline{M}$ 图的分段数。

③ 如果在所分析的杆段内，载荷弯矩图和单位弯矩图均为直线，由前面的分析过程可知，在应用式（11-19）时，也可以写成

$$\Delta = \frac{\overline{A_{\Omega}}M_C}{EI} \tag{11-20}$$

这在很多情况下会给具体计算带来方便。

式中，$\overline{A_{\Omega}}$ 为单位力弯矩图的面积；M_C 为载荷弯矩图上与单位力弯矩图的形心处所对应的纵坐标值。

上述图乘法的基本原理，也适用于计算其他内力分量 F_N、M_x 的莫尔积分。

为方便计算，表 11-1 中列出了一些常见图形的面积与形心坐标。

表 11-1　几种基本图形的面积与形心坐标

序号	图形	面积 A_{Ω}	形心坐标	
			x_C	$l-x_C$
1		$\dfrac{lh}{2}$	$\dfrac{2}{3}l$	$\dfrac{1}{3}l$
2		$\dfrac{(h_1+h_2)}{2}l$	$\dfrac{h_1+2h_2}{3(h_1+h_2)}l$	$\dfrac{2h_1+h_2}{3(h_1+h_2)}l$
3		$\dfrac{lh}{2}$	$\dfrac{a+l}{3}$	$\dfrac{b+l}{3}$
4		$\dfrac{lh}{3}$	$\dfrac{3}{4}l$	$\dfrac{1}{4}l$

序号	图形	面积 A_Ω	形心坐标	
			x_C	$l - x_C$
5	二次抛物线之半 顶点 $\cdot C$	$\dfrac{2}{3}lh$	$\dfrac{5}{8}l$	$\dfrac{3}{8}l$
6	二次抛物线 顶点 $\cdot C$	$\dfrac{2}{3}lh$	$\dfrac{1}{2}l$	$\dfrac{1}{2}l$

【例题 11-7】 图 11-16（a）所示的简支梁，已知 EI、l、q。试用图乘法求该梁的最大挠度。

解：（1）画载荷弯矩图

梁在均布载荷作用下的弯矩图，如图 11-16（b）所示。

（2）画单位载荷作用下的弯矩图

为求梁上的最大挠度，需在原简支梁的跨中施加一单位力 [图 11-16（c）]，杆件在单位力作用下的弯矩图如图 11-16（d）所示。

（3）图形互乘

由于单位力作用下的弯矩图为折线 [图 11-16（d）]，故要分两段使用图乘法。

对 AC 段：$A_{\Omega 1} = \dfrac{2}{3} \times \dfrac{l}{2} \times \dfrac{ql^2}{8}$，$\overline{M}_{C1} = \dfrac{5l}{32}$

对 CB 段：$A_{\Omega 2} = A_{\Omega 1} = \dfrac{2}{3} \times \dfrac{l}{2} \times \dfrac{ql^2}{8}$，

$\overline{M}_{C2} = \overline{M}_{C1} = \dfrac{5l}{32}$

故

$$w_{\max} = \dfrac{2}{EI} \left(\dfrac{2}{3} \times \dfrac{l}{2} \times \dfrac{ql^2}{8} \times \dfrac{5l}{32} \right)$$

$$= \dfrac{5ql^4}{384EI} (\downarrow)$$

(a)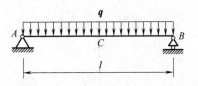

(b)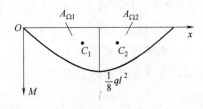

(c)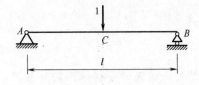

(d)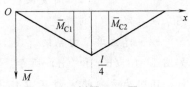

图 11-16 例题 11-7 图

结果为正，说明跨中挠度方向与单位力的方向一致。

【例题 11-8】 图 11-17（a）所示的简支梁，已知 EI、l、M。试用图乘法求简支梁 C 截面的挠度。

解：①画载荷弯矩图，如图 11-17（b）所示。

②建立单位力系统［图 11-17（c）］，画单位力作用时的弯矩图［图 11-17（d）］。

③图形互乘。

由于单位力作用下的弯矩图为一折线［图 11-17（d）］，故也要分两段使用图乘法。

对 AC 段：$A_{\Omega 1}=\dfrac{1}{2}\times\dfrac{l}{2}\times\dfrac{M}{2}=\dfrac{Ml}{8}$，

$\overline{M}_{C1}=\dfrac{2}{3}\times\dfrac{l}{4}=\dfrac{l}{6}$

对 CB 段：为方便确定形心位置，可将梯形划分为一个矩形和一个三角形［图 11-17（b）］。

$A_{\Omega 3}=A_{\Omega 1}=\dfrac{Ml}{8}$，$\overline{M}_{C3}=\dfrac{1}{3}\times\dfrac{l}{4}=\dfrac{l}{12}$

$A_{\Omega 2}=\dfrac{M}{2}\times\dfrac{l}{2}=\dfrac{Ml}{4}$，$\overline{M}_{C2}=\dfrac{1}{2}\times\dfrac{l}{4}=\dfrac{l}{8}$

故

$$w_C=\frac{1}{EI}\times\left(\frac{Ml}{8}\times\frac{l}{6}+\frac{Ml}{8}\times\frac{l}{12}+\frac{Ml}{4}\times\frac{l}{8}\right)=\frac{Ml^2}{16EI}\quad(\downarrow)$$

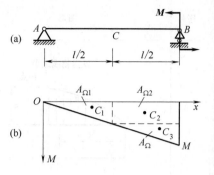
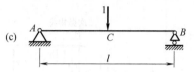
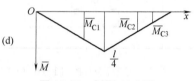

图 11-17 例题 11-8 图

④讨论。

本例是否可采用式（11-20）计算 C 点挠度呢？显然，由于载荷弯矩图为一斜直线，因此答案是肯定的。此时

$$\overline{A_{\Omega}}=\frac{1}{2}\times l\times\frac{l}{4}=\frac{l^2}{8},\ M_C=\frac{M}{2}$$

故

$$w_C=\frac{1}{EI}\left(\frac{l^2}{8}\times\frac{M}{2}\right)=\frac{Ml^2}{16EI}(\downarrow)$$

结果与前面的分析结果完全相同，但计算过程比采用式（11-19）计算时要简单些。

【例题 11-9】 某简支梁受力如图 11-18（a）所示。若 F、a、EI 等均为已知，试用图乘法确定点 C 的挠度。

解：建立单位力系统［图 11-18（c）］，分别画载荷弯矩图和单位力作用下的弯矩图，如图 11-18（b）和（d）所示。单位载荷图为一折线，图形互乘时需分 AC、CE 两段进行。同时为方便确定载荷弯矩图的面积和形心位置，最终图形互乘时将杆件分成 AB、BC、CD 和 DE 四段进行。

$$A_{\Omega 1}=\frac{1}{2}a\ \frac{Fa}{3}=\frac{Fa^2}{6},\ \overline{M}_{C1}=\frac{2a}{3}\times\frac{1.5a}{2}\div\frac{3a}{2}=\frac{a}{3}$$

$$A_{\Omega 2}=\frac{1}{2}\times0.5a\ \frac{Fa}{3}=\frac{Fa^2}{12},\ \overline{M}_{C2}=\frac{7a}{6}\times\frac{1.5a}{2}\div\frac{3a}{2}=\frac{7a}{12}$$

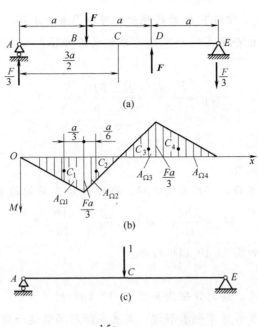

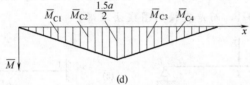

图 11-18 例题 11-9 图

$$A_{\Omega 3} = -A_{\Omega 2} = -\frac{Fa^2}{12}, \overline{M}_{C3} = \overline{M}_{C2} = \frac{7a}{12}$$

$$A_{\Omega 4} = -A_{\Omega 1} = -\frac{Fa^2}{6}, \overline{M}_{C4} = \overline{M}_{C1} = \frac{a}{3}$$

则 C 点的挠度为

$$w_C = \sum_{i=1}^{4} \frac{A_{\Omega i}\overline{M}_{Ci}}{EI}$$

$$= \frac{1}{EI}\left[\frac{Fa^2}{6} \times \frac{a}{3} + \frac{Fa^2}{12} \times \frac{7a}{12} + \left(-\frac{Fa^2}{12}\right)\frac{7a}{12} + \left(-\frac{Fa^2}{6}\right)\frac{a}{3}\right] = 0$$

注意: 本例的计算过程表明,进行图形互乘时,载荷弯矩图的面积以及单位载荷弯矩图上与载荷弯矩图形心处对应的 $\overline{M}_{Ci}$ 都有正、负之分。二者的正、负号由 M 图和 $\overline{M}$ 图分别确定。

此外,本例也可根据反对称性,分析出 C 处的挠度等于零,从而验证了上述结果的正确性。

【**例题 11-10**】 作图 11-19 (a) 所示梁的弯矩图。

解:(1) 求解多余约束反力

这是一个一次超静定问题。去掉 B 处多余约束,建立图 11-19 (b) 所示的静定系统,则变形几何条件为

$$w_B = w_B(F_{RB}) + w_B(F) = 0$$

静定系统在 F 和 F_{RB} 作用下 B 处的挠度，可用图乘法求得。建立图 11-19（d）所示的单位力系统，分别画出静定系统和单位力系统的弯矩图，如图 11-19（c）、（e）所示。则由图乘法可得

$$w_B = \frac{F_{RB}l^2}{2} \times \frac{2l}{3} - \frac{Fl^2}{8} \times \frac{5l}{6} = 0$$

解得
$$F_{RB} = \frac{5F}{16}(\uparrow)$$

（2）求解其他约束反力

B 处的约束反力求得后，利用平衡方程，即可求出 A 处的约束反力。

$$M_A = \frac{3Fl}{16}(逆时针), F_{RA} = \frac{11F}{16}(\uparrow)$$

则悬臂梁实际受力如图 11-19（f）所示。

（3）画弯矩图

根据梁所受外力情况，绘制弯矩图如图 11-19（g）所示。

类似的超静定问题在第 9 章也求解过，其基本解题思路是一样的，只是这里梁上指定点的挠度值，不需查表 9-1，而是直接用图乘法求得。

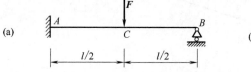
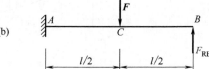
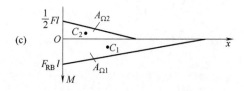

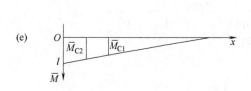
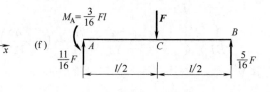
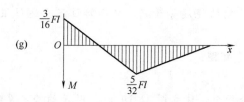

图 11-19　例题 11-10 图

复习思考题

11-1 何谓应变能？如何计算杆件基本变形下的应变能？

11-2 何谓广义力？何谓广义位移？它们之间有何对应关系？

11-3 在运用单位载荷法计算位移时，应如何施加单位载荷？

11-4 用单位载荷法计算位移的基本步骤是什么？如何判断所求位移的方向？

11-5 图乘法的适用条件是什么？

习 题

11-1 图 11-20 所示的悬臂梁，当单独作用力 F 时，截面 B 的转角为 θ。若先加 M_e 后加 F，则在加 F 的过程中，力偶 M_e _____。

A. 不做功　　 B. 做正功　　 C. 做负功，其值为 $M_e\theta$　　 D. 做负功，其值为 $\frac{1}{2}M_e\theta$

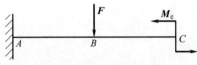

图 11-20 习题 11-1 图

11-2 具有中间铰的线弹性材料梁，受力如图 11-21（a）所示，两段梁的弯曲刚度均为 EI。用莫尔法确定中间铰两侧截面的相对转角有下列四种分段方法，试判断哪一种是正确的。

A. 按图（b）所示施加一对单位力偶，积分时不必分段

B. 按图（b）所示施加一对单位力偶，积分时必须分段

C. 按图（c）所示施加一对单位力偶，积分时不必分段

D. 按图（c）所示施加一对单位力偶，积分时必须分段。

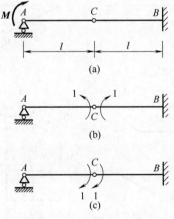

图 11-21 习题 11-2 图

正确答案是_____。

11-3 图 11-22 所示的 M 和 $\overline{M}$ 图分别为同一等截面梁的载荷弯矩图和单位弯矩图，则在下列四种情形下，$A_{\Omega i}$ 与 M_{Ci} 或 $\overline{w}_i$ 与 $A_{\Omega i}$ 相乘，哪一种是正确的。

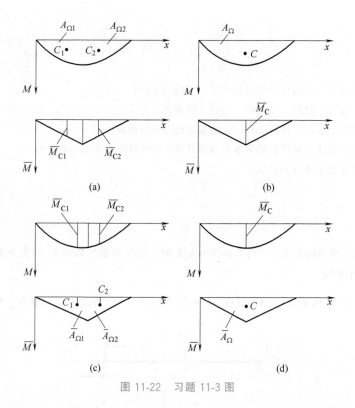

图 11-22   习题 11-3 图

正确答案是_____。

11-4   图 11-23 所示的 M 和 $\overline{M}$ 图分别为等截面梁的载荷弯矩图和单位弯矩图。试判断下列四种图乘方法哪一种是正确的。

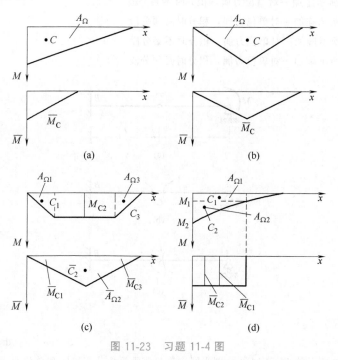

图 11-23   习题 11-4 图

正确答案是_____。

11-5 计算图 11-24 所示各梁、杆的变形能。

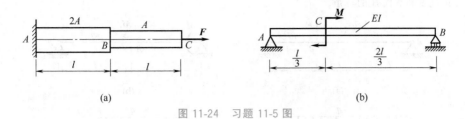

(a)　　　　　　　　　　　(b)

图 11-24 习题 11-5 图

11-6 图 11-25 所示的圆轴 AB 受集度为 m_e（N·m/m）的均布转矩作用。已知圆轴的长度为 l，直径为 d，材料的切变模量为 G，试计算其应变能。

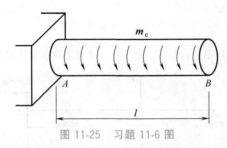

图 11-25 习题 11-6 图

11-7 已知图 11-26 所示梁的抗弯刚度为 EI，试计算梁的应变能。

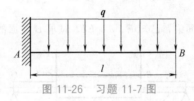

图 11-26 习题 11-7 图

11-8 传动轴受力情况如图 11-27 所示。轴的直径为 40mm，材料为 45 钢，$E=210\text{GPa}$，$G=80\text{GPa}$，试计算轴的变形能。

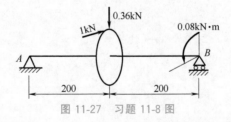

图 11-27 习题 11-8 图

11-9 试用单位载荷法计算图 11-28 所示各悬臂梁 B 截面的挠度和转角。已知各梁的抗弯刚度均为 EI。

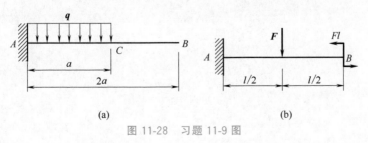

(a)　　　　　　　　　　　(b)

图 11-28 习题 11-9 图

11-10 图 11-29 所示的各梁中 F、M、q、l 以及弯曲刚度 EI 等均已知，忽略剪力影响。试用图乘法求点 A 的挠度和截面 B 的转角。

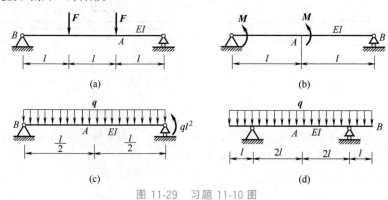

(a)   (b)

(c)   (d)

图 11-29 习题 11-10 图

11-11 图 11-30 所示的外伸梁，已知 F、a、EI。试用图乘法计算梁截面 B 的挠度和转角。

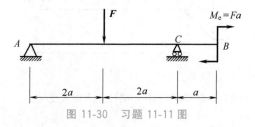

图 11-30 习题 11-11 图

11-12 图 11-31 所示的变截面梁，已知 F、a、EI。试求 B 截面的挠度和 A 截面的转角。

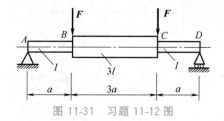

图 11-31 习题 11-12 图

第 12 章

动载荷与疲劳强度概述

学习导语

　　载荷按其是否随时间的变化而变化，分为静载荷和动载荷两类。前面几章中讨论的杆件的变形和应力，是在静载荷作用下产生的，杆件各点自身的加速度也很小，可以忽略不计，相应的应力称为静应力。实际工程中，还有很多机器或设备是在动载荷作用下工作的。例如，起重机起吊重物匀加速上升过程中的绳索、随涡轮定轴匀速转动的涡轮叶片，均承受惯性力的作用；锻压机锻造工件时，汽锤锤杆受到冲击力作用等。构件上由动载荷引起的应力，称为动应力。

　　如果动应力的值随着时间循环变化，这种应力称为交变应力。在交变应力作用下发生的失效，称为疲劳失效，简称为疲劳。统计结果表明，在各种机械的断裂事故中，大约有80%以上是由于疲劳失效引起的，且这种破坏具有突然性，往往造成灾难性后果。因此研究疲劳失效具有重大的工程意义。

　　本章先应用达朗贝尔原理和机械能守恒定律，分析惯性力引起的动应力和冲击应力。然后简要介绍疲劳失效的主要特征与失效原因，以及影响疲劳强度的主要因素。

12.1　惯性力引起的动应力

　　对于作匀加速直线运动或匀速定轴转动的动载荷问题，通过引入惯性力，应用达朗贝尔原理（动静法），可转化为静载荷问题对杆件进行诸如应力计算、强度设计和刚度设计的分析。下面以工程中常见的两种情况为例，进行说明。

12.1.1　匀加速直线运动构件

　　考察图 12-1（a）中起重机起吊的重物，设重物的重力为 G，在绳索拉力作用下以加速度 a 向上作匀加速运动。受力如图 12-1（b）所示。由于重物作平移运动，故其惯性力作用于重物质心，且与加速度 a 方向相反，大小为

$$F_I = ma$$

　　根据达朗贝尔原理，沿绳索方向的绳索拉力、重力和惯性力在形式上组成一平衡力系，故有

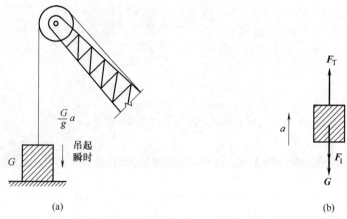

图 12-1　匀加速直线运动物体的加速度与惯性力

$$F_T = G + F_I = G + \frac{G}{g}a \tag{c}$$

将上式左右两边同除以绳索的横截面面积 A，可得

$$\sigma_d = \left(1 + \frac{a}{g}\right)\sigma_{st} \tag{12-1}$$

式中，$\sigma_d = \dfrac{F_T}{A}$，为绳索横截面上的总正应力，称为动应力；$\sigma_{st} = \dfrac{G}{A}$，为加速度为零时绳索横截面上的正应力，称为静应力。

令 $$K_I = 1 + \frac{a}{g}$$

则动应力可以表示为

$$\sigma_d = K_I \sigma_{st}$$

式中，K_I 称为动载系数或动荷系数，为大于 1 的常数。

这表明动应力等于静应力乘以动荷系数。由此可建立强度条件

$$\sigma_d = K_I \sigma_{st} \leqslant [\sigma] \tag{12-2}$$

由于动荷系数 K_I 包含了动载荷对应力的放大影响，因此，式中的 $[\sigma]$ 就是材料在静载荷下的许用应力。

12.1.2　匀速定轴转动构件

构件匀速定轴转动时，由于法向加速度的存在，会产生离心惯性力。下面以某旋转薄圆环为例，应用达朗贝尔原理，分析薄圆环横截面上应力的情况。

图 12-2（a）所示的薄圆环，以等角速度 ω 绕轴 O 转动；圆环平均半径为 R，圆环材料密度为 ρ，横截面面积为 A。

由于圆环作等角速度转动，其上各点均只有法向加速度，故惯性力均沿着半径方向背离旋转中心，且为沿圆周方向连续均匀分布力。图 12-2（b）所示为半圆环上惯性力的分布情况。

以半圆环为研究对象，其受力如图 12-2（b）所示。圆环横截面上的环向内力用 F_T 表示，圆环微段的惯性力可表达为

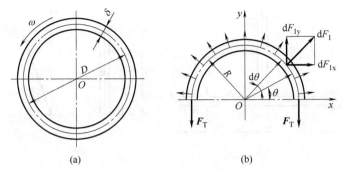

图 12-2　匀速定轴转动圆环上的惯性力分析

$$\mathrm{d}F_1 = R\omega^2\,\mathrm{d}m = R\omega^2 \rho A R\,\mathrm{d}\theta = \rho A R^2 \omega^2\,\mathrm{d}\theta \tag{a}$$

建立图 12-2（b）所示的 xOy 坐标系，则圆环微段的惯性力在 y 方向上的分量为

$$\mathrm{d}F_{1y} = \rho A R^2 \omega^2 \sin\theta\,\mathrm{d}\theta \tag{b}$$

由平衡方程 $\sum F_y = 0$，有

$$\int_0^\pi \mathrm{d}F_{1y} - 2F_T = 0 \tag{c}$$

将式（b）代入式（c），圆环横截面上的轴力为

$$F_T = \frac{1}{2}\int_0^\pi \rho A R^2 \omega^2 \sin\theta\,\mathrm{d}\theta = \rho A R^2 \omega^2 = \rho A v^2 \tag{d}$$

式中，$v = R\omega$ 是圆环轴线上点的线速度。

当圆环厚度远小于半径 R 时，圆环横截面上的正应力可视为均匀分布，由式（d）可得圆环横截面上的总应力为

$$\sigma_T = \frac{F_{1T}}{A} = \rho v^2 \tag{e}$$

圆环强度条件可表示为

$$\sigma_T = \rho v^2 \leqslant [\sigma] \tag{12-3}$$

由式（12-3）可知，总应力与圆环轴线上点的线速度有关，与横截面面积无关，同时和材料的密度有关。从动力学来说，在边缘点密度越大、线速度越大，产生的离心力越大，自然要求结构能够承受强度的能力越高。所以，在匀速定轴转动结构设计上一定要注意最大速度和材料密度的选择。在材料密度一定的情况下，为确保圆环的强度，必须对圆环轴线上点的线速度加以控制。

【例题 12-1】　图 12-3（a）所示的结构中，钢制 AB 轴的中点处固结一与之垂直的均质杆 CD，二者的直径均为 d，长度 $AC = CB = CD = l$。轴 AB 以等角速度 ω 绕自身轴旋转。已知 $l = 0.6\text{m}$，$d = 80\text{mm}$，$\omega = 40\text{rad/s}$；材料重度 $\gamma = 78\text{kN/m}^3$。试计算轴 AB 和杆 CD 中由转动引起的最大正应力。

解：（1）分析运动状态，确定惯性力

当 $ABCD$ 绕 AB 轴等角速度旋转时，轴 AB 和杆 CD 上各质点的向心加速度与该点到 AB 轴线的距离成正比。对 AB 杆，其上各质点到轴线的距离很近，向心加速度很小，可不予考虑。对 CD 杆，在图 12-3（b）所示的位置，建立 Ox 坐标，则其向心加速度可表示为

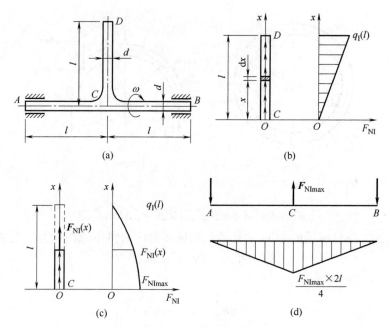

图 12-3　例题 12-1 图

$$a_n = x\omega^2 \tag{a}$$

式中，x 为质点到 AB 轴线的距离。

设沿杆 CD 轴线方向单位长度上的惯性力为 q_1，则微段长度 dx 上的惯性力为

$$q_1 dx = (dm)a_n = \left(\frac{A\gamma}{g}dx\right)(x\omega^2) \tag{b}$$

可求得

$$q_1 = \frac{A\gamma\omega^2}{g}x \tag{c}$$

式中，A 为杆 CD 的横截面面积；g 为重力加速度。

（2）确定 CD 杆最大轴力和 AB 轴最大弯矩

对 CD 杆，由式（c）可知，CD 杆上轴向惯性力沿 x 方向的分布如图 12-3（b）所示。利用力系简化法，可得 CD 杆的轴力方程为

$$F_{NI}(x) = \int_x^l q_1 dx = \frac{A\gamma\omega^2}{g}x dx = \frac{A\gamma\omega^2}{2g}(l^2 - x^2) \tag{d}$$

由式（d）可知，CD 杆上轴力呈抛物线分布，如图 12-3（c）所示。从图中可知，在 $x=0$ 的横截面上，即杆 CD 与轴 AB 相交处的 C 截面上，杆 CD 横截面上的轴力最大。将 $x=0$ 代入式（d），可得

$$F_{NImax} = \frac{A\gamma\omega^2 l^2}{2g} \tag{e}$$

对 AB 轴，其受力和弯矩图如图 12-3（d）所示，由弯矩图可知轴中点截面上的弯矩最大，其值为

$$M_{Imax} = \frac{F_{NImax}(2l)}{4} = \frac{A\gamma\omega^2 l^3}{4g} \tag{f}$$

（3）计算轴 AB 和杆 CD 中的最大正应力

对 CD 杆，最大拉应力发生 C 截面处，其值为

$$\sigma_{\mathrm{Imax}}=\frac{F_{\mathrm{NImax}}}{A}=\frac{\gamma\omega^2l^2}{2g} \tag{g}$$

代入已知数据后，得

$$\sigma_{\mathrm{Imax}}=\frac{\gamma\omega^2l^2}{2g}=\frac{7.8\times10^4\times40^2\times0.6^2}{2\times9.81}\mathrm{Pa}=2.29\mathrm{MPa}$$

对 AB 轴，最大弯曲正应力为

$$\sigma_{\mathrm{1max}}=\frac{M_{\mathrm{1max}}}{W}=\frac{A\gamma\omega^2l^3}{4g}\times\frac{32}{\pi d^3}=\frac{2\gamma\omega^2l^3}{gd}$$

代入已知数据后，得

$$\sigma_{\mathrm{Imax}}=\frac{2\times7.8\times10^4\times40^2\times0.6^3}{9.81\times80\times10^{-3}}\mathrm{Pa}=68.7\mathrm{MPa}$$

12.2 构件冲击载荷与冲击应力的计算

12.2.1 分析冲击问题的基本假设

当运动物体冲向静止的构件发生碰撞时，在极短的时间内，两者速度变化很大，这种现象称为冲击或撞击。此时，冲击物和被冲击构件之间会产生很大的相互作用力，这种力称为"冲击力"或"冲击载荷"。

冲击问题是个很复杂的问题，很难精确分析冲击载荷以及冲击构件上的应力和变形。为便于指导工程实践，对冲击问题的分析作以下简化假设：

① 假定冲击物是刚性的，从开始冲击到冲击产生最大位移时，冲击物与被冲击构件始终保持接触，一起运动；

② 被冲击构件的质量忽略不计，认为冲击引起的变形瞬间传遍整个被冲击构件；

③ 假设被冲击构件的变形在弹性范围内；

④ 假设冲击过程中没有能量损失，机械能守恒。

12.2.2 冲击问题的分析过程

现以简支梁为例，应用上面所作的 4 条简化假设，介绍冲击问题的分析过程。

图 12-4 中，一重量为 G 的物体从简支梁上方高度 h 处自由下落后，冲击在梁的中点。

由于梁 AB 的阻碍，冲击终了时，冲击物的速度迅速变为零，冲击载荷及梁中点的位移都达到最大值，二者分别用 F_{d} 和 Δ_{d} 表示。

下面以重物和梁组成的系统为研究对象，分析其机械能守恒的情况。

为便于确定系统的势能，以重物在梁上方静

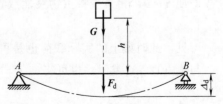

图 12-4　垂直冲击载荷的简化计算方法

止时的位置为势能零点。由于假定被冲击构件的变形在弹性范围内，故可将梁视为一线性弹簧。令其刚度系数为 k，则冲击力可按线性弹簧的弹簧力公式计算，即有

$$F_d = k\Delta_d \tag{a}$$

这一表达式和静载荷 F_{st} 作用时与相应位移 Δ_{st} 的关系相似：

$$F_{st} = k\Delta_{st} \tag{b}$$

对于图 12-4 所示的简支梁，$F_{st} = G$，Δ_{st} 为静载荷 G 作用在冲击位置时冲击点的挠度，可由表 9-1 直接查出。

初始时刻，即重物在梁上方静止时：

$$\text{系统的动能} \qquad T_1 = 0 \tag{c}$$

$$\text{系统的势能} \qquad V_1 = 0 \tag{d}$$

冲击终了时刻，即冲击载荷及梁中点的位移都达到最大值时：

$$\text{系统的动能} \qquad T_2 = 0 \tag{e}$$

$$\text{系统的势能} \qquad V_2 = -G(h + \Delta_d) + \frac{1}{2}k\Delta_d^2 \tag{f}$$

由于系统上只有势能做功，故系统机械能守恒，即

$$T_1 + V_1 = T_2 + V_2 \tag{g}$$

将式（a）～式（d）代入式（g），有

$$\frac{1}{2}k\Delta_d^2 - G(h + \Delta_d) = 0 \tag{h}$$

联立式（b）、式（h）两式，消去常数 k，得到关于 Δ_d 的二次方程

$$\Delta_d^2 - 2\Delta_{st}\Delta_d - 2\Delta_{st}h = 0 \tag{i}$$

由此解出

$$\Delta_d = \Delta_{st}\left(1 + \sqrt{1 + \frac{2h}{\Delta_{st}}}\right) \tag{12-4}$$

根据式（12-4）以及式（a）和式（b），得到

$$F_d = F_{st}\frac{\Delta_d}{\Delta_{st}} = G\left(1 + \sqrt{1 + \frac{2h}{\Delta_{st}}}\right) \tag{12-5}$$

令

$$K_d = 1 + \sqrt{1 + \frac{2h}{\Delta_{st}}} \tag{12-6}$$

则

$$F_d = K_d F_{st} \tag{12-7}$$

式中，K_d 为冲击时的动荷系数，它表示构件承受的冲击载荷是静载荷的若干倍。

即使 $h = 0$，相当于将重物突然放置在梁上，由式（12-5）得

$$F_d = 2G$$

可见，此时梁上的实际载荷也是重物重量的两倍，在工程中也要引起注意。

与式（12-7）类似，也可将冲击时构件中的应力和位移写成冲击动荷系数的形式，即

$$\sigma_d = K_d \sigma_{st} \tag{12-8}$$

$$\Delta_d = K_d \Delta_{st} \tag{12-9}$$

12.2.3 抗冲击措施

由式（12-5）可以看出，最大冲击载荷不仅与冲击物重量有关，而且与静位移有关，即与被冲击物的刚度有关。被冲击物的刚度越小，静位移越大，则冲击载荷也越小。在设计承受冲击载荷的构件时，应当充分利用这一特性，在条件允许的条件下，尽量减小被冲击物的刚度，如增加橡胶作垫片、添加缓冲弹簧等，以减小构件所承受的冲击力。

【例题12-2】 一圆截面木柱如图12-5所示，已知木柱长度 $l=6m$，截面直径 $d=30mm$，木材的弹性模量 $E=10GPa$。在离柱顶 $h=0.2m$ 的高度处有一重 $G=3kN$ 的物块自由落下，撞击木柱，试求柱所受的冲击载荷和柱内的动荷应力。

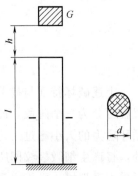

图12-5 例题12-2图

解：（1）计算木柱在静载荷作用下的应力和位移

木柱在静载荷 G 的作用下，柱内的静荷应力

$$\sigma_{st}=\frac{G}{A}=\frac{4\times3\times10^3\,N}{\pi\times0.03^2\,m^2}=4.24\times10^6\,Pa=4.24MPa$$

对图12-5所示的悬臂柱，冲击位置处的静荷位移等于木柱的轴向变形，即

$$\Delta_{st}=\frac{Gl}{EA}=\frac{3\times10^3\,N\times6m\times4}{10\times10^9\,Pa\times\pi\times0.03^2\,m^2}=2.55\times10^{-3}\,m=2.55mm$$

（2）确定动荷系数

根据式（12-6）计算动荷系数：

$$K_d=1+\sqrt{1+\frac{2h}{\Delta_{st}}}=1+\sqrt{1+\frac{2\times200mm}{2.55mm}}=13.6$$

（3）计算柱所受的冲击载荷和柱内的动荷应力

根据式（12-7）和式（12-8）分别计算冲击载荷和动荷应力：

$$F_d=K_dF_{st}=13.6\times3\times10^3\,N=40.8\times10^3\,N=40.8kN$$

$$\sigma_d=K_d\sigma_{st}=13.6\times4.24MPa=57.7MPa$$

（4）思考与讨论

试结合本例谈谈高空抛物的危害性。

12.3 交变应力下疲劳失效特征与相关概念

12.3.1 交变应力与疲劳失效

机械零件或结构构件中一点随着时间作周期性变化的应力称为交变应力。例如，齿轮每旋转一周，其上的每个轮齿均啮合一次。自开始啮合至脱开的过程中，轮齿所受的啮合力 F 迅速地由零增至某一最大值，然后再减为零；轮齿齿根内的应力 σ 随之也迅速地由零增至某一最大值，再降为零。齿轮不停转动，σ 也就随时间 t 不停作周期性交替变化。

构件在交变应力作用下，产生可见裂纹或完全断裂的现象，称为疲劳破坏，简称疲劳。例如，用手折断铁丝，弯折一次一般不断，但反复来回弯折多次后，铁丝就会发生裂断，这就是材料受交变应力作用而破坏的例子。大量实践表明，构件发生疲劳破坏时，具有以下显著特征：

① 构件发生疲劳破坏需要经过应力的多次循环，在这个过程中，构件所受应力远小于材料的静强度屈服极限 σ_s。

② 材料发生破坏前，应力随时间变化经过多次重复，其循环次数与应力的大小有关。应力愈大，循环次数愈少。

③ 构件在破坏之前并未产生明显的塑性变形，即使是塑性很好的材料，也会出现脆性断裂。

④ 同一疲劳破坏断口，一般都有明显的光滑区与粗粒状区。图 12-6 所示为某传动轴的疲劳破坏断口，具有典型的上述特征。

上述破坏特征与疲劳破坏的过程紧密相关。经过长期的观察与研究，认为疲劳破坏的过程可分为三个阶段，即裂纹萌生阶段、裂纹扩展阶段和断裂阶段。在裂纹萌生阶段，当循环应力的大小超过一定限度并经历足够多次循环后，在构件内部应力最大或材料薄弱处，将产生细微裂纹即所谓的疲劳源；这种裂纹随应力循环次数增加而不断扩展，并逐渐形成宏观裂纹。由于宏观裂纹的扩展，在构件上形成尖锐的"切口"；在切口的附近不仅形成局部的应力集中，而且使局部的材料处于三向拉伸应力状态；在这种应力状态下，即使塑性很好的材料也会发生脆性断裂，故疲劳破坏时没有明显的塑性变形。另外，疲劳断口上的光滑区是由于应力反复交变、裂纹一张一合，类似于互相研磨而形成的；而断口上的粗粒状区正是材料脆性断裂的结果，如图 12-6 所示。

 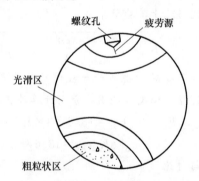

(a) 疲劳破坏断口照片   (b) 疲劳破坏断口的两个区域位置

图 12-6　疲劳破坏断口

从疲劳破坏过程的分析中可知，构件疲劳破坏前，无明显塑性变形，且裂纹的形成与扩展又不易被及时发现。因此，对于承受交变应力的构件，不仅要在设计中考虑疲劳问题，而且在使用期限内要定期进行检测，以查看构件是否发生裂纹及裂纹扩展的情况，防止疲劳破坏产生。

12.3.2　与交变应力相关的名词和术语

图 12-7 所示为工程中常见的交变应力。其特点是应力在两个相同的极值（如最大值）之间作周期性的交替变化。应力每变化一个周期，称为一个应力循环。如图 12-7 所示，从 A 点到 B 点，为一个应力循环。关于交变应力，有如下表征其特征的物理量，定义如下：

应力比：应力循环中最小应力与最大应力的比值，用 r 表示。

$$r = \frac{S_{\min}}{S_{\max}} \quad (12\text{-}10)$$

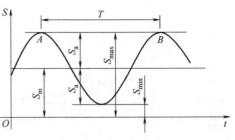

图 12-7 循环交变应力

平均应力：最大应力与最小应力的平均值，用 S_{m} 表示。

$$S_{\mathrm{m}} = \frac{S_{\max} + S_{\min}}{2} \quad (12\text{-}11)$$

应力幅值：最大应力与最小应力差值的一半，用 S_{a} 表示。

$$S_{\mathrm{a}} = \frac{S_{\max} - S_{\min}}{2} \quad (12\text{-}12)$$

最大应力：应力循环中的最大值 $S_{\max}$。

最小应力：应力循环中的最小值 $S_{\min}$。

对称循环：应力循环中最大值 $S_{\max}$ 和最小值 $S_{\min}$ 大小相等，符号相反。这种应力循环称为对称循环，这时

$$r = -1, S_{\mathrm{m}} = 0, S_{\mathrm{a}} = S_{\max}$$

脉冲循环：应力循环中，若应力变动于某一应力与零之间，这种应力循环称为脉冲循环。这时

$$r = 0, S_{\min} = 0$$

或

$$r = -\infty, S_{\max} = 0$$

静应力：即应力不随时间变化，是交变应力的一个特例，此时

$$r = 1$$

上述各式中 S 为广义应力，可以是正应力，也可以是切应力。它是一点沿一个方向的应力，且随时间的变化循环。

12.4 疲劳极限与 S-N 曲线

前面已经指出，材料发生疲劳破坏时，其应力一般小于材料的屈服极限。因此，静载下测定的屈服极限或强度极限不能作为交变应力作用时的强度指标。交变应力作用下的疲劳强度指标，应根据相应的国家标准（如 GB 4337—2015《金属材料疲劳试验旋转弯曲方法》或 GB 3075—2008《金属材料 疲劳试验 轴向力控制方法》），通过专门的疲劳试验进行确定。

疲劳试验时，将试样分成若干组，各组中的试样应力比 r 相同，最大应力值分别由高到低（即不同的应力水平），经过多次应力循环，直至发生疲劳破坏，记录下每根试样中的最大应力 $S_{\max}$ 以及发生破坏时所经历的应力循环次数 N（寿命）。以应力为纵坐标、应力循环次数（即寿命）为横坐标，根据试验所获得的数据绘成曲线，这条曲线称为应力-寿命曲线，简称 S-N 曲线，如图 12-8 所示。

对于钢和铸铁等黑色金属，其 S-N 曲线具有水平渐近线，即当试样承受的交变应力

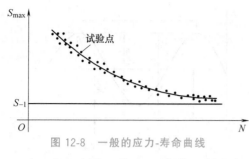

图 12-8　一般的应力-寿命曲线

的最大应力值趋向一个值时，试样可以经历无穷多次应力循环而不发生破坏。渐近线的纵坐标，为使材料经历无数次应力循环而不发生疲劳破坏的最大应力，称为疲劳极限，或称为持久极限，记为 S_r，其中下标 r 代表应力比。例如，对称循环下的疲劳极限为 S_{-1}。

对于有色金属，其 S-N 曲线一般不存在水平渐近线，也不存在疲劳极限。此时规定，对应某一指定寿命（$10^7 \sim 10^8$）交变应力的最大应力值作为疲劳强度指标，该最大应力值称为条件疲劳极限。此外，所谓"无穷多次"应力循环，在试验中是难以实现的。工程设计中通常规定，对于 S-N 曲线有水平渐进线的材料（如钢结构），若经历 10^7 次应力循环而不破坏，即认为可承受无穷多次应力循环。

12.5　影响构件疲劳极限的因素

材料的疲劳极限，一般是用光滑小试样测定的。而实际构件的疲劳极限，还与零件尺寸、应力集中程度、表面加工质量以及所承受的应力变化状况有关。

12.5.1　构件外形的影响——应力集中

构件外形的突变（如阶梯轴轴肩圆角，开孔、切槽等）将引起应力集中，应力集中不仅会导致初始疲劳裂纹的产生，而且有利于裂纹的扩展，因此会显著降低构件的疲劳极限。

对称循环应力作用下，假设光滑小试样的疲劳极限为 S_{-1}，有缺口的试样疲劳极限为 S_{-1k}，定义其比值 K_f 为有效应力集中因数，则

$$K_f = \frac{S_{-1}}{S_{-1k}} \tag{12-13}$$

式中，S 依然为广义应力记号，对正应力 K_f 记为 $K_{f\sigma}$，对切应力 K_f 记为 $K_{f\tau}$。上式表明，有效应力集中因数值越大，构件外形对疲劳极限的影响就越大。相关分析数据还表明，有效应力集中因数不仅与构件的外形有关，而且与材料相关。一般来说，材料的静载荷强度越高，有效应力集中因数 K_f 就越大。

12.5.2　构件尺寸的影响——尺寸因数

光滑小试样（直径 $7 \sim 10$mm）的疲劳极限试验结果称为"试样的疲劳极限"或"材料的疲劳极限"。试验结果表明，随着试样直径增加，疲劳极限将会下降。

构件尺寸引起疲劳极限降低的原因用图 12-9 所示尺寸不等的两个受扭试件来说明。假设试件的最大切应力相同，显然有 $\alpha_1 < \alpha_2$，则大尺寸构件中的应力沿半径方

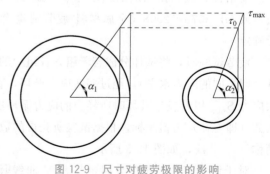

图 12-9　尺寸对疲劳极限的影响

向减小的幅度比小尺寸构件小；当切应力由最大值变化到某一数值 τ_0 时，大尺寸构件中的高应力区比小尺寸构件中的高应力区厚。相应的，大尺寸构件高应力区的晶粒（晶界、夹杂物、缺陷等）也比小尺寸构件多。所以，对于同样的最大应力值，在大尺寸构件中，疲劳裂纹形成和扩展的概率比较高。

对称循环应力作用下，零件尺寸对疲劳极限的影响用尺寸因数 ε_f 度量，为：

$$\varepsilon_f = \frac{S_{-1d}}{S_{-1}} \tag{12-14}$$

式中，S_{-1} 和 S_{-1d} 分别为光滑小试件和光滑大试件的疲劳极限。S 含义同上，对正应力 ε_f 记为 $\varepsilon_{f\sigma}$，对切应力 ε_f 记为 $\varepsilon_{f\tau}$。由于随着试件直径增加，疲劳极限将会下降，因此尺寸因数的值小于 1。

12.5.3 表面加工质量的影响——表面质量因数

零件承受弯曲或扭转时，表层应力最大，因此，表面加工质量将会直接影响裂纹的形成和扩展，从而影响零件的疲劳极限。构件表面越粗糙，疲劳极限就越低，这是因为表面的刮伤、加工痕迹更容易引起应力集中。

表面加工质量对疲劳极限的影响，用表面质量因数 β 度量，在对称循环应力作用下有

$$\beta = \frac{\sigma_{-1\beta}}{\sigma_{-1}} \tag{12-15}$$

式中，σ_{-1} 为表面磨光试件的疲劳极限；$\sigma_{-1\beta}$ 为表面为其他加工情况时试件的疲劳极限。当试件表面加工质量低于磨光试件时，$\beta<1$；反之，$\beta>1$。

上述三种影响构件疲劳极限的因数都可以从相关设计手册中查到。

12.6 疲劳强度计算与提高疲劳强度的措施

12.6.1 疲劳强度计算

本节以工程中常见的对称循环应力作用下的疲劳问题为例，简要说明疲劳强度的设计方法和提高疲劳强度的措施。

(1) 构件的疲劳极限

结合上一节关于影响构件疲劳极限因素的分析，对称循环应力作用下，构件的疲劳极限应力可表示为

$$S_{-1}^0 = \frac{\varepsilon_f \beta}{K_f} S_{-1}$$

对正应力，上式可表示为

$$\sigma_{-1}^0 = \frac{\varepsilon_{f\sigma} \beta}{K_{f\sigma}} \sigma_{-1} \tag{12-16a}$$

对于切应力，则有

$$\tau_{-1}^0 = \frac{\varepsilon_{f\tau} \beta}{K_{f\tau}} \tau_{-1} \tag{12-16b}$$

(2) 构件的疲劳强度计算

构件的疲劳强度计算与静载荷强度计算类似，强度条件也是将构件危险点的最大工作应力控制在一个许可范围内。同样，为使构件的疲劳强度具有一定的安全裕度，引入疲劳安全因数 n_f，则构件在正应力和切应力单独作用下的许用应力可分别表示为

$$[\sigma_{-1}] = \frac{\varepsilon_{f\sigma}\beta}{n_f K_{f\sigma}}\sigma_{-1} \tag{12-17a}$$

$$[\tau_{-1}] = \frac{\varepsilon_{f\tau}\beta}{n_f K_{f\tau}}\tau_{-1} \tag{12-17b}$$

其对应的强度条件可分别表示为

$$\sigma_{max} \leqslant [\sigma_{-1}] \tag{12-18a}$$

$$\tau_{max} \leqslant [\tau_{-1}] \tag{12-18b}$$

式中，σ_{max}、τ_{max} 为构件中危险点的最大工作应力。

若采用机械强度设计中的习惯，将杆件的疲劳强度条件写成安全因数的形式，有

$$n_\sigma = \frac{\varepsilon_{f\sigma}\beta}{K_{f\sigma}} \times \frac{\sigma_{-1}}{\sigma_{max}} \geqslant n_f \tag{12-19a}$$

$$n_\tau = \frac{\varepsilon_{f\tau}\beta}{K_{f\tau}} \times \frac{\tau_{-1}}{\tau_{max}} \geqslant n_f \tag{12-19b}$$

式中，n_σ、n_τ 为对称循环正应力和切应力单独作用下的工作安全因数。疲劳安全因数 n_f 又称为许用安全因数，其值可从相关设计规范中查到，在 $1.4 \sim 1.7$ 之间。

【例题 12-3】 图 12-10 所示的阶梯形圆轴，受弯曲对称循环交变应力的作用。已知 $M = 500\text{N} \cdot \text{m}$，$D = 50\text{mm}$，$d = 40\text{mm}$，$R = 2\text{mm}$；材料为高强度合金钢，强度极限 $\sigma_b = 1200\text{MPa}$，疲劳极限 $\sigma_{-1} = 450\text{MPa}$，有效集中因数 $K_{f\sigma} = 2.17$，尺寸因数 $\varepsilon_{f\sigma} = 0.755$，表面质量因数 $\beta = 0.84$，轴的表面经过精车加工。若规定的疲劳安全因数 $n_f = 1.6$，试校核其疲劳强度。

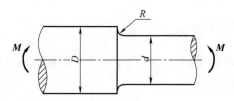

图 12-10　例题 12-3 图

解：(1) 计算最大工作应力

轴受纯弯矩作用，直径较小的轴段更危险，则最大弯矩正应力为

$$\sigma_{max} = \frac{M}{W_z} = \frac{500\text{N} \cdot \text{m} \times 32}{\pi \times 40^3 \times 10^{-9}\text{m}^3} = 79.6 \times 10^6\text{Pa} = 79.6\text{MPa}$$

(2) 疲劳强度校核

由式 (12-18a)，可得轴的工作安全因数为

$$n_\sigma = \frac{\varepsilon_{f\sigma}\beta}{K_{f\sigma}} \times \frac{\sigma_{-1}}{\sigma_{max}} = \frac{0.755 \times 0.84 \times 450\text{MPa}}{2.17 \times 79.6\text{MPa}} = 1.65 > n_f = 1.6$$

故该阶梯轴满足疲劳强度要求。

12.6.2 提高构件疲劳强度的途径

从影响构件疲劳极限的主要因素和构件的疲劳极限应力公式（12-16）可知，在不改变构件尺寸的前提下，可通过以下两个方面提高构件的疲劳极限。

(1) 减缓应力集中

应力集中是产生裂纹以及裂纹扩展的重要因素，设计时应尽量减缓应力集中。例如，增大不同截面过渡处的圆角半径；减小相邻杆段横截面的粗细差别；设置减荷槽，如图 12-11 所示；角焊缝时，尽量避免采用图 12-12（b）所示的无坡口焊缝，选用如图 12-12（a）所示的坡口焊缝等措施，均有利于减缓应力集中，从而明显地提高构件的疲劳强度。

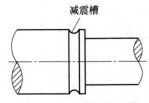

图 12-11　减荷槽的设置

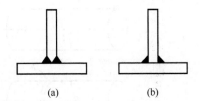

图 12-12　坡口焊缝与无坡口焊缝

(2) 提高构件表面层质量

杆件弯曲和扭转时，最大应力在杆件表层，因此疲劳裂纹大都从构件表面开始形成和扩展。可对构件表面采取一些工艺措施，提高表层强度，从而大幅提高构件的疲劳极限。

常用的加工工艺措施有表面热处理或化学处理，如表面高频淬火、渗碳、氮化和氰化等，以及冷压机械加工，如表面滚压和喷丸处理等，均有助于提高构件表层的质量。这些表面处理，一方面可以使构件表面的材料强度提高；另一方面可以在表面层中产生残留压应力，抑制疲劳裂纹的形成和扩展。不过需要注意的是，采用热处理方法时，需对工艺过程严格控制，以防止表面细微裂纹的产生，不然反而会降低构件的疲劳极限。

复习思考题

12-1　何谓静载荷？

12-2　何谓动载荷？常见的动载荷有哪几类？

12-3　何谓动荷因数？它在计算动载荷时起到什么作用？

12-4　降低冲击载荷的主要措施是什么？

12-5　何谓交变应力？

12-6　金属在疲劳破坏时有什么特点？

12-7　疲劳破坏过程可分为几个阶段？

12-8　何谓材料的 S-N 曲线？

12-9　何谓材料的疲劳极限？何谓材料的条件疲劳极限？

12-10　影响构件疲劳极限的主要因素有哪些？

12-11　提高构件疲劳极限有哪些主要措施？

12-12　构件处于对称循环的交变应力下，如何作强度校核？

习 题 ⸻⸻⸻⸻⸻⸻⸻⸻⸻⸻⸻⸻⸻⸻⸻⸻⸻

12-1 在冲击应力和变形实用计算的能量法中，因不计被冲击物的质量，所以计算结果与实际情况相比_____。

A. 冲击应力偏大，冲击变形偏小

B. 冲击应力偏小，冲击变形偏大

C. 冲击应力和变形均偏大

D. 冲击应力和变形均偏小

12-2 材料和表面加工质量相同的四根圆轴如图 12-13 所示。在相同的对称循环交变载荷作用下，_____的疲劳极限最高。

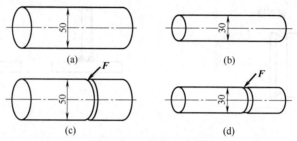

图 12-13 习题 12-2 图

12-3 材料的疲劳极限与试件的_____无关。

A. 材料   B. 变形形式   C. 循环特征   D. 最大应力

12-4 在材料、变形形式相同，且构件表面不作强化处理的条件下，比较材料的疲劳极限 σ_r 和构件的疲劳极限 (σ_r)，可知二者的大小关系是_____。

A. $\sigma_r > (\sigma_r)$ B. $\sigma_r = (\sigma_r)$ C. $\sigma_r < (\sigma_r)$ D. 以上三种情况都可能

12-5 在以下措施中，_____将会降低构件的疲劳极限。

A. 降低构件表面粗糙度

B. 增强构件表层硬度

C. 加大构件的几何尺寸

D. 减缓构件的应力集中

12-6 AD 轴以匀角速度 ω 转动。在轴的纵向对称面内，于轴线的两侧有两个重为 G 的偏心载荷，如图 12-14 所示。试求轴内最大弯矩。

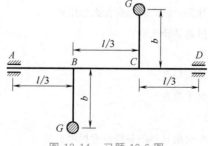

图 12-14 习题 12-6 图

12-7 图 12-15 所示的机车车轮以 $n = 300 \text{r/min}$ 的转速旋转。平行杆 AB 的横截面为矩形。$h = 5.6 \text{cm}$，$b = 2.8 \text{cm}$，长度 $l = 2 \text{m}$，$r = 25 \text{cm}$，材料的密度 $\rho = 7.8 \text{g/cm}^3$。试确定平行杆最危险的位置和

杆内最大正应力。

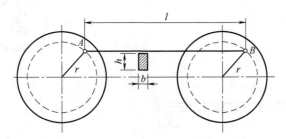

图 12-15 习题 12-7 图

12-8 如图 12-16 所示，重量为 G 的重物自高度 H 下落冲击梁上的 C 点。设梁的 EI 及抗弯截面系数 W 皆为已知量，试求梁内最大正应力及梁跨度中点的挠度。

12-9 图 12-17 所示的 AB 杆下端固定，长度为 l，在 C 点受到沿水平运动的物体 G 冲击。物体的重量为 G，其与杆件接触时的速度为 v。设杆件的 EI 及 W 皆为已知量，试求 AB 杆的最大应力。

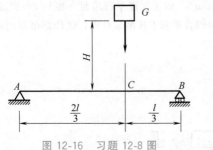

图 12-16 习题 12-8 图

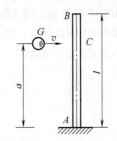

图 12-17 习题 12-9 图

12-10 四根直径 $d=300\text{mm}$ 的木桩，连接在一起构成桩束，竖直打入河底，如图 12-18 所示。已知桩束在距河底高为 2m 处受到一重量 $G=18\text{kN}$ 的冰块冲击，冰块的流速 $v=0.5\text{m/s}$，桩束横截面的惯性矩 $I=79.5\times10^8\text{mm}^4$，木材的弹性模量 $E=12\text{GPa}$，许用应力 $[\sigma]=10\text{MPa}$。河底的土壤坚实，可认为桩在河底端为固定端。试计算桩内的最大冲击应力（计算时可不计桩的自重）。

12-11 钢制圆轴 AB 上装有一开孔的匀质圆盘，如图 12-19 所示。圆盘厚度为 δ，孔直径为 300mm。圆盘和轴一起以匀角速度 ω 转动。已知 $\delta=30\text{mm}$，$a=1000\text{mm}$，$e=300\text{mm}$；轴直径 $d=120\text{mm}$，$\omega=40\text{rad/s}$；圆盘材料密度 $\rho=7.8\times10^3\text{kg/m}^3$。试求由于开孔引起的轴内最大弯曲正应力［提示：可以将圆盘上的孔作为一负质量 $(-m)$，计算由这一负质量引起的惯性力］。

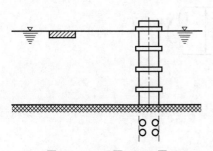

图 12-18 习题 12-10 图

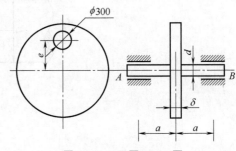

图 12-19 习题 12-11 图

12-12 图 12-20 所示的结构中，重为 G 的重物 C 可以绕 A 轴（垂直于纸面）转动；重物在铅垂位置时，具有水平速度 v，然后冲击到 AB 梁的中点。梁的长度为 l，材料的弹性模量为 E，梁横截面的惯性矩为 I，弯曲截面系数为 W。如果 l、E、I、W、v 等均为已知，试求梁内的最大弯曲正应力。

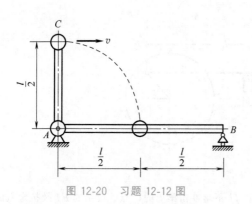

图 12-20 习题 12-12 图

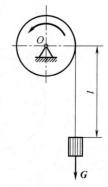

图 12-21 习题 12-13 图

12-13 如图 12-21 所示,绞车起吊重为 $G = 50\text{kN}$ 的重物,以等速度 $v = 1.6\text{m/s}$ 下降。当重物与绞车之间的钢索长度 $l = 240\text{m}$ 时,突然刹住绞车。若钢索横截面面积 $A = 1000\text{mm}^2$,$E = 210\text{GPa}$。试求钢索内的最大正应力(不计钢索自重)。

12-14 如图 12-22 所示,用两根相同吊索,以 $a = 10\text{m/s}^2$ 的加速度平行吊起一根长 $l = 12\text{m}$ 的 14 工字钢。已知吊索横截面面积 $A = 72\text{mm}^2$。若只考虑工字钢自重而不计吊索自重,试计算吊索内的动荷应力与工字钢内的最大动荷应力。

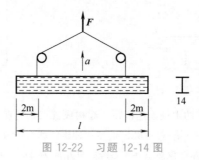

图 12-22 习题 12-14 图

12-15 一阶梯形圆轴如图 12-23 所示,受弯曲对称循环交变应力的作用。已知轴的表面经过精车加工,材料为高强度合金钢,其强度极限 $\sigma_b = 1000\text{MPa}$,疲劳极限 $\sigma_{-1} = 550\text{MPa}$;$M = 1.2\text{kN·m}$;$D = 60\text{mm}$,$d = 50\text{mm}$,$R = 5\text{mm}$。若规定的疲劳安全因数 $n_f = 1.7$,试校核其疲劳强度。(附:有效集中因数 $k_{f\sigma} = 1.55$,尺寸因数 $\varepsilon_{f\sigma} = 0.72$,表面质量因数 $\beta = 0.84$)

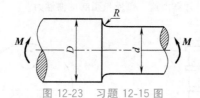

图 12-23 习题 12-15 图

习 题 答 案

第 1 章

1-1 D

1-2 B

1-3 B

1-4 C

1-5 C

第 2 章

2-1 略

2-2 (a) AB 段轴力 $F_{N1}=50$kN；

　　　BC 段轴力 $F_{N2}=80$kN；

　　(b) AB 段轴力 $F_{N1}=40$kN；

　　　BC 段轴力 $F_{N2}=-80$kN

2-3 (a) $F_N=25$kN；(b) $F_N=20$kN

2-4 (a) $|M_x|_{max}=2M_e$；　(b) $|M_x|_{max}=3M_e$；　(c) $|M_x|_{max}=50$N・m；　(d)
　　$|M_x|_{max}=34$N・m

2-5 $|T|_{max}=2006$N・m

2-6 (a) $F_{QA+}=-6$kN，$M_{A+}=0$，$F_{QB_-}=-4$kN，$M_{B_-}=-22$kN・m；

　　(b) $F_{QC_-}=0$，$M_{C_-}=-2ql^2$，$F_{QC+}=0$，$M_{C+}=ql^2$；

　　(c) $F_{QA+}=-5F$，$M_{A+}=2Fl$，$F_{QB_-}=-5F$，$M_{B_-}=-\dfrac{Fl}{2}$，$F_{QB+}=F$，

　　　$M_{B_-}=-\dfrac{Fl}{2}$；

　　(d) $F_{QC+}=\dfrac{ql}{4}$，$M_{C+}=\dfrac{3ql^2}{4}$，$F_{QB_-}=\dfrac{ql}{4}$，$M_{B_-}=ql^2$

2-7 $|F_Q|_{max}=ql$；$|M|_{max}=ql^2$

2-8 $|F_Q|_{max}=25$kN；$|M|_{max}=60$kN・m

2-9 $|F_Q|_{max}=20$kN；$|M|_{max}=40$kN・m

2-10 (a) $|F_Q|_{max}=\dfrac{2M_e}{l}$，$|M|_{max}=2M_e$；

　　　(b) $|F_Q|_{max}=\dfrac{1}{2}ql$，$|M|_{max}=\dfrac{ql^2}{8}$；

　　　(c) $|F_Q|_{max}=\dfrac{5ql}{4}$，$|M|_{max}=ql^2$；

　　　(d) $|F_Q|_{max}=\dfrac{3ql}{4}$，$|M|_{max}=\dfrac{9ql^2}{32}$

2-11　(a)　$|F_Q|_{max}=4kN$，$|M|_{max}=6kN \cdot m$；

　　　(b)　$|F_Q|_{max}=0$，$|M|_{max}=2ql^2$；

　　　(c)　$|F_Q|_{max}=\dfrac{3ql}{4}$，$|M|_{max}=ql^2$；

　　　(d)　$|F_Q|_{max}=6kN$，$|M|_{max}=8kN \cdot m$

2-12　(a)　$M_{max}=\dfrac{Fl}{4}$；(b)　$M_{max}=\dfrac{Fl}{6}$；(c)　$M_{max}=\dfrac{Fl}{6}$；(d)　$M_{max}=\dfrac{Fl}{8}$

2-13　(a)　$|F_Q|_{max}=\dfrac{M}{l}$，$|M|_{max}=3M$；

　　　(b)　$|F_Q|_{max}=\dfrac{5ql}{4}$，$|M|_{max}=\dfrac{41}{32}ql^2$；

　　　(c)　$|F_Q|_{max}=ql$，$|M|_{max}=\dfrac{5}{2}ql^2$；

　　　(d)　$|F_Q|_{max}=\dfrac{5ql}{4}$，$|M|_{max}=\dfrac{25ql^2}{32}$

2-14　③

2-15　略

2-16　略

第3章

3-1　C

3-2　B

3-3　A

3-4　B

3-5　C

3-6　C

3-7　B

3-8　D

3-9　$E=70GPa$，$\nu=0.33$

3-10　$F=61.6kN$

3-11　2 杆 $\sigma=12.5MPa<[\sigma_w]$；3 杆 $\sigma=104.2MPa<[\sigma_s]$，安全

3-12　$\Delta l=1.5mm$（伸长）

3-13　$\delta=26.4\%$，$\psi=65.2\%$，塑性材料

3-14　①$d \geqslant 17.8mm$；②$d \geqslant 32.9mm$；③$d \geqslant 25.2mm$

3-15　$d_1 \geqslant 6.51mm$，$d_2 \geqslant 9.95mm$

3-16　$\sigma=218MPa<[\sigma]$

3-17　$\sigma=30MPa<[\sigma]$

第4章

4-1　D

4-2　D

4-3　B

4-4　$y_C=0$，$z_C=1.667$cm

4-5　(a) $S_y=0.32bh^2$；(b) $S_y=\dfrac{B(H^2-h^2)}{8}+\dfrac{bh^2}{8}$

4-6　①$y_C=0.275$m，$S_{z_0}=-0.02$m^3；②大小相等，正负相反

4-7　(a) $I_{yC}=I_{zC}=1630\times10^4$mm^4；(b) $I_{yC}=I_{zC}=5358\times10^4$mm^4

4-8　(a) $I_y=1210\times10^4$mm^4，$I_{yz}=0$；(b) $I_y=1172\times10^4$mm^4，$I_{yz}=0$

4-9　(a) $I_{yC}=1.79\times10^6$mm^4，$I_{zC}=5.84\times10^6$mm^4；

　　(b) $I_{yC}=1.67\times10^6$mm^4，$I_{zC}=4.24\times10^6$mm^4

第 5 章

5-1　A

5-2　C

5-3　D

5-4　B

5-5　$\tau_A=16.8$MPa，$\tau_{max}=25.2$MPa，$\tau_{min}=12.6$MPa

5-6　$D=315$mm，空心轴的质量是实心轴的 71%

5-7　①$\tau_{max}=35.1$MPa；②$\varphi_{CA}=0.202°$；③$\varphi_{CB}=0.101°$

5-8　①$\tau_{max}=47.2$MPa；②6.25%；③6.62%

5-9　$\tau_{max}=71.3$MPa$\leqslant[\tau]$，故安全

5-10　$\tau_1=48.9$MPa，$\tau_2=74.2$MPa

5-11　①$|M_x|_{max}=700$N·m；②$d\geqslant35.5$mm；③不合理

5-12　①提示：因为是薄壁，所以圆环截面上的剪应力可以认为沿壁厚均匀分布；

　　　②提示：狭长矩形扭转剪应力公式

第 6 章

6-1　图(a)

6-2　A

6-3　图(c)

6-4　B

6-5　①$\sigma_K=-77.1$MPa；

　　②$\sigma_{max}=115.7$MPa，截面的上（下）边缘处；

　　③$\sigma_{max}=154.3$MPa，跨中截面的上（下）边缘处

6-6　截面平放时梁内的最大正应力为 31.3MPa，竖放时梁内的最大正应力为 15.6MPa

　　$\dfrac{\sigma_{max(平放)}}{\sigma_{max(竖放)}}\approx2.0$

6-7　$D=67$mm

6-8 $\sigma_{max}=147.7\text{MPa}<[\sigma]=160\text{MPa}$

6-9 $\sigma_{tmax}=45\text{MPa}<[\sigma_t]$，$\sigma_{cmax}=105\text{MPa}<[\sigma_c]$

6-10 AB 段中点；$b=139\text{mm}$，$h=209\text{mm}$

6-11 $a=3.93\text{m}$，$\sigma_{max}=49.7\text{MPa}$，安全

6-12 25b 工字钢

6-13 $\sigma=42\text{MPa}=[\sigma_t]$

6-14 $\sigma_A=-6\text{MPa}$，$\sigma_B=-1\text{MPa}$，$\sigma_C=11\text{MPa}$，$\sigma_D=6\text{MPa}$

6-15 ①$h=2b\geqslant71.1\text{mm}$；②$d\geqslant52.4\text{mm}$

6-16 $\sigma_{max}=168\text{MPa}$

6-17 ①$\sigma_A=\sigma_B=-16\text{MPa}$；

　　　②$\sigma_A=-30.6\text{MPa}$，$\sigma_B=9.4\text{MPa}$；

　　　③$\sigma_A=25.34\text{MPa}$，$\sigma_B=14.7\text{MPa}$

6-18 ①略；②$\sigma_{tmax}=114.35\text{MPa}$，$\sigma_{cmax}=133.11\text{MPa}$；③$\tau_{max}=11.94\text{MPa}$

6-19 ①$F_{QA}=224\text{N}$；②$F_{QB}=658\text{N}$

6-20 略

6-21 $\sigma_A=8.83\text{MPa}$，$\sigma_B=3.83\text{MPa}$，$\sigma_C=-12.17\text{MPa}$，$\sigma_D=-7.17\text{MPa}$

第 7 章

7-1 A

7-2 B

7-3 D

7-4 B

7-5 略

7-6 $\sigma_1=10.66\text{MPa}$，$\sigma_2=0$，$\sigma_3=-0.06\text{MPa}$，$\alpha_0=4.73°$

7-7 (a) $\sigma_a=-19.64\text{MPa}$，$\tau_a=5.98\text{MPa}$；

　　　(b) $\sigma_a=42.32\text{MPa}$，$\tau_a=-1.34\text{MPa}$；

　　　(c) $\sigma_a=2.99\text{MPa}$，$\tau_a=-24.8\text{MPa}$

7-8 1 点：$\sigma_1=\sigma_2=0$，$\sigma_3=-120\text{MPa}$；

　　　2 点：$\sigma_1=36\text{MPa}$，$\sigma_2=0$，$\sigma_3=-36\text{MPa}$；

　　　3 点：$\sigma_1=70.3\text{MPa}$，$\sigma_2=0$，$\sigma_3=-10.3\text{MPa}$；

　　　4 点：$\sigma_1=120\text{MPa}$，$\sigma_2=\sigma_3=0$

7-9 $\sigma_x=-33.3\text{MPa}$，$\tau_{xy}=-57.7\text{MPa}$

7-10 $\sigma_1=90\text{MPa}$，$\sigma_2=0$，$\sigma_3=-10\text{MPa}$，$\tau'_{max}=\tau_{max}=50\text{MPa}$

7-11 $G=\dfrac{E}{2(1+\nu)}$

7-12 (a) $\sigma_1=70\text{MPa}$，$\sigma_2=0$，$\sigma_3=-30\text{MPa}$，$\tau_{max}=50\text{MPa}$；

　　　(b) $\sigma_1=90\text{MPa}$，$\sigma_2=60\text{MPa}$，$\sigma_3=-60\text{MPa}$，$\tau_{max}=75\text{MPa}$；

　　　(c) $\sigma_1=70\text{MPa}$，$\sigma_2=57.7\text{MPa}$，$\sigma_3=-27.7\text{MPa}$，$\tau_{max}=48.9\text{MPa}$

7-13 ①$\sigma_1=150\text{MPa}$，$\sigma_2=75\text{MPa}$，$\sigma_3=0$，$\tau_{max}=75\text{MPa}$；

②$\sigma_\alpha = 131\text{MPa}$，$\tau_\alpha = -32.5\text{MPa}$；

7-14 ①$\sigma_x = 63.7\text{MPa}$，$\sigma_y = 0$，$\tau_{xy} = -76.4\text{MPa}$；

②$\sigma_{30°} = 114\text{MPa}$，$\sigma_{120°} = -50.3\text{MPa}$，$\tau_{30°} = -10.6\text{MPa}$；

③$\sigma_1 = 114.6\text{MPa}$，$\sigma_2 = 0$，$\sigma_3 = -51\text{MPa}$，$\alpha_0 = 33.69°$；

7-15 $\sigma_x = 80\text{MPa}$，$\sigma_y = 0$

7-16 $\sigma_y = 7\text{MPa}$，$\tau = 27\text{MPa}$

第 8 章

8-1 D

8-2 B

8-3 A

8-4 A

8-5 B

8-6 B

8-7 (1) $\sigma_{r3} = 150\text{MPa}$；

(2) $\sigma_{r1} = 28\text{MPa}$

8-8 ①$\sigma_{r3} = 126.5\text{MPa}$，$\sigma_{r4} = 111.4\text{MPa}$；

②$\sigma_{r3} = 113.1\text{MPa}$，$\sigma_{r4} = 105.8\text{MPa}$；

③$\sigma_{r3} = 80\text{MPa}$，$\sigma_{r4} = 70\text{MPa}$；

④$\sigma_{r3} = 100\text{MPa}$，$\sigma_{r4} = 86.6\text{MPa}$

8-9 ①$n_s = 2.08$；

②$n_s = 2.25$

8-10 ①$\sigma_x = 40\text{MPa}$，$\sigma_t = 80\text{MPa}$，$p = 3.2\text{MPa}$；②$\sigma_{r4} = 72.1\text{MPa} < [\sigma]$

8-11 $\sigma_{max} = 79.1\text{MPa}$

8-12 $\sigma_{max} = 121\text{MPa}$，超过许用应力 0.75%，仍可使用

8-13 $\sigma_{r3} = 72.1\text{MPa} > [\sigma]$，未超过 5%，仍然安全

8-14 挖一侧时，$\sigma_{max} = 162.9\text{MPa}$，$\sigma_{min} = 94\text{MPa}$；挖中空时，可控宽度为 $x = 38.6\text{mm}$

8-15 $\sigma_{r3} = 58.3\text{MPa} < [\sigma]$

8-16 $d = 60\text{mm}$

8-17 $\sigma_{max}^+ = 85.8\text{MPa}$，$\sigma_{max}^- = -152\text{MPa}$，不安全

8-18 $\sqrt{\left(\dfrac{4F}{\pi d^2}\right)^2 + 3 \times \left(\dfrac{16M}{\pi d^3}\right)^2} \leqslant [\sigma]$

8-19 点 a：$\sigma_{r4} = 40.52\text{MPa}$；点 b：$\sigma_{r4} = 39.25\text{MPa}$

8-20 $\tau = 99.5\text{MPa} < [\tau]$，$\sigma_{bs} = 125\text{MPa} < [\sigma_{bs}]$，$\sigma_{max} = 125\text{MPa} < [\sigma]$

8-21 134kN

第 9 章

9-1 B

9-2 B

9-3　D

9-4　$d_1 \geqslant 82.4\text{mm}$，$d_2 \geqslant 61.8\text{mm}$

9-5　由强度条件得 $d_1 \geqslant 63.3\text{mm}$；由刚度条件得 $d_2 \geqslant 68.4\text{mm}$；$\varphi_{AD} = 7.9 \times 10^{-3}\text{rad}$

9-6　(a) $x = a$，$w = 0$；$x = 3a$，$w = 0$

　　(b) $x = a$，$w = 0$；$x = 3a$，$w = 0$

　　(c) $x = 0$，$w = 0$；$x = l$，$w = \dfrac{F_B l_1}{EA_1}$

　　(d) $x = l$，$w = 0$，$\theta_B = 0$

9-7　$(0 \leqslant x < a)$：
$$\left. \begin{array}{l} \theta_1 = \dfrac{M_e}{6EIl}(l^2 - 3b^2 - 3x^2) \\[2mm] w_1 = \dfrac{M_e}{6EIl}(l^2 x - 3b^2 x - x^3) \end{array} \right\}$$

　　$(a < x \leqslant a+b)$：
$$\left. \begin{array}{l} \theta_2 = \dfrac{M_e}{6EIl}\left[-3x^2 + 6l(x-a) + (l^2 - 3b^2)\right] \\[2mm] w_2 = \dfrac{M_e}{6EIl}\left[-x^3 + 3l(x-a)^2 + (l^2 - 3b^2)x\right] \end{array} \right\}$$

9-8　$w_A = \dfrac{5}{24}\dfrac{qa^4}{EI}$（↓），$\theta_B = \dfrac{qa^3}{12EI}$（顺）

9-9　$F_B = \dfrac{7}{4}F$（↑），$F_{cy} = \dfrac{3}{4}F$（↓），$M_c = \dfrac{Fl}{2}$（逆）

9-10　$C_{左}$：$\tau_{max} = 78.7\text{MPa}$，$C_{右}$：$\tau_{max} = 39.4\text{MPa}$，$\varphi_{CA} = 0.938°$

9-11　$x = \dfrac{5b}{6}$

9-12　$x = \dfrac{E_2 A_2}{E_1 A_1 + E_2 A_2}l$

9-13　$F_{N1} = -17.5\text{kN}$，$F_{N2} = 12.5\text{kN}$，$F_{N3} = 2.5\text{kN}$，$\sigma_{max} = -43.75\text{MPa}$

9-14　(a) $F_{QA} = F_{QB} = -\dfrac{9M_e}{8l}$，$M_A = \dfrac{M_e}{8}$，$M_C = -\dfrac{7}{16}M_e$；

　　(b) $F_{QA} = F_{QC} = \dfrac{3ql}{32}$，$F_{QB} = -\dfrac{13ql}{32}$，$M_A = -\dfrac{5ql^2}{192}$，$M_B = -\dfrac{11ql^2}{192}$

　　$M_C = \dfrac{ql^2}{48}$，$M_{max} = 0.0252ql^2$（离支座 B：$\dfrac{13}{32}l$）

9-15　$F_{QA} = 71.3\text{kN}$，$F_{QB} = -8.75\text{kN}$，$F_{QC} = -48.8\text{kN}$；$M_A = -125\text{kN}\cdot\text{m}$，

　　$M_B = 0$，$M_C = -115\text{kN}\cdot\text{m}$

　　$M_{max} = 1.91\text{kN}\cdot\text{m}$（$x = \dfrac{57}{16}\text{m 处}$）

9-16　$|M|_{max} = 0.125qa^2$

9-17　$w_O = \dfrac{Fl^3}{3EI}$（↓）

9-18　$I_z \geqslant 4.6 \times 10^4\text{cm}^4$

9-19　$d \geqslant 0.01115\text{m}$，取 $d = 112\text{mm}$

9-20　$\theta_\text{C}=\dfrac{3F_\text{P}a^2}{2EI}$（逆时针），$w_\text{C}=\dfrac{4Fa^3}{3EI}$（↓）；$\theta_\text{D}=0$，$w_\text{D}=\dfrac{Fa^3}{2EI}$（↑）

9-21　$\theta_\text{B}=\dfrac{73ql^3}{128EI}$，$w_\text{B}=\dfrac{2399ql^4}{6144EI}$，$w_\text{C}=\dfrac{97ql^4}{768EI}$

第 10 章

10-1　B

10-2　B

10-3　D

10-4　A

10-5　(d)

10-6　$n=3.15$，安全

10-7　①$F_\text{cr}=269.4\text{kN}$；

　　　②$F_\text{N,AB}=113.6\text{kN}<\dfrac{F_\text{cr}}{n_\text{st}}=\dfrac{269.4}{2}\text{kN}=134.7\text{kN}$，安全

10-8　①$F_\text{cr}=39.7\text{kN}$；②$F_\text{cr}=13.77\text{kN}$；③$F_\text{cr}=481.95\text{kN}$

10-9　①$[F]=119.6\text{kN}$；②$[F]=225.6\text{kN}$，结构承载能力是原结构的 1.89 倍

10-10　$[q]=5.59\text{kN/m}$

10-11　①$[F_\text{P}]=170.6\text{kN}$；②$[F_\text{P}]=64.25\text{kN}$

10-12　梁的安全因数：$[n_\text{st}]=1.78$，柱的安全因数：$[n_\text{st}]=2.43$

10-13　$F_\text{cr}=373.1\text{kN}$

10-14　$[F]=51.5\text{kN}$

10-15　$n=4.31>n_\text{st}$，安全

第 11 章

11-1　C

11-2　A

11-3　图 (a)

11-4　图 (c)

11-5　(a) $U=\dfrac{3F^2l}{4EA}$；(b) $U=\dfrac{M^2l}{18EI}$

11-6　$V_\varepsilon=\dfrac{16m_\text{e}^2l^3}{3\pi Gd^4}$

11-7　$V_\varepsilon=\dfrac{q^2l^5}{40EI}$

11-8　$U=60.4\text{N}\cdot\text{m}$

11-9　(a) $w_\text{B}=\dfrac{7qa^4}{24EI}$（↓），$\theta_\text{B}=\dfrac{qa^3}{6EI}$（顺）；

　　　(b) $w_\text{B}=\dfrac{19Fl^3}{48}$（↑），$\theta_\text{B}=-\dfrac{7Fl^2}{8EI}$（逆）

11-10　(a)　$w_A = \dfrac{5Fl^3}{6EI}$ （↓），$\theta_B = -\dfrac{Fl^2}{EI}$ （顺）；

　　　(b)　$w_A = -\dfrac{Ml^2}{4EI}$ （↑），$\theta_B = -\dfrac{5Ml}{12EI}$ （顺）；

　　　(c)　$w_A = \dfrac{29ql^4}{384EI}$ （↓），$\theta_B = \dfrac{5ql^2}{24EI}$ （顺）；

　　　(d)　$w_A = \dfrac{7ql^4}{3EI}$ （↓），$\theta_B = \dfrac{3ql^3}{2EI}$ （逆）

11-11　$w_B = \dfrac{5Fa^3}{6EI}$ （↓）；$\theta_B = \dfrac{4Fa^2}{3EI}$ （顺）

11-12　$w_B = \dfrac{5Fa^3}{6EI}$ （↓），$\theta_A = \dfrac{Fa^2}{EI}$ （顺时针）

第 12 章

12-1　C

12-2　图(b)

12-3　D

12-4　A

12-5　C

12-6　$M_{dmax} = \dfrac{Gl}{3}\left(1 + \dfrac{b\omega^2}{3g}\right)$

12-7　$\sigma_{dmax} = 107\text{MPa}$

12-8　$\sigma_{dmax} = \dfrac{2Gl}{9W}\left(1 + \sqrt{1 + \dfrac{243EIH}{2Gl^3}}\right)$，$f_{\frac{1}{2}} = \dfrac{23Gl^3}{1296EI}\left(1 + \sqrt{1 + \dfrac{243EIH}{2Gl^3}}\right)$

12-9　$\sigma_{dmax} = \sqrt{\dfrac{3EIv^2G}{gaW^2}}$

12-10　$\sigma_{dmax} = 9.7\text{MPa} < [\sigma] = 10\text{MPa}$

12-11　$\sigma_{Imax} = 67.2\text{MPa}$

12-12　$\sigma_{dmax} = \dfrac{Gl}{4W}\left[1 + \sqrt{1 + \dfrac{48EI(v^2 + gl)}{gGl^3}}\right]$

12-13　$\sigma_{Imax} = 157\text{MPa}$

12-14　吊索：$\sigma_d = 27.9\text{MPa}$；工字钢：$\sigma_{dmax} = 19.67\text{MPa}$

12-15　$\sigma_{max} = 97.76\text{MPa} < [\sigma_{-1}] = 130.7\text{MPa}$

附录 型钢规格表

附表 1 热轧等边角钢 (GB/T 706—2016)

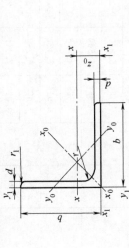

符号意义:
b——边宽度;
d——边厚度;
I——惯性矩;
i——惯性半径;

r_1——边端内圆弧半径;
z_0——重心距离;
r——内圆弧半径;
W——弯曲截面系数。

角钢号数	尺寸/mm b	d	r	截面面积/cm²	理论重量/(kg/m)	外表面积/(m²/m)	$x-x$ I_x/cm⁴	i_x/cm	W_x/cm³	x_0-x_0 I_{x0}/cm⁴	i_{x0}/cm	W_{x0}/cm³	y_0-y_0 I_{y0}/cm⁴	i_{y0}/cm	W_{y0}/cm³	x_1-x_1 I_{x1}/cm⁴	z_0/cm
2	20	3	3.5	1.132	0.889	0.078	0.40	0.59	0.29	0.63	0.75	0.45	0.17	0.39	0.20	0.81	0.60
		4		1.459	1.145	0.077	0.50	0.58	0.36	0.78	0.73	0.55	0.22	0.38	0.24	1.09	0.64
2.5	25	3	3.5	1.432	1.124	0.098	0.82	0.76	0.46	1.29	0.95	0.73	0.34	0.49	0.33	1.57	0.73
		4		1.859	1.459	0.097	1.03	0.74	0.59	0.62	0.93	0.92	0.43	0.48	0.40	2.11	0.76
3.0	30	3	4.5	1.749	1.373	0.117	1.46	0.91	0.68	2.31	1.15	1.09	0.61	0.59	0.51	2.71	0.85
		4		2.276	1.786	0.117	1.84	0.90	0.87	2.92	1.13	1.37	0.77	0.58	0.62	3.63	0.89
3.6	36	3	4.5	2.109	1.656	0.141	2.58	1.11	0.99	4.09	1.39	1.61	1.07	0.71	0.76	4.68	1.00
		4		2.756	2.163	0.141	3.29	1.09	1.28	5.22	1.38	2.05	1.37	0.70	0.93	6.25	1.04
		5		3.382	2.654	0.141	3.95	1.08	1.56	6.24	1.36	2.45	1.65	0.70	1.09	7.84	1.07
4.0	40	3	5.0	2.359	1.852	0.157	3.59	1.23	1.23	5.69	1.55	2.01	1.49	0.79	0.96	6.41	1.09
		4		3.086	2.422	0.157	4.60	1.22	1.60	7.29	1.54	2.58	1.91	0.79	1.19	8.56	1.13
		5		3.791	2.976	0.156	5.53	1.21	1.96	8.76	1.52	3.10	2.30	0.78	1.39	10.74	1.17

参考数值

材料力学

角钢号数	尺寸/mm b	尺寸/mm d	尺寸/mm r	截面面积/cm²	理论重量/(kg/m)	外表面积/(m²/m)	参考数值 $x-x$ I_x/cm⁴	$x-x$ i_x/cm	$x-x$ W_x/cm³	x_0-x_0 I_{x0}/cm⁴	x_0-x_0 i_{x0}/cm	x_0-x_0 W_{x0}/cm³	y_0-y_0 I_{y0}/cm⁴	y_0-y_0 i_{y0}/cm	y_0-y_0 W_{y0}/cm³	x_1-x_1 I_{x1}/cm⁴	z_0/cm
4.5	45	3	5.0	2.659	2.088	0.177	5.17	1.40	1.58	8.20	1.76	2.58	2.14	0.90	1.24	9.12	1.22
		4		3.486	2.736	0.177	6.65	1.38	2.05	10.56	1.74	3.32	2.75	0.89	1.54	12.18	1.26
		5		4.292	3.369	0.176	8.04	1.37	2.51	12.74	1.72	4.00	3.33	0.88	1.81	15.25	1.30
		6		5.076	3.985	0.176	9.33	1.36	2.95	14.76	1.70	4.64	3.89	0.88	2.06	18.36	1.33
5.0	50	3	5.5	2.971	2.332	0.197	7.18	1.55	1.96	11.37	1.96	3.22	2.98	1.00	1.57	12.50	1.34
		4		3.897	3.059	0.197	9.26	1.54	2.56	14.70	1.94	4.16	3.82	0.99	1.96	16.69	1.38
		5		4.803	3.770	0.196	11.21	1.53	3.13	17.79	1.92	5.03	4.64	0.98	2.13	20.90	1.42
		6		5.688	4.465	0.196	13.05	1.52	3.68	20.68	1.91	5.85	5.42	0.98	2.63	25.14	1.46
5.6	56	3	6.0	3.343	2.624	0.221	10.19	1.75	2.48	16.14	2.20	4.08	4.24	1.13	2.02	17.56	1.48
		4		4.390	3.446	0.220	13.18	1.73	3.24	20.92	2.18	5.28	5.46	1.11	2.52	23.43	1.53
		5		5.415	4.251	0.220	16.02	1.72	3.97	25.42	2.17	6.42	6.61	1.10	2.98	29.33	1.57
		6		6.420	5.040	0.220	18.69	1.71	4.68	29.66	2.15	7.49	7.73	1.10	3.40	35.26	1.61
		7		7.404	5.812	0.219	21.23	1.69	5.36	33.63	2.13	8.49	8.82	1.09	3.80	41.23	1.64
		8		8.367	6.568	0.219	23.63	1.68	6.03	37.37	2.11	9.44	9.89	1.09	4.16	47.24	1.68
6.0	60	5	6.5	5.829	4.576	0.236	19.89	1.85	4.59	31.57	2.33	7.44	8.21	1.19	3.48	36.05	1.67
		6		6.914	5.427	0.235	23.25	1.83	5.41	36.89	2.31	8.70	9.60	1.18	3.98	43.33	1.70
		7		7.977	6.262	0.235	26.44	1.82	6.21	41.92	2.29	9.88	10.96	1.17	4.45	50.65	1.74
		8		9.020	7.081	0.235	29.47	1.81	6.98	46.66	2.27	11.00	12.28	1.17	4.88	58.02	1.78
6.3	63	4	7.0	4.978	3.907	0.248	19.03	1.96	4.13	30.17	2.46	6.78	7.89	1.26	3.29	33.35	1.70
		5		6.143	4.822	0.248	23.17	1.94	5.08	36.77	2.45	8.25	9.57	1.25	3.90	41.73	1.74
		6		7.288	5.721	0.247	27.12	1.93	6.00	43.03	2.43	9.66	11.20	1.24	4.46	50.14	1.78
		7		8.412	6.603	0.247	30.87	1.92	6.88	48.96	2.41	10.99	12.79	1.23	4.98	58.60	1.82

角钢号数	尺寸/mm b	d	r	截面面积/cm²	理论重量/(kg/m)	外表面积/(m²/m)	参考数值 x-x Ix/cm⁴	ix/cm	Wx/cm³	x0-x0 Ix0/cm⁴	ix0/cm	Wx0/cm³	y0-y0 Iy0/cm⁴	iy0/cm	Wy0/cm³	x1-x1 Ix1/cm⁴	z0/cm
6.3	63	8	7.0	9.515	7.469	0.247	34.46	1.90	7.75	54.56	2.40	12.25	14.33	1.23	5.47	67.11	1.85
		10		11.657	9.151	0.246	41.09	1.88	9.39	64.85	2.36	14.56	17.33	1.22	6.36	84.31	1.93
7.0	70	4	8.0	5.570	4.372	0.275	26.39	2.18	5.14	41.80	2.74	8.44	10.99	1.40	4.17	45.74	1.86
		5		6.875	5.397	0.275	32.21	2.16	6.32	51.08	2.73	10.32	13.34	1.39	4.95	57.21	1.91
		6		8.160	6.406	0.275	37.77	2.15	7.48	59.93	2.71	12.11	15.61	1.38	5.67	68.73	1.95
		7		9.424	7.398	0.275	43.09	2.14	8.59	68.35	2.69	13.81	17.82	1.38	6.34	80.29	1.99
		8		10.667	8.373	0.274	48.17	2.12	9.68	76.37	2.68	15.43	19.98	1.37	6.98	91.92	2.03
7.5	75	5	9.0	7.412	5.818	0.295	39.97	2.33	7.32	63.30	2.92	11.94	16.63	1.50	5.77	70.56	2.04
		6		8.797	6.905	0.294	46.95	2.31	8.64	74.38	2.90	14.02	19.51	1.49	6.67	84.55	2.07
		7		10.160	7.976	0.294	53.57	2.30	9.93	84.96	2.89	16.02	22.18	1.48	7.44	98.71	2.11
		8		11.503	9.030	0.294	59.96	2.28	11.20	95.07	2.88	17.93	24.86	1.47	8.19	112.97	2.15
		9		12.825	10.068	0.294	66.10	2.27	12.43	104.71	2.86	19.75	27.48	1.46	8.89	127.30	2.18
		10		14.126	11.089	0.293	71.98	2.26	13.64	113.92	2.84	21.48	30.05	1.46	9.56	141.71	2.22
8.0	80	5	9.0	7.912	6.211	0.315	48.79	2.48	8.34	77.33	3.13	13.67	20.25	1.60	6.66	85.36	2.15
		6		9.397	7.376	0.314	57.35	2.47	9.87	90.98	3.11	16.08	23.72	1.59	7.65	102.50	2.19
		7		10.860	8.525	0.314	65.58	2.46	11.37	104.07	3.10	18.40	27.09	1.58	8.58	119.70	2.23
		8		12.303	9.658	0.314	73.49	2.44	12.83	116.60	3.08	20.61	30.39	1.57	9.46	136.97	2.27
		9		13.725	10.774	0.314	81.11	2.43	14.25	128.60	3.06	22.73	33.61	1.56	10.29	154.31	2.31
		10		15.126	11.874	0.313	88.43	2.42	15.64	140.09	3.04	24.76	36.77	1.56	11.08	171.74	2.35
9.0	90	6	10	10.637	8.350	0.354	82.77	2.79	12.61	131.26	3.51	20.63	34.28	1.80	9.95	145.87	2.44
		7		12.301	9.656	0.354	94.83	2.78	14.54	150.47	3.50	23.64	39.18	1.78	11.19	170.30	2.48
		8		13.944	10.946	0.353	106.47	2.76	16.42	168.97	3.48	26.55	43.97	1.78	12.35	194.80	2.52

角钢号数	尺寸/mm b	d	r	截面面积/cm²	理论重量/(kg/m)	外表面积/(m²/m)	$x-x$ I_x/cm⁴	i_x/cm	W_x/cm³	x_0-x_0 I_{x0}/cm⁴	i_{x0}/cm	W_{x0}/cm³	y_0-y_0 I_{y0}/cm⁴	i_{y0}/cm	W_{y0}/cm³	x_1-x_1 I_{x1}/cm⁴	z_0/cm
9.0	90	9	10	15.566	12.219	0.353	117.72	2.75	18.27	186.77	3.46	29.35	48.66	1.77	13.46	219.39	2.56
	90	10	10	17.167	13.476	0.353	128.58	2.74	20.07	203.90	3.45	32.04	53.26	1.76	14.52	244.07	2.59
	90	12	10	20.306	15.940	0.352	149.22	2.71	23.57	236.21	3.41	37.12	62.22	1.75	16.49	293.76	2.67
10	100	6	12	11.932	9.366	0.393	114.95	3.10	15.68	181.98	3.90	25.74	47.92	2.00	12.69	200.07	2.67
	100	7	12	13.796	10.830	0.393	131.86	3.09	18.10	208.97	3.89	29.55	54.74	1.99	14.26	233.54	2.71
	100	8	12	15.638	12.276	0.393	148.24	3.08	20.47	235.07	3.88	33.24	61.41	1.98	15.75	267.09	2.76
	100	9	12	17.462	13.708	0.392	164.12	3.07	22.79	260.30	3.86	36.81	67.95	1.97	17.18	300.73	2.80
	100	10	12	19.261	15.120	0.392	179.51	3.05	25.06	284.68	3.84	40.26	74.35	1.96	18.57	334.48	2.84
	100	12	12	22.800	17.898	0.391	208.9	3.03	29.48	330.95	3.81	46.8	86.84	1.95	21.08	402.34	2.91
	100	14	12	26.256	20.611	0.391	236.53	3.00	33.73	374.06	3.77	52.9	99.00	1.94	23.44	470.75	2.99
	100	16	12	29.627	23.257	0.390	262.53	2.98	37.82	414.16	3.74	58.57	110.89	1.94	25.63	539.8	3.06
11	110	7	12	15.196	11.928	0.433	177.16	3.41	22.05	280.94	4.30	36.12	73.38	2.20	17.51	310.64	2.96
	110	8	12	17.238	13.532	0.433	199.46	3.40	24.95	316.49	4.28	40.69	82.42	2.19	19.39	355.20	3.01
	110	10	12	21.261	16.690	0.432	242.19	3.38	30.60	384.39	4.25	49.42	99.98	2.17	22.91	444.65	3.09
	110	12	12	25.200	19.782	0.431	282.55	3.35	36.05	448.17	4.22	57.62	116.93	2.15	26.15	534.60	3.16
	110	14	12	29.056	22.809	0.431	320.71	3.32	41.31	508.01	4.18	65.31	133.40	2.14	29.14	625.16	3.24
12.5	125	8	14	19.750	15.504	0.492	297.03	3.88	32.52	470.89	4.88	53.28	123.16	2.50	25.86	521.01	3.37
	125	10	14	24.373	19.133	0.491	361.67	3.85	39.97	573.89	4.85	64.93	149.46	2.48	30.62	651.93	3.45
	125	12	14	28.912	22.696	0.491	423.16	3.83	41.17	671.44	4.82	75.96	174.88	2.46	35.03	783.42	3.53
	125	14	14	33.367	26.193	0.490	481.65	3.80	54.16	763.73	4.78	86.41	199.57	2.45	39.13	915.61	3.61
	125	16	14	37.739	29.625	0.489	537.31	3.77	60.93	850.98	4.75	96.28	223.65	2.43	42.96	1048.62	3.68
14	140	10	14	27.373	21.488	0.551	514.65	4.34	50.58	817.27	5.46	82.56	212.04	2.78	39.20	915.11	3.82

参考数值

材料力学

角钢号数	尺寸/mm b	d	r	截面面积/cm²	理论重量/(kg/m)	外表面积/(m²/m)	x—x I_x/cm⁴	i_x/cm	W_x/cm³	x0—x0 I_x0/cm⁴	i_x0/cm	W_x0/cm³	y0—y0 I_y0/cm⁴	i_y0/cm	W_y0/cm³	x1—x1 I_x1/cm⁴	z_0/cm
14	140	12	14	32.512	25.522	0.551	603.68	4.31	59.80	958.79	5.43	96.85	248.57	2.76	45.02	1099.28	3.90
		14		37.567	29.490	0.550	688.81	4.28	68.75	1093.56	5.40	110.47	284.06	2.75	50.45	1284.22	3.98
		16		42.539	33.393	0.549	770.24	4.26	77.46	1221.81	5.36	123.42	318.67	2.74	55.55	1470.07	4.06
15	150	8	14	23.750	18.644	0.592	521.37	4.69	47.36	827.49	5.90	78.02	215.25	3.01	38.14	899.55	3.99
		10		29.373	23.058	0.591	637.50	4.66	58.35	1012.79	5.87	95.49	262.21	2.99	45.51	1125.09	4.08
		12		34.912	27.406	0.591	748.85	4.63	69.04	1189.97	5.84	112.19	307.73	2.97	52.38	1351.26	4.15
		14		40.367	31.688	0.590	855.64	4.60	79.45	1359.30	5.80	128.16	351.98	2.95	58.83	1578.25	4.23
		15		43.063	33.804	0.590	907.39	4.59	84.56	1441.09	5.78	135.87	373.69	2.95	61.90	1692.10	4.27
		16		45.739	35.905	0.589	958.08	4.58	89.59	1521.02	5.77	143.40	395.14	2.94	64.89	1806.21	4.31
16	160	10	16	31.502	24.729	0.630	779.53	4.98	66.70	1237.30	6.27	109.36	321.76	3.20	52.76	1365.33	4.31
		12		37.441	29.391	0.630	916.58	4.95	78.98	1455.68	6.24	128.67	377.49	3.18	60.74	1639.57	4.39
		14		43.296	33.987	0.629	1048.36	4.92	90.95	1665.02	6.20	147.17	431.70	3.16	68.24	1914.68	4.47
		16		49.067	38.518	0.629	1175.08	4.89	102.60	1865.57	6.17	164.89	484.59	3.14	75.31	2190.82	4.55
18	180	12	16	42.241	33.159	0.710	1321.35	5.59	100.82	2100.10	7.05	165.00	542.61	3.58	78.41	2332.80	4.89
		14		48.896	38.383	0.709	1514.48	5.56	116.25	2407.42	7.02	189.14	625.53	3.56	88.38	2723.48	4.97
		16		55.467	43.542	0.709	1700.99	5.54	131.13	2703.37	6.98	212.40	698.60	3.55	97.83	3115.29	5.05
		18		61.955	48.634	0.708	1875.12	5.50	145.64	2988.24	6.94	234.78	762.01	3.51	105.14	3502.43	5.13
20	200	14	18	54.642	42.894	0.788	2103.55	6.20	144.70	3343.26	7.82	236.40	863.83	3.98	111.82	3734.10	5.46
		16		62.013	48.680	0.788	2366.15	6.18	163.65	3760.89	7.79	265.93	971.41	3.96	123.96	4270.39	5.54
		18		69.301	54.401	0.787	2620.64	6.15	182.22	4164.54	7.75	294.48	1076.74	3.94	135.52	4808.13	5.62
		20		76.505	60.056	0.787	2867.30	6.12	200.42	4554.55	7.72	322.06	1180.04	3.93	146.55	5347.51	5.69
		24		90.661	71.168	0.785	3338.25	6.07	236.17	5294.97	7.64	374.41	1381.53	3.90	166.65	6457.16	5.87

参考数值

续表

角钢号数	尺寸/mm			截面面积 /cm²	理论重量 /(kg/m)	外表面积 /(m²/m)	参考数值											
	b	d	r				$x-x$			x_0-x_0			y_0-y_0			x_1-x_1	z_0
							I_x /cm⁴	i_x /cm	W_x /cm³	I_{x0} /cm⁴	i_{x0} /cm	W_{x0} /cm³	I_{y0} /cm⁴	i_{y0} /cm	W_{y0} /cm³	I_{x1} /cm⁴	/cm
22	220	16	21	68.644	53.901	0.866	3187.36	6.81	199.55	5063.73	8.59	325.51	1310.99	4.37	153.81	5681.62	6.03
		18		76.752	60.250	0.866	3534.30	6.79	222.37	5615.32	8.55	360.97	1453.27	4.35	168.29	6395.93	6.11
		20		84.756	66.533	0.865	3871.49	6.76	244.77	6150.08	8.52	395.34	1592.90	4.34	182.16	7112.04	6.18
		22		92.676	72.751	0.865	4199.23	6.73	266.78	6668.37	8.48	428.66	1730.10	4.32	195.45	7830.19	6.26
		24		100.512	78.902	0.864	4517.83	6.70	288.39	7170.55	8.45	460.94	1865.11	4.31	208.21	8550.57	6.33
		26		108.264	84.987	0.864	4827.58	6.68	309.62	7656.98	8.41	492.21	1998.17	4.30	220.49	9273.39	6.41
25	250	18	24	87.842	68.956	0.985	5268.22	7.74	290.12	8369.04	9.76	473.42	2167.41	4.97	224.03	9379.11	6.84
		20		97.045	76.180	0.984	5779.34	7.72	319.66	9181.94	9.73	519.41	2376.74	4.95	242.85	10426.97	6.92
		24		115.201	90.433	0.983	6763.93	7.66	377.34	10742.67	9.66	607.70	2785.19	4.92	278.38	12529.74	7.07
		26		124.154	97.461	0.982	7238.08	7.63	405.50	11491.13	9.62	650.05	2984.84	4.90	295.19	13585.18	7.15
		28		133.022	104.422	0.982	7700.60	7.61	433.22	1221.39	9.58	691.23	3181.81	4.89	311.42	1464.62	7.22
		30		141.807	111.318	0.981	8151.80	7.58	460.51	12927.26	9.55	731.28	3376.34	4.88	327.12	15705.30	7.30
		32		150.508	118.149	0.981	8592.01	7.56	487.39	13615.32	9.51	770.20	3568.71	4.87	342.33	16770.41	7.37
		35		163.402	128.271	0.980	9232.44	7.52	526.97	14611.16	9.46	826.53	3853.72	4.86	364.30	18374.95	7.48

注：截面图中的 $r_1=1/3d$；表中 r 值的数据用于孔型设计，不作交货条件。

附表2 热轧工字钢 (GB/T 706—2016)

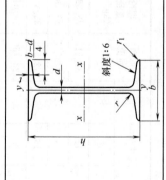

斜度1:6

符号意义：
h——高度；
b——腿宽度；
d——腰厚度；
t——平均腿厚度；
r——内圆弧半径；

I——惯性矩；
W——截面系数；
i——惯性半径；
S——半截面的静矩；
r_1——腿端圆弧半径。

续表

型号		尺寸/mm						截面面积 /cm²	理论重量 /(kg/m)	参考数值						
										x—x				y—y		
		h	b	d	t	r	r₁			I_x /cm⁴	W_x /cm³	i_x /cm	I_x/S_x /cm	I_y /cm⁴	W_y /cm³	i_y /cm
10		100	68	4.5	7.6	6.5	3.3	14.345	11.261	245	49.0	4.14	8.59	33.0	9.72	1.52
12		120	74	5.0	8.4	7.0	3.5	17.818	13.987	436	72.7	4.95	—	46.9	12.7	1.62
12.6		126	74	5.0	8.4	7.0	3.5	18.118	14.223	488	77.5	5.20	10.80	46.9	12.70	1.61
14		140	80	5.5	9.1	7.5	3.8	21.516	16.890	712	102	5.76	12.0	64.4	16.1	1.73
16		160	88	6.0	9.9	8.0	4.0	26.131	20.513	1130	141	6.58	13.8	93.1	21.2	1.89
18		180	94	6.5	10.7	8.5	4.3	30.756	24.143	1660	185	7.36	15.4	122	26.0	2.00
20	a	200	100	7.0	11.4	9.0	4.5	35.578	27.929	2370	237	8.15	17.2	158	31.5	2.12
	b	200	102	9.0	11.4	9.0	4.5	39.578	31.069	2500	250	7.96	16.9	169	33.1	2.06
22	a	220	110	7.5	12.3	9.5	4.8	42.128	33.070	3400	309	8.99	18.9	225	40.9	2.31
	b	220	112	9.5	12.3	9.5	4.8	46.528	36.524	3570	325	8.78	18.7	239	42.7	2.27
24	a	240	116	8.0	13.0	10.0	5.0	47.741	37.477	4570	381	9.77	—	280	48.4	2.42
	b	240	118	10.0	13.0	10.0	5.0	52.541	41.245	4800	400	9.57	—	297	50.4	2.38
25	a	250	116	8.0	13.0	10.0	5.0	48.541	38.105	5020	402	10.2	21.6	280	48.3	2.40
	b	250	118	10.0	13.0	10.0	5.0	53.541	42.030	5280	423	9.94	21.3	309	52.4	2.40
27	a	270	122	8.5	13.7	10.5	5.3	54.554	42.825	6550	485	10.9	—	345	56.6	2.51
	b	270	124	10.5	13.7	10.5	5.3	59.954	47.064	6870	509	10.7	—	366	58.9	2.47
28	a	280	122	8.5	13.7	10.5	5.3	55.404	43.492	7110	508	11.3	24.6	345	56.6	2.50
	b	280	124	10.5	13.7	10.5	5.3	61.004	47.888	7480	534	11.1	24.2	379	61.2	2.49
30	a	300	126	9.0	14.4	11.0	5.5	61.254	48.084	8950	597	12.1	—	400	63.5	2.55
	b	300	128	11.0	14.4	11.0	5.5	67.254	52.794	9400	627	11.8	—	422	65.9	2.50
	c	300	130	13.0	14.4	11.0	5.5	73.254	57.504	9850	657	11.6	—	445	68.5	2.46
32	a	320	130	9.5	15.0	11.5	5.8	67.156	52.717	11100	692	12.8	27.5	460	70.8	2.62
	b	320	132	11.5	15.0	11.5	5.8	73.556	57.741	11600	726	12.6	27.1	502	76.0	2.61
	c	320	134	13.5	15.0	11.5	5.8	79.956	62.765	12200	760	12.3	26.8	544	81.2	2.61

型号		h	b	d	t	r	r_1	截面面积 /cm²	理论重量 /(kg/m)	I_x /cm⁴	W_x /cm³	i_x /cm	I_x/S_x /cm	I_y /cm⁴	W_y /cm³	i_y /cm
				尺寸/mm						x—x				y—y		
36	a	360	136	10.0	15.8	12.0	6.0	76.480	60.037	15800	875	14.4	30.7	552	81.2	2.69
	b		138	12.0	15.8	12.0	6.0	83.680	65.689	16500	919	14.1	30.3	582	84.3	2.64
	c		140	14.0	15.8	12.0	6.0	90.880	71.341	17300	962	13.8	29.9	612	87.4	2.60
40	a	400	142	10.5	16.5	12.5	6.3	86.112	67.598	21700	1090	15.9	34.1	660	93.2	2.77
	b		144	12.5	16.5	12.5	6.3	94.112	73.878	22800	1140	15.6	33.6	692	96.2	2.71
	c		146	14.5	16.5	12.5	6.3	102.112	80.158	23900	1190	15.2	33.2	727	99.6	2.65
45	a	450	150	11.5	18.0	13.5	6.8	102.446	80.420	32200	1430	17.7	38.6	855	114	2.89
	b		152	13.5	18.0	13.5	6.8	111.446	87.485	33800	1500	17.4	38.0	894	118	2.84
	c		154	15.5	18.0	13.5	6.8	120.446	94.550	35300	1570	17.1	37.6	938	122	2.79
50	a	500	158	12.0	20.0	14.0	7.0	119.304	93.654	46500	1860	19.7	42.8	1120	142	3.07
	b		160	14.0	20.0	14.0	7.0	129.304	101.504	48600	1940	19.4	42.4	1170	146	3.01
	c		162	16.0	20.0	14.0	7.0	139.304	109.354	50600	2080	19.0	41.8	1220	151	2.96
55	a	550	166	12.5	21.0	14.5	7.3	134.185	105.335	62900	2290	21.6	—	1370	164	3.19
	b		168	14.5	21.0	14.5	7.3	145.185	113.970	65600	2390	21.2	—	1420	170	3.14
	c		170	16.5	21.0	14.5	7.3	156.185	122.606	68400	2490	20.9	—	1480	175	3.08
56	a	560	166	12.5	21.0	14.5	7.3	135.435	106.316	65600	2340	22.0	44.7	1370	165	3.18
	b		168	14.5	21.0	14.5	7.3	147.635	115.108	68500	2450	21.6	47.2	1490	174	3.16
	c		170	16.5	21.0	14.5	7.3	158.835	124.900	71400	2550	21.3	46.7	1560	183	3.16
63	a	630	176	13.0	22.0	15.0	7.5	154.658	121.407	93900	2980	24.5	54.2	1700	193	3.31
	b		178	15.0	22.0	15.0	7.5	167.258	131.298	98100	3160	24.2	53.5	1810	204	3.29
	c		180	17.0	22.0	15.0	7.5	179.858	141.189	102000	3300	23.8	52.9	1920	214	3.27

注：1. 截面图和表中标注的圆弧半径 r、r_1 的数据用于孔型设计，不作交货条件。

2. 表中保留了原来 GB 706—88 中的 I_x/S_x 数值，但此项内容在 GB/T 706—2008 中已不再给出，故新增的工字钢型号中没有此项的数值。

附表 3　热轧槽钢（GB/T 706—2008）

符号意义：
h——高度；
b——腿宽度；
d——腰厚度；
t——平均腿厚度；
r——内圆弧半径；

W——截面系数；
i——惯性半径；
z_0——y—y 轴与 y_1—y_1 轴间距；
I——惯性矩；
r_1——腿端圆弧半径。

型号		尺寸/mm						截面面积 /cm²	理论重量 /(kg/m)	参考数值							
										x—x			y—y			y_1—y_1	
		h	b	d	t	r	r_1			I_x /cm⁴	W_x /cm³	i_x /cm	I_y /cm⁴	W_y /cm³	i_y /cm	I_{y1} /cm⁴	z_0 /cm
5		50	37	4.5	7.0	7.0	3.5	6.928	5.438	26.0	10.4	1.94	8.30	3.55	1.10	20.9	1.35
6.3		63	40	4.8	7.5	7.5	3.8	8.451	6.634	50.8	16.1	2.45	11.9	4.50	1.19	28.4	1.36
6.5		65	40	4.3	7.5	7.5	3.8	8.547	6.709	55.2	17.0	2.54	12.0	4.59	1.19	28.3	1.38
8		80	43	5.0	8.0	8.0	4.0	10.248	8.045	101	25.3	3.15	16.6	5.79	1.27	37.4	1.43
10		100	48	5.3	8.5	8.5	4.2	12.748	10.007	198	39.7	3.95	25.6	7.80	1.41	54.9	1.52
12		120	53	5.5	9.0	9.0	4.5	15.362	12.059	346	57.7	4.75	37.4	10.2	1.56	77.7	1.62
12.6		126	53	5.5	9.0	9.0	4.5	15.692	12.318	391	62.1	4.95	38.0	10.2	1.57	77.1	1.59
14	a	140	58	6.0	9.5	9.5	4.8	18.516	14.535	564	80.5	5.52	53.2	13.0	1.70	107	1.71
	b	140	60	8.0	9.5	9.5	4.8	21.316	16.733	609	87.1	5.35	61.1	14.1	1.69	121	1.67
16	a	160	63	6.5	10.0	10.0	5.0	21.962	17.240	866	108	6.28	73.3	16.3	1.83	144	1.80
	b	160	65	8.5	10.0	10.0	5.0	25.162	19.752	935	117	6.10	83.4	17.6	1.82	161	1.75

型号		尺寸/mm						截面面积/cm²	理论重量/(kg/m)	参考数值							
		h	b	d	t	r	r_1			$x-x$			$y-y$			y_1-y_1	z_0 /cm
										I_x /cm⁴	W_x /cm³	i_x /cm	I_y /cm⁴	W_y /cm³	i_y /cm	I_{y1} /cm⁴	
18	a	180	68	7.0	10.5	10.5	5.2	25.699	20.174	1270	141	7.04	98.6	20.0	1.96	190	1.88
	b		70	9.0	10.5	10.5	5.2	29.299	23.000	1370	152	6.84	111	21.5	1.95	210	1.84
20	a	200	73	7.0	11.0	11.0	5.5	28.837	22.637	1780	178	7.86	128	24.2	2.11	244	2.01
	b		75	9.0	11.0	11.0	5.5	32.837	25.777	1910	191	7.64	144	25.9	2.09	268	1.95
22	a	220	77	7.0	11.5	11.5	5.8	31.846	24.999	2390	218	8.67	158	28.2	2.23	298	2.10
	b		79	9.0	11.5	11.5	5.8	36.246	28.453	2570	234	8.42	176	30.1	2.21	326	2.03
24	a	240	78	7.0	12.0	12.0	6.0	34.217	26.860	3050	254	9.45	174	30.5	2.25	325	2.10
	b		80	9.0	12.0	12.0	6.0	39.017	30.628	3280	274	9.17	194	32.5	2.23	355	2.03
	c		82	11.0	12.0	12.0	6.0	43.817	34.396	3510	293	8.96	213	34.4	2.21	388	2.00
25	a	250	78	7.0	12.0	12.0	6.0	34.917	27.410	3370	270	9.82	176	30.6	2.24	322	2.07
	b		80	9.0	12.0	12.0	6.0	39.917	31.335	3530	282	9.41	196	32.7	2.22	353	1.98
	c		82	11.0	12.0	12.0	6.0	44.917	35.260	3690	295	9.07	218	35.9	2.21	384	1.92
27	a	270	82	7.5	12.5	12.5	6.2	39.284	30.838	4360	323	10.5	216	35.5	2.34	393	2.13
	b		84	9.5	12.5	12.5	6.2	44.684	35.077	4690	347	10.3	239	37.7	2.31	428	2.06
	c		86	11.5	12.5	12.5	6.2	50.084	39.316	5020	372	10.1	261	39.8	2.38	467	2.03
28	a	280	82	7.5	12.5	12.5	6.2	40.034	31.427	4760	340	10.9	218	35.7	2.33	388	2.10
	b		84	9.5	12.5	12.5	6.2	45.634	35.823	5130	366	10.6	242	37.9	2.30	428	2.02
	c		86	11.5	12.5	12.5	6.2	51.234	40.219	5500	393	10.4	268	40.3	2.29	463	1.95
30	a	300	85	7.5	13.5	13.5	6.8	43.902	34.463	6050	403	11.7	260	41.1	2.43	467	2.17
	b		87	9.5	13.5	13.5	6.8	49.902	39.173	6500	433	11.4	289	44.0	2.41	515	2.13
	c		89	11.5	13.5	13.5	6.8	55.902	43.883	6950	463	11.2	316	46.4	2.38	560	2.09
32	a	320	88	8.0	14.0	14.0	7.0	48.513	38.083	7600	475	12.5	305	46.5	2.50	552	2.24
	b		90	10.0	14.0	14.0	7.0	54.913	43.107	8140	509	12.2	336	49.2	2.47	593	2.16
	c		92	12.0	14.0	14.0	7.0	61.313	48.131	8690	543	11.9	374	52.6	2.47	643	2.09

续表

型号		尺寸/mm						截面面积/cm²	理论重量/(kg/m)	参考数值							
		h	b	d	t	r	r_1			$x-x$			$y-y$			y_1-y_1	z_0 /cm
										I_x /cm⁴	W_x /cm³	i_x /cm	I_y /cm⁴	W_y /cm³	i_y /cm	I_{y1} /cm⁴	
36	a	360	96	9.0	16.0	16.0	8.0	60.910	47.814	11900	660	14.0	455	63.5	2.73	818	2.44
	b		98	11.0	16.0	16.0	8.0	68.110	53.466	12700	703	13.6	497	66.9	2.70	880	2.37
	c		100	13.0	16.0	16.0	8.0	75.310	59.118	13400	746	13.4	536	70.0	2.67	948	2.34
40	a	400	100	10.5	18.0	18.0	9.0	75.068	58.928	17600	879	15.3	592	78.8	2.81	1070	2.49
	b		102	12.5	18.0	18.0	9.0	83.068	65.208	18600	932	15.0	640	82.5	2.78	1140	2.44
	c		104	14.5	18.0	18.0	9.0	91.068	71.488	19700	986	14.7	688	86.2	2.75	1220	2.42

附表 4 热轧不等边角钢（GB/T 706—2008）

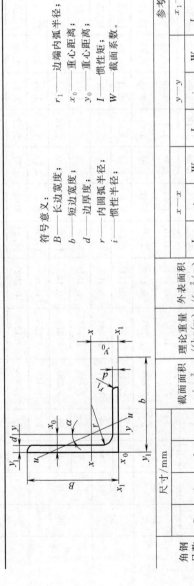

符号意义：
B——长边宽度；
b——短边宽度；
d——边厚度；
r——内圆弧半径；
i——惯性半径；
r_1——边端内弧半径；
x_0——重心距离；
y_0——重心距离；
I——惯性矩；
W——截面系数。

角钢号数	尺寸/mm				截面面积 /cm²	理论重量 /(kg/m)	外表面积 /(m²/m)	参考数值														
	B	b	d	r				$x-x$			$y-y$			x_1-x_1		y_1-y_1		$u-u$				
								I_x /cm⁴	i_x /cm	W_x /cm³	I_y /cm⁴	i_y /cm	W_y /cm³	I_{x1} /cm⁴	y_0 /cm	I_{y1} /cm⁴	x_0 /cm	I_u /cm⁴	i_u /cm	W_u /cm³	$\tan\alpha$
2.5/ 1.6	25	16	3	3.5	1.162	0.912	0.080	0.70	0.78	0.43	0.22	0.44	0.19	1.56	0.86	0.43	0.42	0.14	0.34	0.16	0.392
			4	3.5	1.499	1.176	0.079	0.88	0.77	0.55	0.27	0.43	0.24	2.09	0.90	0.59	0.46	0.17	0.34	0.20	0.381
3.2/ 2	32	20	3	3.5	1.492	1.171	0.102	1.53	1.01	0.72	0.46	0.55	0.30	3.27	1.08	0.82	0.49	0.28	0.43	0.25	0.382
			4	3.5	1.939	1.522	0.101	1.93	1.00	0.93	0.57	0.54	0.39	4.37	1.12	1.12	0.53	0.35	0.42	0.32	0.374

续表

角钢号数	尺寸/mm				截面面积/cm²	理论重量/(kg/m)	外表面积/(m²/m)	参考数值												
								$x-x$			$y-y$			x_1-x_1		y_1-y_1		$u-u$			
	B	b	d	r				I_x /cm⁴	i_x /cm	W_x /cm³	I_y /cm⁴	i_y /cm	W_y /cm³	I_{x1} /cm⁴	y_0 /cm	I_{y1} /cm⁴	x_0 /cm	I_u /cm⁴	i_u /cm	W_u /cm³	$\tan\alpha$
4/2.5	40	25	3	4	1.890	1.484	0.127	3.08	1.28	1.15	0.93	0.70	0.49	5.39	1.32	1.59	0.59	0.56	0.54	0.40	0.385
			4	4	2.467	1.936	0.127	3.93	1.26	1.49	1.18	0.69	0.63	8.53	1.37	2.14	0.63	0.71	0.54	0.52	0.381
4.5/2.8	45	28	3	5	2.149	1.687	0.143	4.45	1.44	1.47	1.34	0.79	0.62	9.10	1.47	2.23	0.64	0.80	0.61	0.51	0.383
			4	5	2.806	2.203	0.143	5.69	1.42	1.91	1.70	0.78	0.80	12.13	1.51	3.00	0.68	1.02	0.60	0.66	0.380
5/3.2	50	32	3	5.5	2.431	1.908	0.161	6.24	1.60	1.84	2.02	0.91	0.82	12.49	1.60	3.31	0.73	1.20	0.70	0.68	0.404
			4	5.5	3.177	2.494	0.160	8.02	1.59	2.39	2.58	0.90	1.06	16.65	1.65	4.45	0.77	1.53	0.69	0.87	0.402
5.6/3.6	56	36	3	6	2.743	2.153	0.181	8.88	1.80	2.32	2.92	1.03	1.05	17.54	1.78	4.70	0.80	1.73	0.79	0.87	0.408
			4	6	3.590	2.818	0.180	11.45	1.79	3.03	3.76	1.02	1.37	23.39	1.82	6.33	0.85	2.23	0.79	1.13	0.408
			5	6	4.415	3.466	0.180	13.86	1.77	3.71	4.49	1.01	1.65	29.25	1.87	7.94	0.88	2.67	0.78	1.36	0.404
6.3/4	63	40	4	7	4.058	3.185	0.202	16.49	2.02	3.87	5.23	1.14	1.70	33.30	2.04	8.63	0.92	3.12	0.88	1.40	0.398
			5	7	4.993	3.920	0.202	20.02	2.00	4.74	6.31	1.12	2.71	41.63	2.08	10.86	0.95	3.76	0.87	1.71	0.396
			6	7	5.908	4.638	0.201	23.36	1.96	5.59	7.29	1.11	2.43	49.98	2.12	13.12	0.99	4.34	0.86	1.99	0.393
			7	7	6.802	5.339	0.201	26.53	1.98	6.40	8.24	1.10	2.78	58.07	2.15	15.47	1.03	4.97	0.86	2.29	0.389
7/4.5	70	45	4	7.5	4.547	3.570	0.226	23.17	2.26	4.86	7.55	1.29	2.17	45.92	2.24	12.26	1.02	4.40	0.98	1.77	0.410
			5	7.5	5.609	4.403	0.225	27.95	2.23	5.92	9.13	1.28	2.65	57.10	2.28	15.39	1.06	5.40	0.98	2.19	0.407
			6	7.5	6.647	5.218	0.225	32.54	2.21	6.95	10.62	1.26	3.12	68.35	2.32	18.58	1.09	6.35	0.98	2.59	0.404
			7	7.5	7.657	6.011	0.225	37.22	2.20	8.03	12.01	1.25	3.57	79.99	2.36	21.84	1.13	7.16	0.97	2.94	0.402
7.5/5	75	50	5	8	6.125	4.808	0.245	34.86	2.39	6.83	12.61	1.44	3.30	70.00	2.40	21.04	1.17	7.41	1.10	2.74	0.435
			6	8	7.260	5.699	0.245	41.12	2.38	8.12	14.70	1.42	3.88	84.30	2.44	25.37	1.21	8.54	1.08	3.19	0.435
			8	8	9.467	7.431	0.244	52.39	2.35	10.52	18.53	1.40	4.99	112.50	2.52	34.23	1.29	10.87	1.07	4.10	0.429
			10	8	11.590	9.098	0.244	62.71	2.33	12.79	21.96	1.38	6.04	140.80	2.60	43.43	1.36	13.10	1.06	4.99	0.423

角钢号数	尺寸/mm B	尺寸/mm b	尺寸/mm d	尺寸/mm r	截面面积/cm²	理论重量/(kg/m)	外表面积/(m²/m)	参考数值 x—x I_x/cm⁴	x—x i_x/cm	x—x W_x/cm³	y—y I_y/cm⁴	y—y i_y/cm	y—y W_y/cm³	x_1—x_1 I_{x1}/cm⁴	x_1—x_1 y_0/cm	y_1—y_1 I_{y1}/cm⁴	y_1—y_1 x_0/cm	u—u I_u/cm⁴	u—u i_u/cm	u—u W_u/cm³	tanα
8/5	80	50	5	8.5	6.375	5.005	0.255	41.96	2.56	7.78	12.82	1.42	3.32	85.21	2.60	21.06	1.14	7.66	1.10	2.74	0.388
			6	8.5	7.560	5.935	0.255	49.49	2.56	9.25	14.95	1.41	3.91	102.53	2.65	25.41	1.18	8.85	1.08	3.20	0.387
			7	8.5	8.724	6.848	0.255	56.16	2.54	10.58	16.96	1.39	4.48	119.33	2.69	29.82	1.21	10.18	1.08	3.70	0.384
			8	8.5	9.867	7.745	0.254	62.83	2.52	11.92	18.85	1.38	5.03	136.41	2.73	34.32	1.25	11.38	1.07	4.16	0.381
9/5.6	90	56	5	9	7.212	5.661	0.287	60.45	2.90	9.92	18.32	1.59	4.21	121.32	2.91	29.53	1.25	10.93	1.23	3.49	0.385
			6	9	8.557	6.717	0.286	71.03	2.88	11.74	21.42	1.58	4.96	145.59	2.95	35.58	1.29	12.90	1.23	4.13	0.384
			7	9	9.880	7.756	0.286	81.01	2.86	13.49	24.36	1.57	5.70	169.60	3.00	41.71	1.33	14.67	1.22	4.72	0.382
			8	9	11.183	8.779	0.286	91.03	2.85	15.27	27.15	1.56	6.41	194.17	3.04	47.93	1.36	16.34	1.21	5.29	0.380
10/6.3	100	63	6	10	9.617	7.550	0.320	99.06	3.21	14.64	30.94	1.79	6.35	199.71	3.24	50.50	1.43	18.42	1.38	5.25	0.394
			7	10	11.111	8.722	0.320	113.45	3.20	19.88	35.26	1.78	7.29	233.00	3.28	59.14	1.47	21.00	1.38	6.20	0.393
			8	10	12.584	9.878	0.319	127.37	3.18	19.08	39.39	1.77	8.21	266.32	3.32	67.88	1.50	23.50	1.37	6.78	0.391
			10	10	15.467	12.142	0.319	153.81	3.15	23.32	47.12	1.74	9.98	333.06	3.40	85.73	1.58	28.33	1.35	8.24	0.387
10/8	100	80	6	10	10.637	8.350	0.354	107.04	3.17	15.19	61.24	2.40	10.16	199.83	2.95	102.68	1.97	31.65	1.72	8.37	0.627
			7	10	12.301	9.656	0.354	122.73	3.16	17.52	70.08	2.39	11.71	233.20	3.00	119.98	2.01	36.17	1.72	9.60	0.626
			8	10	13.944	10.946	0.353	137.92	3.14	19.81	78.58	2.37	13.21	266.61	3.04	137.37	2.05	40.58	1.71	10.80	0.625
			10	10	17.167	13.476	0.353	166.87	3.12	24.24	94.65	2.35	16.12	333.63	3.12	172.48	2.13	49.10	1.69	13.12	0.622
11/7	110	70	6	10	10.637	8.350	0.354	133.37	3.54	17.85	42.92	2.01	7.90	265.78	3.53	69.08	1.57	25.36	1.54	6.53	0.403
			7	10	12.301	9.656	0.354	153.00	3.53	20.60	49.01	2.00	9.09	310.07	3.57	80.82	1.61	28.95	1.53	7.50	0.402
			8	10	13.944	10.946	0.353	172.04	3.51	23.30	54.87	1.98	10.25	354.39	3.62	92.70	1.65	32.45	1.53	8.45	0.401
			10	10	17.167	13.467	0.353	208.39	3.48	28.54	65.88	1.96	12.48	443.13	3.07	116.83	1.72	39.20	1.51	10.29	0.397
12.5/8	125	80	7	11	14.096	11.066	0.403	227.98	4.02	26.86	74.42	2.30	12.01	454.99	4.01	120.32	1.80	43.81	1.76	9.92	0.408
			8	11	15.989	12.551	0.403	256.77	4.01	30.41	83.49	2.28	13.56	519.99	4.06	137.85	1.84	49.15	1.75	11.18	0.407
			10	11	19.712	15.474	0.402	312.04	3.98	37.33	100.67	2.26	16.56	650.09	4.14	173.40	1.92	59.45	1.74	13.64	0.404
			12	11	23.351	18.330	0.402	364.41	3.95	44.01	116.67	2.24	19.43	780.39	4.22	209.67	2.00	69.35	1.72	16.01	0.400

续表

角钢号数	尺寸/mm				截面面积 /cm²	理论重量 /(kg/m)	外表面积 /(m²/m)	参考数值														
	B	b	d	r				x—x			y—y			x₁—x₁		y₁—y₁		u—u			
								I_x /cm⁴	i_x /cm	W_x /cm³	I_y /cm⁴	i_y /cm	W_y /cm³	I_{x1} /cm⁴	y_0 /cm	I_{y1} /cm⁴	x_0 /cm	I_u /cm⁴	i_u /cm	W_u /cm³	$\tan\alpha$
14/9	140	90	8	12	18.038	14.160	0.453	365.64	4.50	38.48	120.69	2.59	17.34	730.53	4.50	195.79	2.04	70.83	1.98	14.31	0.411
			10	12	22.261	17.475	0.452	445.50	4.47	47.31	146.03	2.56	21.22	931.20	4.58	245.92	2.21	85.82	1.96	17.48	0.409
			12	12	26.400	20.724	0.451	521.59	4.44	55.87	169.79	2.54	24.95	1096.09	4.66	296.89	2.19	100.21	1.95	20.54	0.406
			14	12	30.456	23.908	0.451	594.10	4.42	64.18	192.10	2.51	28.54	1279.26	4.74	348.82	2.27	114.13	1.94	23.52	0.403
15/9	150	90	8	12	18.839	14.788	0.473	442.05	4.84	43.86	122.80	2.55	17.47	898.35	4.92	195.96	1.97	74.14	1.98	14.48	0.364
			10	12	23.261	18.260	0.472	539.24	4.81	53.97	148.62	2.53	21.38	1122.85	5.01	246.26	2.05	89.86	1.97	17.69	0.362
			12	12	27.600	21.666	0.471	632.08	4.79	63.79	172.85	2.50	25.14	1347.50	5.09	297.46	2.12	104.95	1.95	20.80	0.359
			14	12	31.856	25.007	0.471	720.77	4.76	73.33	195.62	2.48	28.77	1572.38	5.17	349.74	2.20	119.53	1.94	23.84	0.356
			15	12	33.952	26.652	0.471	763.62	4.74	77.99	206.50	2.47	30.53	1684.93	5.21	376.33	2.24	126.67	1.93	25.33	0.354
			16	12	36.027	28.281	0.470	805.51	4.73	82.60	217.07	2.45	32.27	1797.55	5.25	403.24	2.27	133.72	1.93	26.82	0.352
16/10	160	100	10	13	25.315	19.872	0.512	668.69	5.14	62.13	205.03	2.85	26.56	1362.89	5.24	336.59	2.28	121.74	2.19	21.92	0.390
			12	13	30.054	23.592	0.511	784.91	5.11	73.49	239.06	2.82	31.28	1635.56	5.32	405.94	2.36	142.33	2.17	25.79	0.388
			14	13	34.709	27.247	0.510	896.30	5.08	84.56	271.20	2.80	35.83	1908.50	5.40	476.42	2.43	162.23	2.16	29.56	0.385
			16	13	39.281	30.835	0.510	1003.04	5.05	95.33	301.60	2.77	40.24	2181.79	5.48	548.22	2.51	182.57	2.16	33.44	0.382
18/11	180	110	10	14	28.373	22.273	0.571	956.25	5.80	78.96	278.11	3.13	32.49	1940.40	5.89	447.22	2.44	166.50	2.42	26.88	0.376
			12	14	33.712	26.464	0.571	1124.72	5.78	93.53	325.03	3.10	38.32	2328.38	5.98	538.94	2.52	194.87	2.40	31.66	0.374
			14	14	38.967	30.589	0.570	1286.91	5.75	107.76	369.55	3.08	43.97	2716.60	6.06	631.95	2.59	222.30	2.39	36.32	0.372
			16	14	44.139	34.649	0.569	1443.06	5.72	121.64	411.85	3.06	49.44	3105.15	6.14	726.46	2.67	248.94	2.38	40.87	0.369
20/12.5	200	125	12	14	37.912	29.761	0.641	1570.90	6.44	116.73	483.16	3.57	49.99	3193.85	6.54	787.74	2.83	285.79	2.74	41.23	0.392
			14	14	43.867	34.436	0.640	1800.97	6.41	134.65	550.83	3.54	57.44	3726.17	6.62	922.47	2.91	326.58	2.72	47.34	0.390
			16	14	49.739	39.045	0.639	2023.35	6.38	152.18	615.44	3.52	64.69	4258.86	6.70	1058.86	2.99	366.21	2.71	53.32	0.388
			18	14	55.526	43.588	0.639	2238.30	6.35	169.33	677.19	3.49	71.74	4792.00	6.78	1197.13	3.06	404.83	2.70	59.18	0.385

注：括号内型号不推荐使用；截面图中的 $r_1=1/3d$；表中 r 的数据用于孔型设计，不作交货条件。

参 考 文 献

[1] 范钦珊. 材料力学 [M]. 2 版. 北京：高等教育出版社，2005.

[2] 殷雅俊，范钦珊. 材料力学 [M]. 3 版. 北京：高等教育出版社，2019.

[3] 单辉祖. 材料力学Ⅰ [M]. 4 版. 北京：高等教育出版社，2016.

[4] 单辉祖. 材料力学Ⅱ [M]. 4 版. 北京：高等教育出版社，2016.

[5] 刘鸿文. 材料力学Ⅰ [M]. 6 版. 北京：高等教育出版社，2017.

[6] 刘鸿文. 材料力学Ⅱ [M]. 6 版. 北京：高等教育出版社，2017.

[7] 苏翼林. 材料力学：上册 [M]. 北京：人民教育出版社，1979.

[8] 苏翼林. 材料力学：下册 [M]. 北京：人民教育出版社，1980.

[9] 王永廉. 材料力学 [M]. 2 版. 北京：机械工业出版社，2011.

[10] 王仕统. 结构稳定 [M]. 广州：华南理工大学出版社，1997.

[11] 范钦珊，陈建平. 理论力学 [M]. 北京：高等教育出版社，1997.

[12] 罗迎社. 材料力学 [M]. 武汉：武汉理工大学出版社，2001.

[13] 陈骥. 钢结构稳定理论与设计 [M]. 北京：科学出版社，2014.

[14] 范钦珊，程建平. 理论力学 [M]. 2 版. 北京：高等教育出版社，2010.

[15] 李廉锟. 结构力学：上册 [M]. 3 版. 北京：高等教育出版社，1996.